普通高等院校应用型人才培养"十三五"规划教材

# 数据库原理及应用

# （MySQL）

曾凤生　郑燕娥　主　编

王　琴　赵宏岩　副主编

中国铁道出版社有限公司

CHINA RAILWAY PUBLISHING HOUSE CO., LTD.

# 内 容 简 介

　　本书系统全面地阐述数据库系统的基础理论、基本技术和基本方法。全书通过一个项目功能的完成详细介绍了 MySQL 在电商平台开发中的应用，能使读者深刻理解关系数据库逻辑模型，提高数据库设计能力。

　　本书适合作为应用型本科学校计算机相关专业数据库课程的教材，也可作为从事数据库系统研究、开发和应用的研究人员和工程技术人员的参考用书。

**图书在版编目（CIP）数据**

数据库原理及应用：MySQL/曾凤生，郑燕娥主编.—北京：中国铁道出版社有限公司，2019.10（2021.7 重印）

普通高等院校应用型人才培养"十三五"规划教材

ISBN 978-7-113-25942-6

Ⅰ.①数… Ⅱ.①曾… ②郑… Ⅲ.①SQL 语言-程序设计-高等学校-教材 Ⅳ.①TP311.132.3

中国版本图书馆 CIP 数据核字（2019）第 219566 号

书　　　名：**数据库原理及应用（MySQL）**
作　　　者：曾凤生　郑燕娥

策　　划：周海燕　　　　　　　　　　编辑部电话：（010）63549501
责任编辑：周海燕　冯彩茹
封面设计：付　巍
封面制作：刘　颖
责任校对：张玉华
责任印制：樊启鹏

出版发行：中国铁道出版社有限公司（100054，北京市西城区右安门西街 8 号）
网　　址：http://www.tdpress.com/51eds/
印　　刷：北京柏力行彩印有限公司
版　　次：2019 年 10 月第 1 版　2021 年 7 月第 4 次印刷
开　　本：787 mm×1 092 mm 1/16　印张：17.75　字数：410 千
书　　号：ISBN 978-7-113-25942-6
定　　价：48.00 元

# 前　　言

　　数据库技术从 20 世纪 60 年代中期产生到今天已有 50 多年的历史，经历了三代演变，造就了网状数据库之父 Charles W. Bachman（查尔斯·巴赫曼）、关系数据库之父 Edgar F. Codd（埃德加·科德）、数据库技术和数据库"事务处理"专家 James Gray（詹姆斯·格雷）、数据库系统奠基性基本概念和实践技术专家 Michael Stonebraker（迈克尔·斯通布雷克）共四位图灵奖得主，发展了以数据建模和 DBMS 核心技术为主，内容丰富的一门学科，带动了一个巨大的软件产业——DBMS 产品及其相关工具和解决方案。

　　数据库技术是计算机科学技术史发展最快的领域之一，也是应用最广的技术之一，它已成为计算机信息系统与应用系统的核心技术和重要基础。正是由于数据库具有重要的基础地位，数据库理论与技术教育已成为现代计算机科学和相关学科教育中的核心部分，所有计算机及其相关专业的学生都有必要掌握和熟悉数据库理论与技术。

　　通过多年的数据库课程教学，我们发现学生在学习数据库课程之后，仍然不会"用"数据库——不会设计数据库、不会管理数据库、不会开发数据库应用程序。带着这些问题，我们进行了一系列数据库课程的教学改革探索与实践，积累了一定的经验。目前，虽然数据库教材很多，但是很难找到完全适合应用型本科人才培养需要的教材。于是，我们决定动手编写一本让学生会"用"数据库的教材，一本"够用"的教材，这便是编写本书的初衷。本书虽然不一定能够完全达到目标，但至少开始了有益的尝试。

　　本书结合多年的教学实践，在系统阐述数据库系统的理论、技术和方法的同时，详细介绍 MySQL 在电商平台开发中的应用。

　　全书分为 3 篇 12 章。基础篇包括第 1~3 章，分别介绍了数据库系统概论、关系数据库、关系数据库标准语言 SQL。理论和技术篇包括第 4~10 章，分别介绍了关系数据库理论、数据库设计、数据库安全性、数据库完整性、数据库恢复技术、并发控制和数据管理技术前沿。实践篇包括第 11~12 章，分别给出 12 个案例和 10 个实验。

　　与其他教材相比，本书的主要特点如下：

　　（1）强化对关系数据库模式的理解，使学生深刻理解关系数据库查询原理，灵活掌握关系代数和 SQL 查询语言。

（2）以案例为驱动，通过分析应用需求来介绍数据库建模的基本方法，使学生深刻理解关系数据库设计思想，提高数据库设计能力。

（3）增加数据库应用开发和数据库最新技术介绍，使学生能了解数据库常用访问方法和 Web 数据库的原理、实现技术，为后续学习和数据库应用开发实践打下一定的基础。

本书由曾凤生、郑燕娥任主编，王琴和赵宏岩任副主编。其中，第 1、2、4、5、12 章由曾凤生执笔，第 8、9、10 章由郑燕娥执笔，第 3、11 章由王琴执笔，第 6、7 章由赵宏岩执笔。曾凤生提出本书的编写大纲，并对全书的初稿进行了修改、补充和整理。

本书在编写过程中，参阅了大量的图书和文献资料，在此向参考资料的作者表示衷心的感谢。

由于编者水平有限，加之时间仓促，不足之处在所难免，希望各位专家、读者和老师指正，我们将根据收集到的宝贵意见及时修订，使之不断完善。

编　者
2019 年 7 月

# 目　录

## 基 础 篇

## 理论和技术篇

**实　践　篇**

# 基 础 篇

## 第1章
# 数据库系统概论 «‹‹

**学习目标**

本章从数据库和数据库管理系统这两个最基本概念入手，引出数据库管理系统所涉及的主要问题并做概括性讨论。因此，本章的教学目标主要有两个，一是要求读者对数据库管理系统有一个初步认识，并了解数据库管理系统的基本功能；二是要求掌握数据抽象、数据模型、数据库模式等核心概念，并理解这些内容在数据库管理系统中的地位和作用。

**学习方法**

由于本章主要是一些基本概念的介绍，因此要求牢记这些概念，并把这些概念和已经学过的有关概念进行类比，以便加深理解，达到学习目标。

**本章导读**

本章主要介绍数据库系统基本概念，如数据、数据管理、数据库、数据模型、数据独立性、数据库的模式、数据库管理系统和数据库系统。数据模型是数据库的组织基础，根据数据抽象的不同级别，可以将数据模型划分为3层：概念模型、逻辑模型和物理模型。数据库是最基本的概念，在理解数据抽象的基础上掌握什么是数据库的三级模式和两层映像。数据库管理系统是数据库系统的核心，掌握数据库管理系统的组成与主要功能；数据库系统是数据库技术的应用系统，要求掌握数据库系统中各部分的作用，特别是DBA的职责。

## 1.1  数据库系统概述

数据库技术是计算机学科中的一个重要分支，它的应用非常广泛。随着信息管理水平的不断提高、应用范围的日益扩大，信息已成为企业的重要财富和资源。同时，作为管理信息的数据库技术也得到了很大发展，其应用领域越来越广泛，如网络购物、飞机、火车订票系统，企业进销存管理系统，图书馆借阅管理系统等，无一不使用数据库技术。从小型事务处理到大型信息系统，从联机事务处理（OLTP）到联机分析处理（OLAP），从一般企业管理到计算机辅助设计与制造（CAD/CAM）、地理信息系统（GIS）等，数据库技术已经渗透人们日常生活中的方方面面，数据库中信息量的大小以及使用的程度已经成为衡量企业信息化程度的重要标志。

数据库是数据管理的最新技术，其主要研究内容是如何对数据进行科学的管理，以提供共享、安全、可靠的数据。数据库技术一般包含数据管理和数据处理两部分。

数据库系统是对数据进行存储、管理、处理和维护的软件系统，是现代计算机环境中的一个核心成分。本质上是一个用计算机存储数据的系统，数据库本身可以看作一个电子文件柜，但它的功能不仅仅只是保存数据，还提供了对数据进行各种管理和处理的功能，如安全管理、数据共享的管理、数据查询处理等。

### 1. 数据

数据（Data）是数据库中存储的基本对象。早期的计算机系统主要应用于科学计算领域，处理的数据基本是数值型数据，因此数据在人们头脑中的直觉反应就是数字，如 2019、70、96.5、−30.6、¥1999、$369 等。其实数字只是数据的一种最简单的形式，是对数据的传统和狭义的理解。目前计算机的应用范围已十分广泛，因此数据种类也更加丰富，如文本（Text）、图形（Graph）、图像（Image）、音频（Audio）、视频（Video）、学生的档案记录、商品销售情况等都是数据。

可以将数据定义为：数据是描述事物的符号记录。描述事物的符号可以是数字，也可以是文字、图形、图像、声音、语言等，数据有多种表现形式，它们都可以经过数字化后保存在计算机中。

数据的表现形式并不一定能完全表达其内容，有些需要经过解释才能明确其表达的含义，比如 20，当解释其代表人的年龄时是 20 岁；当解释其代表商品的价格时，就是 20 元。因此，数据和数据的解释是不可分的。数据的解释是对数据演绎的说明，数据的含义称为数据的语义。因此，数据和数据的语义也是不可分的。

在日常生活中，人们一般直接用自然语言来描述事物，如描述一门课程的信息：数据库原理与应用，3 个学分，第 4 学期开设。但在计算机中经常按如下形式描述：

（数据库原理与应用,3,4）

即把课程名、学分、开课学期信息组织在一起，形成一条记录，这条记录就是描述课程的数据。这样的数据是有结构的，记录是计算机表示和存储数据的一种格式或方法。

### 2. 数据库

数据库（DataBase，DB），顾名思义，就是存放数据的仓库，只是这个仓库是存储在计算机存储设备上的，而且是按一定的格式存储的。

人们在收集并抽取出一个应用所需要的大量数据之后，就希望将这些数据保存起来，以供进一步从中得到有价值的信息，并进行相应的加工和处理。在科学技术飞速发展的今天，人们对数据的需求越来越多，数据量也越来越大。最早人们把数据存放在文件柜中，现在人们可以借助计算机和数据库技术来科学地保存和管理大量的复杂数据，以便能方便而充分地利用宝贵的数据资源。

严格地讲，数据库是长期存储在计算机中的、有组织的、可共享的大量数据的集合。

数据库中的数据按一定的数据模型组织、描述和存储，具有较小的数据冗余、较高的数据独立性和易扩展性，并可为多种用户所共享。

概括起来，数据库数据具有永久存储、有组织和可共享 3 个基本特点。

### 3．数据库管理系统

在了解了数据和数据库的基本概念之后，下一个需要了解的是如何科学有效地组织和存储数据，如何从大量数据中快速地获得所需的数据以及如何对数据进行维护，这些都是数据库管理系统要完成的任务。数据库管理系统是一个专门用于实现对数据进行管理和维护的系统软件。

图 1-1　数据库管理系统在
计算机系统中的位置

数据库管理系统（DataBase Management System，DBMS）位于用户应用程序与操作系统软件之间，如图 1-1 所示，数据库管理系统与操作系统一样都是计算机的基础软件，同时也是一个非常复杂的大型系统软件，其主要功能包括如下几个方面：

1）数据库的建立与维护功能

数据库的建立与维护功能包括创建数据库及对数据库空间的维护、数据库的转储与恢复功能、数据库的重组功能、数据库的性能监视与调整功能等，这些功能一般是通过数据库管理系统中提供的一些实用工具实现的。

2）数据定义功能

数据定义功能包括定义数据库中的对象，如表、视图、存储过程等。这些功能的实现一般是通过数据库管理系统提供的数据定义语言（Data Definition Language，DDL）实现的。

3）数据组织、存储和管理功能

为提高数据的存取效率，数据库管理系统需要对数据进行分类存储和管理。数据库中的数据包括数据字典、用户数据和存取路径数据等，数据库管理系统要确定这些数据的存储结构、存取方式、存储位置以及如何实现数据之间的关联。确定数据的组织和存储的主要目的是提高存储空间的利用率和存取效率，一般的数据库管理系统都会根据数据的具体组织和存储方式提供多种数据存取方法，如索引查找、Hash 查找、顺序查找等。

4）数据操作功能

数据操作功能包括对数据库数据的查询、插入、删除和更改操作，这些操作一般是通过数据库管理系统提供的数据操作语言（Data Manipulation Language，DML）实现的。

5）事务的管理和运行功能

数据库中的数据是可供多个用户同时使用的共享数据，为保证数据能够安全、可靠地运行，数据库管理系统提供了事务管理功能，这些功能保证数据能够并发使用并且不会产生相互干扰的情况，而且在数据库发生故障时能够对数据库进行正确的恢复。

6）其他功能

其他功能包括与其他软件的网络通信功能、不同数据库管理系统间的数据传输以及互访问功能等。

**4．数据库系统**

数据库系统（DataBase System，DBS）是指在计算机中引入数据库后的系统。一般由数据库、数据库管理系统（及相关的实用工具）、应用程序、数据库管理员组成，为保证数据库中的数据能够正常、高效地运行，除了数据库管理系统软件之外，还需要一个（或一些）专门人员对数据库进行维护，这个专门人员称为数据库管理员（DataBase Administrator，DBA）。

一般在不引起混淆的情况下，常常把数据库系统简称为数据库。

## 1.2　数据库技术的发展

数据库技术是应数据管理任务的需要而产生和发展的；数据管理是指对数据进行分类、组织、编码、存储、检索和维护。数据管理是数据处理的核心，而数据处理则是指对各种数据的收集、存储、加工和传播等一系列活动的总和。

自计算机产生之后，人们就希望用它来帮助我们对数据进行存储和管理，最初对数据的管理是以文件方式进行的，也就是用户通过编写应用程序来实现对数据的存储和管理。后来，随着数据量越来越大，人们对数据的要求越来越多，希望达到的目的也越来越复杂，文件管理方式已经很难满足人们对数据的需求，由此产生了数据库技术，也就是用数据库来存储和管理数据。数据管理技术的发展也因此经历了人工管理、文件管理和数据库管理 3 个阶段。

### 1.2.1　人工管理阶段

在人工管理阶段（20 世纪 50 年代中期以前），计算机主要用于科学计算，外部存储器只有磁带、卡片和纸带等，还没有磁盘等直接存取存储设备。软件方面也只有汇编语言软件，尚无数据管理方面的软件。

数据处理方式基本是批处理，这个阶段有如下几个特点：

1）计算机系统不提供对用户数据的管理功能

用户编制程序时，必须全面考虑好相关的数据，包括数据的定义、存储结构以及存取方法等，程序和数据是一个不可分割的整体，数据脱离了程序就无任何存在的价值，数据无独立性。

2）数据不能共享

不同的程序均有各自的数据，这些数据对不同的程序通常也是不相同的，不可共享。即使不同的程序使用了相同的一组数据，这些数据也不能共享，程序中仍然需要各自加入这组数据，不能省略。基于这种数据的不可共享性，必然导致程序与程序之间存在大量的重复数据，浪费了存储空间。

3）不单独保存数据

基于数据与程序是一个整体，数据只为本程序所使用，数据只有与相应的程序一起保存才有价值，否则就毫无用处，所以，所有程序的数据均不单独保存。

## 1.2.2　文件管理阶段

20 世纪 50 年代后期到 60 年代中期，计算机的硬件方面已经有了磁盘等直接存取的存储设备；软件方面操作系统中已经有了专门的数据管理软件，一般称为文件管理系统。文件管理系统把数据组织成相互独立的数据文件，利用"按文件名访问按记录进行存取"的管理技术，可以对文件中的数据进行修改、插入和删除等操作。

在出现程序设计语言之后，开发人员不但可以创建自己的文件并将数据保存在自定义的文件中，而且还可以编写应用程序来处理文件中的数据，即编写应用程序来定义文件的结构，实现对文件内容的插入、删除、修改和查询操作。当然，真正实现磁盘文件的物理存取操作的还是操作系统中的文件管理系统，应用程序只是告诉文件管理系统对哪个文件的哪些数据进行哪些操作，由开发人员定义存储数据的文件及文件结构，并借助文件管理系统的功能编写访问这些文件的应用程序，以实现对用户数据的处理。在本章后面的讨论中，为描述简单，将忽略操作系统中的文件管理系统，假定应用程序直接对磁盘文件进行操作。

用户通过编写应用程序来管理存储在自定义文件中的数据的操作模式如图 1-2 所示。

假设某学校要用文件的方式保存学生及其选课的数据，并针对这些数据文件构建对学生及选课情况进行管理的系统。此系统主要实现两部分功能：学生基本信息管理和学生选课情况管理。教务部门管理学生选课情况，各系管理自己的学生基本信息，学生基本信息管理只涉及学生的基本信息数据，假设这些数据保存在 F1 文件中。学生选课情况管理涉及学生的部分基本信息、课程基本信息和学生选课信息，假设文件 F2 和 F3 分别保存课程基本信息和学生选课信息的数据。设 A1 为实现"学生基本信息管理"功能的应用程序，A2 为实现"学生选课管理"功能的应用程序，图 1-3 所示为用文件存储并管理数据的两个系统的实现示例（图中省略了操作系统部分）。

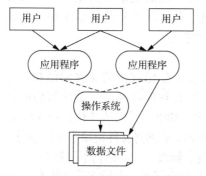

图 1-2　用文件存储数据的操作模式

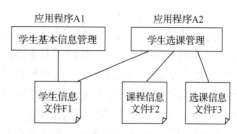

图 1-3　用文件存储数据的实现示例

假设文件 F1、F2 和 F3 分别包含如下信息：

F1 文件：学号、姓名、性别、出生日期、联系电话、所在系、专业、班号。

F2 文件：课程号、课程名、授课学期、学分、课程性质。

F3 文件：学号、姓名、所在系、专业、课程号、课程名、修课类型、修课时间、考试成绩。

将文件中所包含的每个子项称为文件结构中的"字段"或"列"，将每行数据称为一条"记录"。

"学生选课管理"的处理过程大致为：在学生选课管理中，若有学生选课，则先查 F1 文件，判断有无此学生；若有，则再访问 F2 文件，判断其所选的课程是否存在，如果一切符合规则，就将学生选课信息写到 F3 文件中。这似乎对数据的管理比人工管理阶段进了一大步，但仔细分析，会发现用文件方式管理数据存在如下缺点：

1）编写应用程序不方便

应用程序编写者必须清楚地了解所用文件的逻辑及物理结构，如文件中包含多少个字段，每个字段的数据类型，采用何种逻辑结构和物理存储结构，操作系统只提供了打开、关闭、读、写等几个底层的文件操作命令，而对文件的查询、修改等操作都必须在应用程序中编程实现，这样就容易造成各应用程序在功能上的重复，比如图 1-3 中的"学生基本信息管理"和"学生选课管理"都要对 F1 文件进行操作，而共享这两个功能相同的操作却很难。

2）数据冗余不可避免

由于 A2 应用程序需要在学生选课信息文件（F3 文件）中包含学生的一些基本信息，如学号、姓名、所在系、专业等，而这些信息同样包含在学生信息文件（F1 文件）中。因此，F3 文件和 F1 文件中存在重复数据，这称为数据冗余。

数据冗余所带来的问题不仅仅是存储空间的浪费（其实，随着计算机硬件技术的飞速发展，存储容量不断扩大，空间问题已经不是我们关注的主要问题），更为严重的是造成了数据的不一致。例如，某个学生所学的专业发生了变化，我们一般只会想到在 F1 文件中进行修改，而往往忘记在 F3 文件中应做同样的修改，由此就造成了同一名学生在 F1 文件和 F3 文件中的"专业"不一样，也就是数据不一致。当发生数据不一致时，人们不能判定哪个数据是正确的，尤其是当系统中存在多处数据冗余时，更是如此，这样数据就失去了其可信性。

文件本身并不具备维护数据一致性的功能，这些功能完全要由用户（应用程序开发者）负责维护，这在简单的系统中还可以勉强应对，但在复杂的系统中，若让应用程序开发者来保证数据的一致性，几乎是不可能的。

3）应用程序依赖性

就文件管理而言，应用程序对数据的操作依赖于存储数据的文件的结构，定义文件和记录的结构通常是应用程序代码的一部分。如 C 程序的 struct 文件结构的每一次修改，如添加字段、删除字段，甚至修改字段的长度（如电话号码从 7 位扩到 8 位），都将导致应用程序的修改，因为在打开文件进行数据读取时，必须将文件记录中不同字段的值对应到应用程序的变量中，随着应用环境和需求的变化，修改文件的结构不可避免。这些都需要在应用程序中做相应的修改，频繁修改应用程序是很麻烦的，人们首先要熟悉原有程序，修改后还需要对程序进行测试、安装等。甚至修改了文件的存储位置或者文件名，也需要对应用程序进行修改，这显然给程序的维护带来很多麻烦。

所有这些都是由于应用程序对文件的结构以及文件的物理特性过分依赖造成的。换句话说，用文件管理数据时，其数据独立性很差。

4）不支持对文件的并发访问

在现代计算机系统中，为了有效利用计算机资源，一般都允许同时运行多个应用程序。尤其是在多任务操作系统环境中，文件最初是作为程序的附属数据出现的，它一般不支持多个应用程序同时对同一个文件进行访问。例如，某个用户打开了一个 Word 文件，当第二个用户在第一个用户未关闭此文件前再打开此文件时，他只能以只读方式打开此文件，而不能在第一个用户打开的同时对此文件进行修改。再如，如果用某种程序设计语言编写一个对某文件中的内容进行修改的程序，其过程是先以写的方式打开文件，然后修改其内容，最后再关闭文件。在关闭文件之前，不管是在其他程序中，还是在同一个程序中都不允许再次打开此文件，这就是文件管理方式不支持并发访问的含义。

对于以数据为中心的系统来说，必须要支持多个用户对数据的并发访问，否则就不会有那么多的火车或飞机的订票点，也不会有那么多的银行营业网点。

5）数据间联系弱

当用文件管理数据时，文件与文件之间是彼此独立、毫不相干的，文件之间的联系必须通过程序来实现。比如对上述的 F1 文件和 F3 文件，F3 文件中的学号、姓名等学生的基本信息必须是 F1 文件中已经存在的（即选课的学生必须是已经存在的学生）。同样，F3 文件中的课程号等与课程有关的基本信息也必须存在于 F2 文件中（即学生选的课程也必须是已经存在的课程），这些数据之间的联系是实际应用中所要求的很自然的联系。但文件本身不具备自动实现这些联系的功能，必须通过编写应用程序，即手工建立这些联系，这不但增加了编写代码的工作量和复杂度，而且当联系很复杂时，也难以保证其正确性。因此，用文件管理数据时很难反映现实世界事物间客观存在的联系。

6）难以满足不同用户对数据的需求

不同的用户（数据使用者）关注的数据往往不同。例如，对于学生基本信息，对负责分配学生宿舍的部门可能只关心学生的学号、姓名、性别和班号，而对教务部门可能关心的是学号、姓名、所在系和专业。

若多个不同用户希望看到的是学生的不同基本信息，那么就需要为每个用户建立一个文件，这势必造成很多的数据冗余。我们希望的是，用户关心哪些信息就为他生成哪些信息，对用户不关心的数据将其屏蔽，使用户感觉不到其他信息的存在。

可能还会有一些用户，其所需要的信息来自于多个不同的文件。例如，假设各班班主任关心的是班号、学号、姓名、课程名、学分、考试成绩等，这些信息涉及 3 个文件：从 F1 文件中得到"班号"，从 F2 文件中得到"学分"，从 F3 文件中得到"考试成绩"。而"学号""姓名"可以从 F1 文件或 F3 文件中得到，"课程名"可以从 F2 文件或 F3 文件中得到。在生成结果数据时，必须对从 3 个文件中读取的数据进行比较，然后组合成一行有意义的数据。比如，将从 F1 文件中读取的学号与从 F3 文件中读取的学号进行比较，学号相同时，才可以将 F1 文件中的"班号"与 F3 文件中的当前记录所对应的学号和姓名组合起来；之后，还需要将组合结果与 F2 文件中的内容进行比较，找出课程号相同的课程的学分，再与已有的结果组合起来；然后再从组合后的数据中提取出用户需要的信息。如果数据量很大，涉及的文件比较多时，可以想象这个过程有多复杂。因此，这种复杂信息的查询，在按文件管理数据的方式中是很难处理的。

### 1.2.3 数据库管理系统阶段

20 世纪 60 年代后期以来，数据管理对象的规模越来越大，应用范围越来越广，多种应用共享数据的要求越来越强烈。由于计算机技术的发展以及需求的推动，为了解决多用户、多应用共享数据的需求，数据库技术应运而生，出现了统一管理数据的专门软件系统——数据库管理系统。

数据库管理系统是由一个相互关联的数据集合和一组用以访问、管理和控制这些数据的程序组成的。这个数据集合通常称为数据库，其中包含了关于某个信息系统的所有信息。数据库管理系统是位于用户和操作系统之间的一层数据管理系统，它提供一个可以方便且高效地存取、管理和控制数据库信息的环境。数据库管理系统和操作系统一样都是计算机的基础软件，也是一个大型复杂的软件系统。

设计数据库管理系统的目的是有效地管理大量数据，并解决文件处理系统中存在的问题：数据共享性差（数据冗余和不一致）、数据独立性差、数据孤立和数据获取困难、完整性问题、原子性问题、并发访问异常和安全性问题等。对数据的有效管理，既涉及数据存储结构的定义，又涉及数据操作机制的提供；不仅需要解决数据的共享性、独立性和数据之间的联系问题，还需要解决数据的完整性、原子性、并发控制和安全性问题。

与文件系统相比，数据库管理系统阶段的特点主要表现在以下几个方面：

1）数据结构化

数据库管理系统实现数据的整体结构化，这是数据库的主要特征之一，也是数据库管理系统与文件系统的本质区别。

整体结构化，一是指数据不仅仅是内部结构化，而是将数据以及数据之间的联系统一管理起来，使之结构化；二是指数据库中的数据不仅仅是针对某一个应用，而是面向全组织的所有应用。

（1）不仅要考虑数据内部的结构化，还要考虑数据之间的联系。在文件系统中，每个文件是由记录构成的，每个记录再由若干个属性组成。也就是说，文件内部是有结构的。例如，学生文件 Student（由学号、姓名、性别、出生日期、所学专业、家庭住址、联系电话等属性组成）、课程文件 Course 和学生成绩文件 Score 的记录结构如图 1-4 所示。

| 学生文件Student的记录结构 | | | | | | |
| --- | --- | --- | --- | --- | --- | --- |
| 学号 | 姓名 | 性别 | 出生日期 | 所学专业 | 家庭住址 | 联系电话 |

| 课程文件Course的记录结构 | | | | |
| --- | --- | --- | --- | --- |
| 课程号 | 课程名称 | 学时 | 学分 | 教材名称 |

| 学生成绩文件Score的记录结构 | | | |
| --- | --- | --- | --- |
| 学号 | 课程号 | 学期 | 成绩 |

图 1-4 学生、课程、学生成绩文件的记录结构

在文件系统中，尽管记录内部已经结构化，但记录之间没有联系，数据是孤立的。例如，学生文件 Student、课程文件 Course 和学生成绩文件 Score 是孤立的 3 个文件，但实际上这 3 个文件的记录之间是有联系的，如 Score 文件中的一条记录的学号必须是 Student 文件中某个学生的学号；Score 文件中的一条记录的课程号必须是 Course 文件中某门课程的课程号。

在关系数据库中，通过参照完整性（将在第 7 章介绍）来表示和实现关系表的记录之间的这种联系。如果向 Score 关系表中增加一个学生某门课程成绩的记录，如果该学生没有出现在 Student 关系表中，或课程没有出现在 Course 关系表中，关系数据库管理系统将自动进行检查并拒绝执行这样的插入操作，从而保证了数据的正确性。而要在文件系统中做到这一点，必须由程序员在应用程序中编写一段程序代码来实现检查和控制。

（2）不仅要考虑某个应用的数据结构，还要考虑整个组织的数据结构。例如，一个学校的信息系统中不仅要考虑教务处的学生成绩管理，还要考虑学生处的奖惩管理，以及财务处的学生缴费管理；同时还要考虑总务处的学生宿舍管理、人事处的教职工人事管理和工资管理等。因此，学校信息系统中的学生数据要面向全校各个职能管理部门和院系的应用，而不仅仅是教务处的一个学生成绩管理应用。例如，可以按照图 1-5 所示的方式为某学校的各种应用组织学生数据。

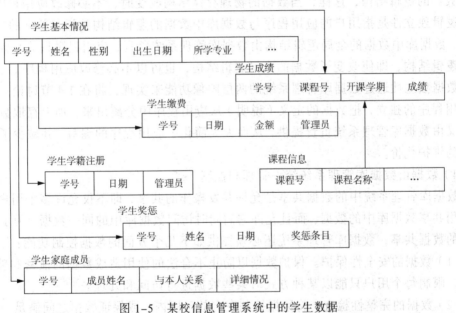

图 1-5 某校信息管理系统中的学生数据

这种数据组织方式为各部门的应用提供了必要的记录，使数据整体结构化。因此，在描述数据时不仅描述数据本身，还要描述数据之间的联系。

在数据库管理系统中，不仅数据是整体结构化的，而且存取数据的方式也很灵活，可以存取数据库中的某一数据项、一组数据项、一个记录或一组记录。而文件系统中，数据的存取单位是记录，粒度不能细到数据项。

2）数据的共享度高，冗余度低，易扩充

数据库管理系统从整体角度描述和组织数据，数据不再是面向某个应用，而是面向整个系统。因此，数据可以被多个用户、多个应用共享使用。数据共享可以大大减少数据的冗余，避免数据之间的不一致性。

由于数据是面向整个系统的，这样不仅可以被多个应用共享使用，而且容易增加新的应用，这使得数据库系统易于扩充。例如，可以选取整体数据的各种子集用于不同的应用，当应用需求改变或增加时，只要重新选取不同的子集或加上一部分数据，便可以满足新的应用需求。

3）数据独立性高

数据独立是指数据的使用（即应用程序）与数据的说明（即数据的组织结构与存储方式）分离，使应用程序只考虑如何使用数据，而无须关心它们是如何构造和存储的，因而各方（在一定范围内）的变更互不影响。数据独立性用来描述应用程序与数据结构之间的依赖程度，包括数据的物理独立性和数据的逻辑独立性，依赖程度越低则独立性越高。

物理独立性是指用户的应用程序与数据库中数据的物理结构是相互独立的。也就是说，数据库中的数据在磁盘上如何组织和存储由数据库管理系统负责，应用程序只关心数据的逻辑结构，这样，当数据的物理存储结构改变时，不必修改应用程序。

逻辑独立性是指用户的应用程序与数据库中数据的逻辑结构是相互独立的。也就是说，数据库中数据的全局逻辑结构由数据库管理系统负责，应用程序只关心数据的局部逻辑结构，即使改变了数据的全局逻辑结构，也可以不必修改应用程序。

数据独立性通过数据库管理系统的两层映像功能来实现，将在1.4节讨论。数据与应用程序的独立，把数据的定义（说明）从应用程序中分离出来，加上存取数据的方法又由数据库管理系统负责提供，从而大大简化了应用程序的编写，并减少了应用程序的维护代价。

4）数据由数据库管理系统统一管理和控制

数据库管理系统中的数据共享是允许并发操作的共享，即不仅允许多个用户、多个应用共享数据库中的数据，而且允许它们同时访问数据库中的同一数据。为了实现正确的数据共享，数据库管理系统还必须提供如下几个方面的数据控制功能：

（1）数据的安全性保护。保护数据以防止不合法的使用造成数据的泄密和破坏。例如，限制每个用户只能以某种方式对某些数据进行访问和处理。

（2）数据的完整性检查。将数据控制在有效范围内，或保证数据之间满足一定的关系。例如，对于百分制成绩必须在 0~100 分之间；选修某课程时，所有选修学生的数量不能超过所安排教室的容量；只能选修已开课程，不能选修不存在的课程；所有已修课程达到合格要求的学分之和不低于规定的学分时才可以毕业等。

（3）并发控制。对多个用户或应用程序同时访问同一个数据的并发操作加以控制和协调，确保得到正确的修改结果或数据库的完整性不遭破坏。例如，网上并发订票操作、并发选课操作等都必须进行并发控制。

（4）数据库恢复。当计算机系统发生硬件或软件故障时，需要将数据库从错误状态恢复到某一正确状态。

对于数据库管理系统阶段，应用程序与数据之间的对应关系如图 1-6 所示。

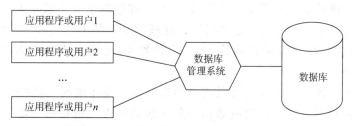

图 1-6　数据库管理系统阶段应用程序与数据之间的对应关系

# 1.3　数据模型

## 1.3.1　数据和数据模型

现实世界的数据是散乱无章的，散乱的数据不利于人们对其进行有效的管理和处理，特别是海量数据，因此，必须把现实世界的数据按照一定的格式组织起来，以方便对其进行操作和使用。数据库技术也不例外，在用数据库技术管理数据时，数据被按照一定的格式组织起来，如二维表结构或者是层次结构，以使数据能够被更高效地管理和处理。

### 1. 数据与信息

为了了解世界、研究世界和交流信息，人们需要描述各种事物。用自然语言来描述虽然很直接，但过于烦琐，不便于形式化，而且也不利于用计算机来表达。为此，人们常常只抽取那些感兴趣的事物特征或属性来描述事物。例如，一名学生可以用信息（张三，201412101，男，福建，142301，网络工程）描述，这样的一行数据称为一条记录。单看这行数据我们不一定能准确知道其含义，但对其进行如下解释：张三的学号是 201412101，他是 142301 班的男生，福建生源，网络工程专业，其内容就是清晰而确定的。我们将描述事物的符号记录称为数据，将从数据中获得的有意义的内容称为信息。数据有一定的格式，例如，姓名是长度不超过 4 个汉字的字符串（假设学生的姓名都不超过 4 个汉字，性别是一个汉字的字符）。这些格式的规定是数据的语法，而数据的含义是数据的语义。因此，数据是信息存在的一种形式，只有通过解释或处理才能成为有用的信息。

一般来说，数据库中的数据具有静态特征和动态特征。

### 1）静态特征

数据的静态特征包括数据的基本结构、数据间的联系以及对数据取值范围的约束。比如 1.2 节给出的学生管理的例子，学生基本信息包含学号、姓名、性别、出生日期、联系电话、所在系、专业、班级号，这些都是学生所具有的基本性质，是学生数据的基本结构。学生选课信息包括学号、课程号和考试成绩等，这些是学生选课的基本性质。但学生选课信息中的学号与学生基本信息中的学号是有关联的，即学生选课信息中的"学号"所能取的值应在学生基本信息中的"学号"取值范围之内，因为只有这样，学生选课信息中所描述的学生选课情况才是有意义的（我们不会记录不存在的学生的选课情况），这就是数据之间的联系。最后看数据取值范围的约束。我们知道人的性别一项的取值只能是"男"或"女"、课程的学分一般是大于 0 的整数值、学生的考试成绩一般在 0 ~ 100 分之间等，这些都是对某个列的数据取值范围进行的限制，目的是在数据库中存储正确的、有意义的数据。这就是对数据取值范围的约束。

2）动态特征

数据的动态特征是指对数据可以进行的操作以及操作规则。对数据库数据的操作主要有查询数据和更改数据，更改数据一般又包括插入、删除和更新。

一般将对数据的静态特征和动态特征的描述称为数据模型三要素，即在描述数据时要包括数据的基本结构、数据的约束条件（这两个属于静态特征）和定义在数据上的操作（属于数据的动态特征）3 个方面。

**2．数据模型**

对于模型，特别是具体的模型，人们并不陌生。一张地图、一组建筑设计沙盘、一架飞机模型等都是具体的模型。人们可以从模型联想到现实生活中的事物。计算机中的模型是对事物、对象、过程等客观系统中感兴趣的内容的模拟和抽象表达，是理解系统的思维工具，数据模型（Data Model）也是一种模型，它是对现实世界数据特征的抽象。

数据库是企业或部门相关数据的集合，数据库不仅要反映数据本身的内容，而且要反映数据之间的联系。由于计算机不可能直接处理现实世界中的具体事物，因此，必须要把现实世界中的具体事物转换成计算机能够处理的对象。在数据库中用数据模型来抽象、表示和处理现实世界中的数据和信息。

数据库管理系统是基于某种数据模型对数据进行组织的，因此，了解数据模型的基本概念是学习数据库知识的基础。

在数据库领域中，数据模型用于表达现实世界中的对象，即将现实世界中杂乱的信息用一种规范的、易于处理的方式表达出来。而且这种数据模型既要面向现实世界（表达现实世界信息），同时又要面向机器世界（因为要在机器上实现出来），因此一般要求数据模型满足 3 个方面的要求：

1）能够真实地模拟现实世界

因为数据模型是抽象现实世界对象的信息，经过整理、加工，成为一种规范的模型。但构建模型的目的是真实、形象地表达现实世界的情况。

2）容易被人们理解

因为构建数据模型一般是数据库设计人员做的事情，而数据库设计人员往往并不是所构建的业务领域的专家，因此，数据库设计人员所构建的模型是否正确，是否与现实情况相符，需要由精通业务的用户来评判，而精通业务的人员往往又不是计算机领域的专家，因此要求所构建的数据模型形象化，且容易被业务人员理解，以便于他们对模型进行评判。

3）能够方便地在计算机上实现

因为对现实世界的业务进行设计的最终目的是能够在计算机上实现出来，用计算机来表达和处理现实世界的业务。因此，所构建的模型必须能够方便地在计算机上实现，否则就没有任何意义。

用一种模型来同时很好地满足这三方面的要求在目前还是比较困难的，因此，在数据库领域中针对不同的使用对象和应用目的，采用不同的数据模型来实现。

数据模型实际上是模型化数据和信息的工具。根据模型应用的不同目的，可以将模型分为两大类，它们分别属于两个不同的层次：

（1）概念层数据模型，又称概念模型或信息模型，它从数据的应用语义视角来抽取现实世界中有价值的数据并按用户的观点来对数据进行建模。这类模型主要用在数据库的设计阶段，它与具体的数据库管理系统无关，也与具体的实现方式无关。

（2）组织层数据模型，又称组织模型（有时也简称数据模型，本书所讲的数据模型均指组织层数据模型），它从数据的组织方式来描述数据。

所谓组织层，就是指用什么样的逻辑结构来组织数据。数据库发展到现在主要采用了如下几种组织方式（组织模型）：层次模型（Hierarchical Model，用树形结构组织数据）、网状模型（Network Model，用图形结构组织数据）、关系模型（Relationship Model，用简单二维表结构组织数据）以及对象-关系模型（Object-relational Model，用复杂的表格以及其他结构组织数据）。组织层数据模型主要是从计算机系统的观点对数据进行建模，它与所使用的数据库管理系统的种类有关，因为不同的数据库管理系统支持的数据模型可以不同。

为了把现实世界中的具体事物抽象、组织为某一具体 DBMS 支持的数据模型，人们通常首先将现实世界抽象为信息世界，然后再将信息世界转换为机器世界。即，首先把现实世界中的客观对象抽象为某一种描述信息的模型，这种模型并不依赖于具体的计算机系统，而且也不与具体的 DBMS 有关，而是概念意义上的模型，也就是我们所说的概念层数据模型；然后再把概念层数据模型转换为具体的 DBMS 支持的数据模型，也就是组织层数据模型（如关系数据库的二维表）。注意，从现实世界到概念层数据模型使用的是"抽象"技术，从概念层数据模型到组织层数据模型使用的是"转换"技术，也就是说先有概念模型，然后再到组织模型。从概念模型到组织模型的转换是比较直接和简单的，我们将在数据库设计中详细介绍转换方法，这个过程如图 1-7 所示。

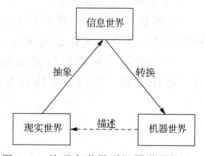

图 1-7　从现实世界到机器世界的过程

### 1.3.2　概念层数据模型

从图 1-7 可以看出，概念层数据模型实际上是现实世界到机器世界的一个中间层，机器世界实现的最终目的是反映和描述现实世界。

#### 1. 基本概念

概念层数据模型是指抽象现实系统中有应用价值的元素及其关联关系，反映现实系统中有应用价值的信息结构，并且不依赖于数据的组织层数据模型。

概念层数据模型用于对信息世界进行建模，是现实世界到信息世界的第一层抽象，是数据库设计人员进行数据库设计的工具，也是数据库设计人员和业务领域的用户之间进行交流的工具。因此，该模型一方面应该具有较强的语义表达能力，能够方便、直接地表达应用中的各种语义知识；另一方面它还应该简单、清晰和易于被用户理解。因为概念模型设计的正确与否，即所设计的概念模型是否合理、是否正确地表达了现实世界的业务情况，是由业务人员来判定的。

概念层数据模型是面向用户、面向现实世界的数据模型，它与具体的 DBMS 无关，采用概念层数据模型，设计人员可以在数据库设计的开始阶段把主要精力放在了解现实世界方面，而把涉及 DBMS 的一些技术性问题推迟到后面去考虑。

常用的概念层数据模型有实体-联系（Entity-Relationship，E-R）模型、语义对象模型。本书只介绍实体-联系模型，这也是最常使用的一种概念模型。

**2．实体-联系模型**

如果直接将现实世界数据按某种具体的组织模型进行组织，必须同时考虑很多因素，设计工作也比较复杂，并且效果并不一定理想，因此需要一种方法能够对现实世界的信息结构进行描述。事实上这方面已经有了一些方法，我们要介绍的是 P.P.S Chen 于 1976 年提出的实体-联系方法，即通常所说的 E-R 方法。这种方法由于简单、实用而得到了广泛应用，也是目前描述信息结构最常用的方法。

实体-联系方法使用的工具称为 E-R 图，它所描述的现实世界的信息结构称为企业模式（Enterprise Schema），也把这种描述结果称为 E-R 模型。

实体-联系方法试图定义很多数据分类对象，然后数据库设计人员就可以将数据项归类到已知的类别中，在第 5 章将更详细地介绍 E-R 模型，以及如何将 E-R 模型转换为关系数据模型。

在实体-联系模型中主要涉及三方面内容：实体、属性和联系。

**1）实体（Entity）**

实体是具有公共性质并可相互区分的现实世界对象的集合，或者说是具有相同结构的对象的集合。实体是具体的，例如，职工、学生、教师、课程都是实体。

在 E-R 图中用矩形框表示具体的实体，把实体名写在框内，如图 1-8（a）中的"经理"和"部门"实体以及图 1-8（b）中的"部门"和"职工"实体。

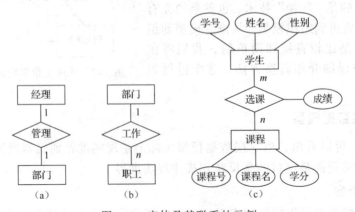

图 1-8　实体及其联系的示例

实体中每个具体的记录值（一行数据），如"学生"实体中的每个具体的学生，称为实体的一个实例（有些书也将实体称为实体集或实体类型，而将每行具体的记录称为实体）。

2）属性

每个实体都具有一定的特征或性质，这样才能根据实体的特征来区分一个个实例。属性就是描述实体或者联系的性质或特征的数据项，属于一个实体的所有实例都具有相同的性质。在 E-R 模型中，这些性质或特征就是属性，如学生的学号、姓名、性别等都是"学生"实体具有的特征。例如，假设用户还需要学生的出生日期信息，则可以在"学生"实体中加一个"出生日期"属性。

在实体的属性中，将能够唯一标识实体的一个属性或最小的一组属性（属性集或属性组）称为实体的标识属性，这个属性或属性组又称实体的码。例如，"学号"就是学生实体的码。

属性在 E-R 图中用椭圆形表示，在椭圆形框内写上属性的名称，并用连线将属性框与它所描述的实体联系起来，如图 1-8（c）所示。

3）联系

在现实世界中，事物内部以及事物之间是有联系的，这些联系在信息世界反映为实体内部的联系和实体之间的联系。实体内部的联系通常是指一个实体内部属性之间的联系，实体之间的联系通常是指不同实体属性之间的联系。比如在"职工"实体中，假设有职工号、职工姓名、所在部门和部门经理号等属性，其中"部门经理号"描述的是这个职工所在部门的经理的编号。一般来说，部门经理也属于单位的职工，而且通常与职工采用的是一套职工编码方式，因此"部门经理号"与"职工号"之间有一种关联的关系，即"部门经理号"属性的取值在"职工号"属性的取值范围内。这就是实体内部的联系。而"学生"和"系"之间就是实体之间的联系，"学生"是一个实体，假设该实体中有学号、姓名、性别、所在系等属性，"系"也是一个实体，假设该实体中包含系名、系联系电话、系办公地点等属性，则"学生"实体中的"所在系"与"系"实体中的"系名"之间存在一种关联关系，即"学生"实体中"所在系"属性的取值范围必须在"系"实体中"系名"属性的取值范围内。因此"系"和"学生"这种关联到两个不同实体的联系就是实体之间的联系。通常情况下我们遇到的联系大多都是实体之间的联系。

联系是数据之间的关联关系，是客观存在的应用语义链。在 E-R 图中联系用菱形框表示，框内写上联系名，并用连线将联系框与它所关联的实体连接起来，如图 1-8（a）中的"管理"联系。

联系也可以有自己的属性，如图 1-8（c）所示的"选课"联系中有"成绩"属性。

两个实体之间的联系通常有以下 3 类：

（1）一对一联系（1：1）。如果实体 A 中的每个实例在实体 B 中最多有一个（也可以没有）实例与之关联，反之亦然，则称实体 A 与实体 B 具有一对一联系，记作 1：1。

例如，部门和经理（假设一个部门只允许有一个经理，一个人只允许担任一个部门的经理）、系和正系主任（假设一个系只允许有一个正主任，一个人只允许担任一个系的主任）都是一对一的联系。一对一联系示例如图 1-8（a）所示。

（2）一对多联系（1∶n）。如果实体 A 中的每个实例在实体 B 中有 n 个实例（n ≥0）与之关联，而实体 B 中的每个实例在实体 A 中最多只有一个实例与之关联，则称实体 A 与实体 B 是一对多联系，记作 1∶n。

例如，假设一个部门有若干职工，而一个职工只允许在一个部门工作，则部门和职工之间就是一对多联系。又比如，假设一个系有多名教师，而一个教师只允许在一个系工作，则系和教师之间也是一对多联系。一对多联系示例如图 1-8（b）所示。

（3）多对多联系（m∶n）。如果实体 A 中的每个实例在实体 B 中有 n 个实例（n ≥0）与之关联，而实体 B 中的每个实例，在实体 A 中也有 m 个实例（m≥0）与之关联，则称实体 A 与实体 B 是多对多联系，记为 m∶n。

比如学生和课程，一个学生可以选修多门课程，一门课程也可以被多个学生选修，因此学生和课程之间是多对多联系。多对多联系示例如图 1-8（c）所示。

实际上，一对一联系是一对多联系的特例，而一对多联系又是多对多联系的特例。

**注意**：实体之间联系的种类与语义直接相关，也就是由客观实际情况决定的。例如，部门和经理，如果客观情况是一个部门只有一个经理，一个人只担任一个部门的经理，则部门和经理之间是一对一联系。但如果客观情况是一个部门可以有多个经理，而一个人只担任一个部门的经理，则部门和经理之间就是一对多联系。如果客观情况是一个部门可以有多个经理，而且一个人也可以担任多个部门的经理，则部门和经理之间就是多对多联系。

E-R 图不仅能描述两个实体之间的联系，而且还能描述两个以上实体之间的联系。比如有顾客、商品、售货员 3 个实体，并且存在语义：每个顾客可以从多个售货员那里购买商品，并且可以购买多种商品；每个售货员可以向多名顾客销售商品，并且可以销售多种商品；每种商品可由多个售货员销售，并且可以销售给多名顾客。描述顾客、商品和售货员之间的关联关系的 E-R 图如图 1-9 所示，这里将联系命名为"销售"。

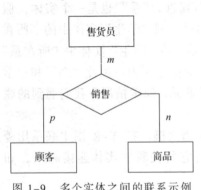

图 1-9　多个实体之间的联系示例

E-R 图广泛用于数据库设计的概念结构设计阶段。用 E-R 模型表示的数据库概念设计结果非常直观，易于用户理解，而且所设计的 E-R 图与具体的数据组织方式无关，并可以被直观地转换为关系数据库中的关系表。

### 1.3.3　数据库建模

实体-联系（E-R）模型是数据库设计者、编程者和用户之间有效、标准的交流方法。它是一种非技术的方法，表达清晰，为形象化数据提供了一种标准和逻辑的途径。E-R 模型能准确反映现实世界中的数据以及在用户业务中的使用情况，它提供了一种有用的概念,允许数据库设计者将用户对数据库需求的非正式描述转换成一种能在数据库管理系统中实施的更详细、准确的描述。因此,用 E-R 模型建模是数据库设计者必须掌握的重要技能,这种技术已广泛应用于数据库设计中。

**1. E-R 模型的基本概念**

E-R 模型是用于数据库设计的高层概念数据模型。概念数据模型独立于任何数据库管理系统和硬件平台,该模型也被定为企业数据的逻辑表示。它通过定义代表数据库全部逻辑结构的企业模式来辅助数据库设计,是一种自顶向下的数据库设计方法,是数据的一种大致描述,由需求分析中收集的信息来构建。E-R 模型是若干语义数据模型中的一种,它有助于将现实世界企业中的信息和相互作用映射为概念模式。许多数据库设计工具都借鉴了 E-R 模型的概念,E-R 模型为数据库设计者提供了下列几个主要的语义概念:

1)实体

实体是现实世界中独立存在的,可区别于其他对象的"对象"或"事物"。一个实体一般是物理存在的对象,如人、汽车、商品、职工等,每个实体都可以有自己的属性。

在 E-R 模型中,实体是存在于用户业务中抽象且有意义的事物。这些事物被模式化成可用属性描述的实体。实体之间存在多种联系。

(1)实体与实体实例。实体(Entity,又称实体集)是一组具有相同特征或属性的对象的集合。在 E-R 模型中,相似的对象被分到同一个实体中。实体可以包含物理(或真实)存在的对象,也可以包含概念(或抽象)存在的对象。每个实体用一个实体名和一组属性来标识。一个数据库通常包含许多不同的实体,实体的一个实例表现为一个具体的对象,比如一个具体的学生。E-R 模型中的"实体"对应关系数据库中的一张表,实体的实例对应表中的一行记录。

(2)实体的分类。实体可以分为强实体和弱实体。强实体(Strong Entity,又称强实体集)指不依赖于其他实体而存在的实体,比如"职工"实体。强实体的特点是:每个实例都能被实体的主键唯一标识。弱实体(Weak Entity,又称弱实体集)指依赖于其他实体而存在的实体,比如"职工子女"实体,该实体必须依赖于"职工"实体的存在而存在。强实体有时又称父实体、主实体或者统治实体,弱实体又称子实体、依赖实体或从实体。在 E-R 模型中,一般用单线矩形框表示强实体,用双线矩形框表示弱实体。

图 1-10 描述了"职工"实体和其中的两个实例,从这个图也可以看出实体与实例的区别。

2)联系

联系指用户业务中相关的两个或多个实体之间的关联。它表示现实世界的关联关系。联系只依赖于实体间的关联,在物理和概念上是不存在的。联系的一个具体值称为联系实例。联系实例是可唯一区分的关联,它包括每个参与实体的一个实例,表明特定的实体实例间是相互关联的。联系也被视为抽象对象,联系通过连线将相互关联的实体连接起来。

| 实体：职工 | | | |
|---|---|---|---|
| 属性 | | 实例 | |
| 属性名 | 域 | 实例1 | 实例2 |
| 职工号 | 长度为6字节的字符串 | Z10001 | Z10002 |
| 姓名 | 长度为8字节的字符串 | 张小平 | 李红丽 |
| 性别 | 长度为2字节的字符串 | 男 | 女 |
| 出生日期 | 日期类型 | 1980-12-5 | 1977-11-18 |

图 1-10　有实例的实体

在 E-R 模型中，相似的联系被归到一个联系（又称联系集或联系型）中。这样，一个具体的联系表达了一个或多个实体之间的一组有意义的关联。例如，假设"学生"实体和"课程"实体之间存在一个"选课"联系，则如果学生（081001，张三，男）选了课程（C001，计算机网络），则（081001，张三，男）和（C001，计算机网络）之间就存在一个联系实例，这个联系实例可表示为（081001，C001，…）。

具有相同属性的联系实例都属于一个联系。

联系有如下特性：联系的度、连接性、存在性、$n$ 元联系。

（1）联系的度。联系的度指联系中相关联的实体的数量，一般有递归联系或一元联系、二元联系和三元联系。

① 递归联系。递归联系指同一实体的实例之间的联系。在递归联系中，实体中的一个实例只与同一实体中的另一个实例相互关联，如图 1-11（a）所示。在图 1-11 中，"管理"是实体"职工"与"职工"之间的递归联系，递归联系又称一元联系，参与联系的每个实例都有特定的角色，联系的角色名对递归联系非常重要，它确定了每个参与者的功能。在"管理"联系中"职工"实体的第一个参与者的角色名为"管理者"，第二个参与者的角色名为"被管理"。当两个实体之间不止一个联系时，角色名就很有用。而当参与联系的实体之间的作用很明确时，联系中的角色名就不需要显式指明。

② 二元联系。二元联系指 2 个实体之间的关联，比如部门和职工、班级和学生、学生和课程等都是二元联系的例子。二元联系是最常见的联系，其联系的度为 2。图 1-11（b）所示为"部门"和"职工"之间的二元联系。

③ 三元联系。三元联系指 3 个实体之间的关联，其联系的度为 3。用 1 个菱形与 3 个实体相连接来表示三元联系，如图 1-11（c）所示。在图 1-11（c）中，3 个实体"顾客""商品""商店"与 1 个菱形"购买"相连接，当二元联系不能充分准确地描述 3 个实体间的关联语义时，则需要采用三元联系来描述。

不管是哪种类型的联系，都需要指明实体间的连接是"一"还是"多"。

（2）联系的连接性。联系的连接性描述联系中相关联实体间映射的约束，取值为"一"或"多"。例如，对图 1-11（b）所示的 E-R 图，实体"部门"和"职工"之间为一对多的联系，即对"职工"实体中的多个实例，在"部门"中至多有一个实例与其关联，实际的连接数目称为联系的连接基数，由于基数值常随着联系实例发生变化，所以基数比连接性使用得少。

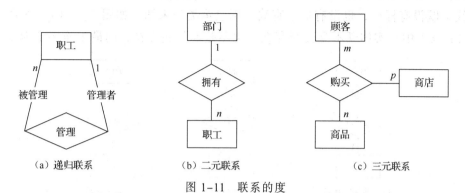

图 1-11　联系的度

图 1-12 描述了二元联系中的 3 种基本连接结构：一对一（1∶1）、一对多（1∶n）和多对多（m∶n）。对图 1-12（a）所示的一对一连接，表示一个部门只有一个经理，而且一个人只担任一个部门的经理，这两个实体的最大和最小连接基数都仅为 1。如果是图 1-12（b）所示的一对多连接，则表示一个部门可有多名职工，而一个职工只能在一个部门工作，"职工"端的最大和最小连接基数分别为 n 和 1，"部门"端的最大和最小连接基数都为 1。如果是图 1-12（c）所示的多对多连接，则表示一个职工可以参与多个项目，一个项目可以由多个职工来完成，"职工"和"项目"的最大连接基数分别为 m 和 n，最小连接基数都为 1；如果 m 和 n 的值分别为 10 和 5，则表示一个职工最多可以参与 5 个项目，一个项目最多可以由 10 个职工来完成。

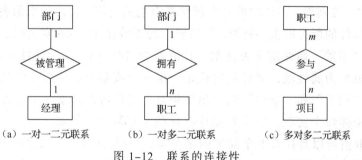

图 1-12　联系的连接性

（3）联系的存在性。联系的存在性指某个实体的存在依赖于其他实体的存在，图 1-13 中给出了一些联系存在的例子。联系中实体的存在分为强制和非强制（又称可选的）两种，强制存在要求联系中任何一端的实体的实例都必须存在，而非强制存在允许实体的实例可以不存在，如实体"职工"可以管理某个"部门"，也可以不管理任何"部门"，因此"职工"和"部门"之间的"被管理"联系中"部门"实体是非强制存在的；而对"部门"和"职工"之间的"拥有"联系，如果要求每个部门必须有职工，而且每个职工必须属于某个部门，则"部门"和"职工"相对"拥有"联系来说都是强制存在的。对于强制存在的实体，一般都会使用"必须"这个词来描述。

在 E-R 图中，在实体和联系的连线上标〇表示是非强制存在，如图 1-13（a）所示；在实体和联系的连线上加一条垂直线表示强制存在，如图 1-13（b）所示；如果在连线上既没有标〇，也没有加垂直线，则表示类型未知，如图 1-13（c）所示。在图 1-13（c）中，实体既不是强制存在，也不是非强制存在，则最小连接定为 1。

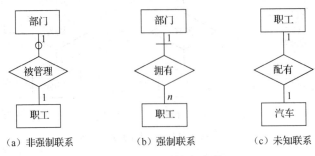

图 1-13　联系的存在性

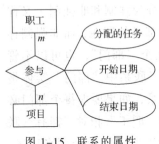

图 1-14　$n$ 元联系

（4）$n$ 元联系

在 $n$ 元联系中，用具有 $n$ 个连接的菱形来表示 $n$ 个实体之间的关联，每个连接对应 1 个实体。图 1-14 所示就是 $n$ 元联系的例子。

3）属性

实体的特性或联系的特征都称为属性，用一组属性来描述一个实体，同一个实体中的实例具有相同或相似的属性。例如，"学生"实体的属性有姓名、学号、性别等，实体中的每个属性都有取值范围，属性的取值范围称为值域，值域定义了属性的所有取值。例如，如果职工的年龄在 18～60 岁之间，则可以将"职工"实体的"年龄"属性定义为整型，且值域为 18～60。多个属性可以共享同一个值域，该值域称为属性域，属性域的值是一组一个或多个属性所允许的取值。例如，同一学校中"职工"和"学生"的"出生年月"属性可以共享一个属性域。

属性值描述每个实例，它是数据库存储的主要数据。例如，"职工"实体中"姓名"属性的取值可以是具有 8 个汉字的字符串，"身份证号"的取值可以是 18 位数字等，联系也可以具有属性，图 1-15 中"职工"实体和"项目"实体间的多对多联系"参与"具有"分配的任务""开始日期""结束日期"属性，在这个例子中，当给定一个具体职工和一个具体项目后，有一组"分配的任务""开始日期""结束日期"属性值与其对应。当单独描述"职工"或"项目"时，这 3 个属性都有多个值与其对应，通常情况下，只有二元多对多联系和三元联系才具有属性，而一对一联系和一对多联系通常没有属性，这是因为如果联系至少有一端是单一实体，则可以很明确地将属性分配给某个实体

图 1-15　联系的属性

而不需要分配给联系。

　　属性可以分为以下几类：简单属性、复合属性、单值属性、多值属性、派生属性和标识属性。

　　（1）简单属性。简单属性（又称原子属性）是由一个独立成分构成的属性，简单属性不可再分成更小的成分。"学生"实体中的学号、姓名、性别属性都是简单属性的例子。

　　（2）复合属性。复合属性是由多个独立存在的成分构成的属性，一些属性可以划分成更小的独立成分。例如，假设"职工"实体中有"地址"属性，该属性有"**省**市**区**街道"形式的取值，则这种形式的取值可进一步分解为"省""市""区""街道"4个属性，而"街道"又可分为街道号、街道名和楼牌号3个简单属性。如果"职工"实体中包含外国人，则外国人的名字经常分为"名"（first_name）和"姓"（last_name）两部分，因此"姓名"又可以拆分为"名"和"姓"两部分。图1-16所示为复合属性的例子。

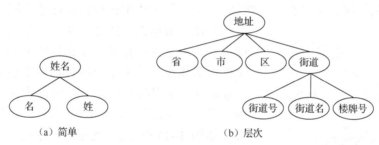

图1-16　复合属性

　　复合属性可以是有层次的，图1-16（b）所示的"地址"属性，其中的"街道"可划分为3个简单属性：街道名、街道号和楼牌号，这些简单属性值的集合构成了复合属性的值。

　　（3）单值属性。若某属性对于特定实体中的每个实例都只取一个值，则这样的属性为单值属性。例如，"学生"实体中每个实例的"学号"属性都只有一个值，如"0812101"，则该属性即为单值属性。大多数属性均为单值属性。

　　（4）多值属性。若某属性对于特定实体中的每个实例可以取多个值，则这样的属性即为多值属性，也就是说，多值属性的取值可以不止一个。例如，"职工"的"技能"属性，一个职工可以有多项技能，如"系统设计""程序设计""数据库管理"。

　　可以对多值属性的取值数目进行上、下界的限制，例如，可以限定"技能"属性的取值为1~3。在E-R图中，用双线椭圆形表示多值属性，如图1-17所示。

　　（5）派生属性。派生属性的值是由相关联的属性或属性组派生出来的，这些属性可以来自同一实体，也可以来自不同实体。例如，"职工"实体中的"工龄"属性的值可以由该职工的"参加工作日期"和当前日期计算得到，所以"工龄"属性就是派生属性。在E-R图中用虚线的椭圆形表示派生属性，如图1-17所示。

　　在有些情况下，属性值可以派生于同一实体中的实例。例如，"职工"实体的"总人数"属性的值可以通过计算"职工"实体中的实例总数获得。

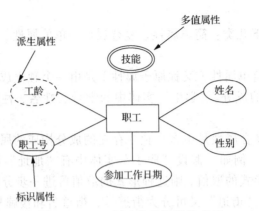

图 1-17　E-R 图中各种属性的表示

（6）标识属性。在一个实体中，每个实例需要能被唯一识别，可以用实体中的一个或多个属性来标识实体实例，这些属性就称为标识属性。标识属性能够唯一标识实体中每个实例的属性或属性组。例如，"职工"实体中的标识属性是"职工号"，"项目"实体中的标识属性是"项目号"。在 E-R 图中标识属性用下画线标识，如图 1-17 中的"职工号"。在某些实体中，如果单个属性都不能满足标识属性的要求时，就用两个或多个属性作为标识属性，这些用于唯一识别一个实例的属性组称为复合标识符。如图 1-18 所示，"列车"实体有一个复合标识符"列车标识"，"列车标识"属性由"车次"和"发车时间"组成，"车次"和"发车时间"属性组能够唯一地标识从始发站到目的站的各列车实例。

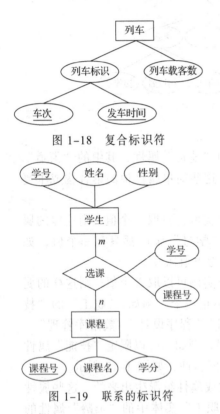

图 1-18　复合标识符

图 1-19　联系的标识符

与此类似，联系的标识符是指唯一标识联系中的属性或属性组，联系通常由多个属性共同标识，大多数情况下，联系的标识属性也是参与联系的实体的标识属性。例如，在图 1-19 中，"学号"和"课程号"属性组能够唯一地标识"选课"联系中的每个实例，"学号"和"课程号"属性也是该联系参与实体的标识属性。如果实体标识符和联系中的标识符的值域相同，为了方便，通常习惯将实体标识符与联系中的标识符同名，图 1-19 中的"学号"是"学生"实体的标识符，同时也标识"选课"联系中的"学生"属性。

4）约束

联系通常采用特定约束来限制联系集合中的实体组合，约束要反映现实世界中对联系的限定，例如，"部门"实体要求每个部门必须有一个员工，"职工"实体中的每个人必须有一种技能。联系中约束的主要类型有多样性约束、基数约束、参与约束和排除约束。

（1）多样性约束。多样性约束指一个实体所包含的每个实例都通过某种联系与另一个实体的同一实例相关联，它约束了实体相关联的方式，是由企业或用户确立的原则或商业规则的一种表示。在为用户业务建模时，定义和表示用户业务中的所有约束是很重要的。

（2）基数约束。基数约束指定了一个实体中的实例与另一个实体中的每个实例相关联的数目。基数约束分为最大基数约束和最小基数约束两种。最小基数约束指一个实体中的实例与另一个实体中的每个实例相关联的最小数目；最大基数约束指一个实体中的实例与另一个实体中的每个实例相关联的最大数目。

例如，假设一名职工只管理一个部门，一个部门只由一名职工管理，则"职工"和"部门"之间的基数约束都是1，如图1-20所示。

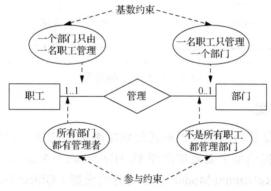

图1-20 一对一联系的基数约束与参与约束

（3）参与约束。参与约束指明一个实体是否依赖于通过联系与之关联的其他实体。参与约束分为全部参与（又称强制参与）约束和部分参与（又称可选参与）约束两种。全部参与约束指一个实体中的所有实例都必须通过联系与另一个实体相关联；部分参与约束指一个实体中的部分实例通过联系与另一个实体相关联。

例如，假设所有部门都有一个管理者，但并不是每个职工都管理一个部门，则"职工"和"部门"间的参与约束就是0或1，而"部门"和"职工"间的参与约束是1。

（4）排除约束。在排除约束中，对多个关系的通常或默认的处理是包含OR，OR允许某个实体或全部实体都参与，但在有些情况下，排除约束（不相交或不包含OR）可能会影响多个关系，它允许在几个实体中最多只有一个实体实例参与到只有一个根实体的联系中。

图1-21说明了排除约束的一个例子，在这个例子中，根实体"工作任务"有两个相关的实体："外部项目"和"内部项目"。"工作任务"可以分配到"外部项目"中或"内部项目"中，但不能同时分配到这两个实体中，这意味着，在"外部项目"和"内

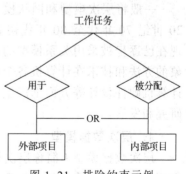

图1-21 排除约束示例

部项目"实体的实例中最多只有一个能够应用到"工作任务"的实例中。

### 2．E-R图符号

E-R模型通常用实体-联系图（E-R图）表示，E-R图是E-R模型的图形表示。E-R图的表示也有相应的表达符号，如图1-22所示。

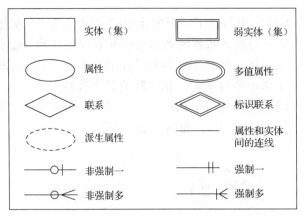

图 1-22　E-R图的符号

### 1.3.4　组织层数据模型

组织层数据模型是从数据的组织形式的角度来描述信息，在数据库技术的发展过程中用到的组织层数据模型主要有层次模型（Hierarchical Model）、网状模型（Network Model）、关系模型（Relational Model）、面向对象模型（Object Oriented Model）和对象关系模型（Object Relational Model）。组织层数据模型是按组织数据的逻辑结构来命名的，如层次模型采用树形结构。而且各数据库系统也是按其所采用的组织层数据模型来分类的，如层次数据库管理系统是按层次模型来组织数据，而网状数据库管理系统是按网状模型来组织数据。

1970年美国IBM公司研究员E.F.Codd首次提出了数据库系统的关系模型，开创了关系数据库和关系数据理论的研究，为关系数据库技术奠定了理论基础。20世纪80年代以来，计算机厂商推出的数据库管理系统几乎都支持关系模型，非关系系统的产品也大都加上了关系接口。

一般将层次模型和网状模型统称为非关系模型。非关系模型的数据库管理系统在20世纪70年代至80年代初非常流行，在数据库管理系统的产品中占主导地位，但现在已逐步被采用关系模型的数据库管理系统所取代。20世纪80年代以来，面向对象的方法和技术在计算机各个领域，包括程序设计语言、软件工程、信息系统设计、计算机硬件设计等方面都产生了深远的影响，也促进了数据库中面向对象数据模型的研究和发展。

### 1．层次数据模型

层次数据模型（简称层次模型）是数据库管理系统中最早出现的数据模型。层次数据库管理系统采用层次模型作为数据的组织方式。层次数据库管理系统的典型代表是IBM公司的IMS（Information Management System），这是IBM公司于1968年推出的第一个大型的商用数据库管理系统。

层次数据模型用树形结构表示实体和实体之间的联系。现实世界中许多实体之间的联系本身就呈现出一种自然的层次关系，如行政机构、家庭关系等。

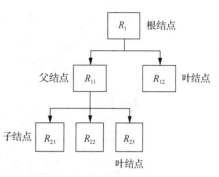

图1-23 层次模型示意图

构成层次模型的树由结点和连线组成，结点表示实体，结点中的项表示实体的属性，连线表示相连的两个实体间的联系，这种联系是一对多的。通常把表示"一"的实体放在上方，称为父结点；把表示"多"的实体放在下方，称为子结点；将不包含任何子结点的结点称为叶结点，如图1-23所示。

层次模型可以直接、方便地表示一对多的联系。但在层次模型中有以下两点限制：

（1）有且仅有一个结点无父结点，这个结点即为树的根。

（2）其他结点有且仅有一个父结点。

层次模型的一个基本特点是，任何一个给定的记录值只有从层次模型的根部开始按路径查看时，才能明确其含义，任何子结点都不能脱离父结点而单独存在。

图1-24所示为一个用层次结构组织的学院数据模型，该模型有四个结点，"学院"是根结点，由"学院编号""学院名称""办公地点"三项组成；"学院"结点下有两个子结点，分别为"教研室"和"学生"。"教研室"结点由"教研室名""室主任""室人数"三项组成；"学生"结点由"学号""姓名""性别""年龄"四项组成。"教研室"结点下又有一个子结点"教师"，因此，"教研室"是"教师"的父结点，"教师"是"教研室"的子结点。"教师"结点由"教师号""教师名""职称"项组成。

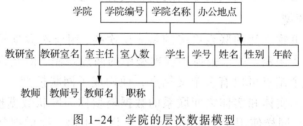

图1-24 学院的层次数据模型

图1-25所示是图1-24数据模型对应的一些值。

层次数据模型只能表示一对多的联系，不能直接表示多对多联系。但如果把多对多联系转换为一对多联系，又会出现一个子结点有多个父结点的情况（见图1-26，"学生"和"课程"原本是一个多对多联系，在这里将其转换为两个一对多联系），这显然不符合层次数据模型的要求。一般常用的解决办法是把一个层次模型分解为两个层次模型，如图1-27所示。

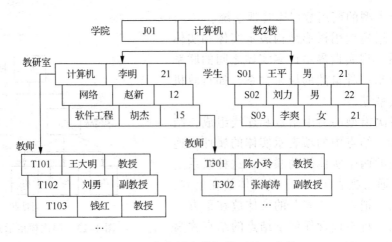

图 1-25　学院层次数据模型的一个值

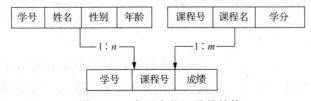

图 1-26　有两个父记录的结构

图 1-27　将图 1-26 分解成两个层次模型

层次数据库是由若干个层次模型构成的，或者说它是一个层次模型的集合。

### 2．网状数据模型

在现实世界中事物之间的联系更多的是非层次的，用层次数据模型表达现实世界中存在的联系有很多限制。如果去掉层次模型中的两点限制，即允许一个以上的结点无父结点，并且每个结点可以有多个父结点，便构成了网状模型。

用图形结构表示实体和实体之间联系的数据模型称为网状数据模型，简称网状模型。在网状模型中，同样使用父结点和子结点这样的术语，同样把父结点放置在子结点的上方。图 1-28 所示为几种不同形式的网状模型形式。

从图 1-28 可以看出，网状模型父结点与子结点之间的联系可以不唯一，因此，就需要为每个联系命名。在图 1-28（a）中，结点 $R_3$ 有两个父结点 $R_1$ 和 $R_2$，可将 $R_1$ 与 $R_3$ 之间的联系命名为 $L_1$，将 $R_2$ 与 $R_3$ 之间的联系命名为 $L_2$。

由于网状数据模型没有层次数据模型的两点限制，因此可以直接表示多对多联系。但在网状模型中多对多联系实现起来太复杂，因此一些支持网状模型的数据库管理系统，仍对多对多联系进行了限制。

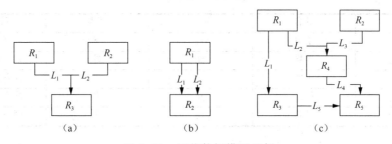

图 1-28　网状数据模型示例

网状模型和层次模型在本质上是一样的，从逻辑上看，它们都是用连线表示实体之间的联系，用结点表示实体；从物理上看，层次模型和网状模型都是用指针来实现文件以及记录之间的联系，其区别仅在于网状模型中的连线或指针更复杂、更纵横交错，从而使数据结构更复杂。

网状数据模型的典型代表是 CODASYL 系统，它是 CODASYL 组织标准建议的具体实现。层次模型是按层次组织数据，而 CODASYL 是按系（Set）组织数据。所谓"系"可以理解为已命名的联系，它由一个父记录型和一个或若干个子记录型组成。图 1-29 所示为网状模型的一个示例，其中包含四个系，S-G 系由"学生"和"选课记录"构成，C-G 系由"课程"和"选课记录"构成，C-C 系由"课程"和"授课记录"构成，T-C 系由"教师"和"授课记录"构成。实际上，图 1-26 所示的具有两个父结点的结构也属于网状模型。

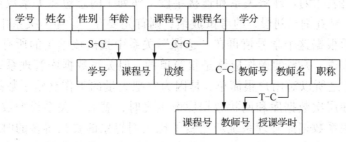

图 1-29　网状结构示意图

### 3. 关系数据模型

关系数据模型是目前最重要的一种数据模型，关系数据库就是采用关系数据模型作为数据的组织方式。关系数据模型源于数学，它把数据看作二维表中的元素，而这个二维表在关系数据库中称为关系。关于关系的详细讨论将在第 2 章进行。

用关系（表格数据）表示实体和实体之间联系的模型称为关系数据模型。在关系数据模型中，实体本身以及实体和实体之间的联系都用关系来表示，实体之间的联系不再通过指针来实现。

表 1-1 和表 1-2 所示分别为"学生"和"选课"关系模型的数据结构，其中"学生"和"选课"间的联系是靠"学号"列实现的。

表 1-1　学生表

| 学号 | 姓名 | 年龄 | 性别 | 所在系 |
|---|---|---|---|---|
| 1811101 | 李勇 | 21 | 男 | 计算机系 |
| 1811102 | 刘晨 | 20 | 男 | 计算机系 |
| 1811103 | 王敏 | 20 | 女 | 计算机系 |
| 1821101 | 张立 | 20 | 男 | 网络工程系 |
| 1821102 | 吴宾 | 19 | 女 | 网络工程系 |

表 1-2　选课表

| 学号 | 课程号 | 成绩 |
|---|---|---|
| 1811101 | C001 | 96 |
| 1811101 | C002 | 80 |
| 1811101 | C003 | 84 |
| 1811101 | C005 | 62 |
| 1811102 | C001 | 92 |
| 1811102 | C002 | 90 |
| 1811102 | C004 | 84 |
| 1821102 | C001 | 76 |
| 1821102 | C004 | 85 |
| 1821102 | C005 | 73 |

　　在关系数据库中，记录值仅仅构成关系，关系之间的联系是靠语义相同的字段（称为连接字段）值表达的。理解关系和连接字段（即列）的思想在关系数据库中是非常重要的。例如，要查询"刘晨"的考试成绩，则首先要在"学生"关系中得到"刘晨"的学号值，然后根据这个学号值再在"选课"关系中找出该学生的所有考试记录值。

　　对于用户来说，关系的操作应该是很简单的，但关系数据库管理系统本身是很复杂的。关系操作之所以对用户很简单，是因为它把大量的工作交给了数据库管理系统来实现。尽管在层次数据库和网状数据库诞生之时，就有了关系模型数据库的设想，但研制和开发关系数据库管理系统却花费了比人们想象的要长得多的时间。关系数据库管理系统真正成为商品并投入使用要比层次数据库和网状数据库晚十几年。但关系数据库管理系统一经投入使用，便显示出了强大的活力和生命力，并逐步取代了层次数据库和网状数据库。现在耳熟能详的数据库管理系统，几乎都是关系数据库管理系统，如 Microsoft SQL Server、Oracle、IBM DB2、MySQL 等都是关系型数据库管理系统。

　　关系数据模型易于设计、实现、维护和使用，它与层次数据模型和网状数据模型的最根本区别是，关系数据模型不依赖于导航式的数据访问系统，数据结构的变化不会影响对数据的访问。

　　综上所述，数据库管理系统的出现使信息系统从以加工数据的应用程序为中心转向围绕共享的数据库为中心的新阶段。这样既便于数据的集中管理，也有利于应用程序的开发和维护，提高了数据的利用率和相容性，提高了决策的可靠性。

数据库应用在我国 20 世纪 80 年代达到高峰。大量基于数据库管理系统的信息系统把工作人员从以前繁杂且容易出错的手工操作中解脱出来，大大提高了工作效率。例如，民航售票系统、12306 火车售票系统、银行前台业务处理系统、超市收银系统、网上商城等。

## 1.4 数据库的结构

考察数据库的结构可以有不同的层次或不同的角度。

从数据库管理角度来看，数据库通常采用三级模式结构。这是数据库管理系统内部的系统结构。

从数据库最终用户角度来看，数据库的结构分为集中式结构、文件服务器结构、客户/服务器结构等，这是数据库的外部结构。

本节讨论数据库的内部结构，它为后续章节的内容建立一个框架结构，这个框架用于描述一般数据库管理系统的概念，但并不是所有数据库管理系统都一定要使用这个框架，它在数据库管理系统中并不是唯一的，特别是一些"小"数据库管理系统将难以支持这个结构的所有方面。这里介绍的数据库结构基本上能很好地适应大多数数据库管理系统，而且，它基本上和 ANSI/SPARC DBMS 研究组提出的数据库管理系统的体系结构（称为 ANSI/SPARC 体系结构）相同。

### 1.4.1 模式的基本概念

数据模型（组织层数据模型）是描述数据的组织形式，模式是用给定的数据模型对具体数据的描述（就像用某一种编程语言编写具体应用程序一样）。

模式是数据库中全体数据的逻辑结构和特征的描述，它仅仅涉及"型"的描述，不涉及具体的值。关系模式是关系的"型"，它实际上对应的是关系表的表头。

模式的一个具体值称为模式的一个实例，每一行数据就是其表头结构（模式）的一个具体实例。一个模式可以有多个实例，模式是相对稳定的（结构不会经常变动），而实例是相对变动的（具体的数据值可以经常变化）。数据模式描述一类事物的结构、属性、类型和约束，实质上是用数据模型对一类事物进行模拟，而实例是反映某类事物在某一时刻的当前状态。

虽然实际的数据库管理系统产品种类很多，支持的数据模型和数据库语言也不尽相同，数据的存储结构也各不相同，但它们在体系结构上通常都具有相同的特征，即采用三级模式结构并提供两级映像功能。

### 1.4.2 三级模式结构

数据库的三级模式结构是指数据库的外模式、模式和内模式，如图 1-30 所示。

内模式：是最接近物理存储的，也就是数据的物理存储方式，包括数据存储位置、数据存储方式等。

外模式：是最接近用户的，也就是用户所看到的数据视图。

模式：是介于内模式和外模式之间的中间层，是数据的逻辑组织方式。

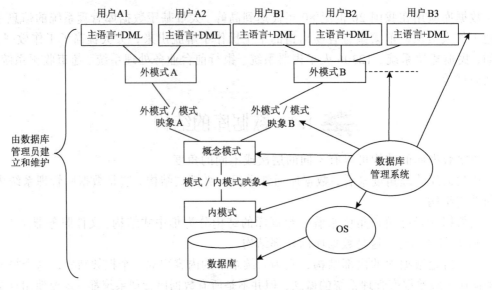

图 1-30　数据库的三级模式结构

外模式是面向每类用户的数据需求的视图，而模式描述的是一个部门或公司的全体数据。换句话说，外模式可以有许多，每个都或多或少地抽象表示整个数据库的某一部分数据，而模式只有一个，它是对包含现实世界业务中的全体数据的抽象表示，这里的抽象指的是记录和字段这些更加面向用户的概念，而不是位和字节那些面向机器的概念。内模式也只有一个，它表示数据库的物理存储。

### 1. 外模式

外模式又称用户模式或子模式，它的内容来自模式。外模式是对现实系统中用户感兴趣的整体数据的局部描述，用于满足数据库不同用户对数据的需求。外模式是对数据库用户能够看见和使用的局部数据的逻辑结构和特征的描述，是数据库整体数据结构（即模式）的子集或局部重构。

外模式通常是模式的子集，一个数据库可以有多个外模式。由于它是各个用户的数据视图，如果不同的用户在应用需求、看待数据的方式、对数据保密要求等方面存在差异，则其外模式的描述就是不同的。对模式中同样的数据，其在外模式中的结构、类型、长度等都可以不同。

例如，学生性别信息（学号，姓名，性别）视图就是表 1-1 所示关系的子集，它是宿舍分配部门所关心的信息，是学生基本信息的子集。又例如，学生成绩（学号，姓名，课程号，成绩）外模式是任课教师所关心的信息，这个外模式的数据就是表 1-1 的学生表（模式）和表 1-2 的选课表（模式）所含信息的组合（又称重构）。

外模式同时也是保证数据库安全的一个措施，每个用户只能看到和访问其所对应的外模式中的数据，并屏蔽其不需要的数据，因此，不会出现由于用户的误操作和有意破坏而造成数据损失。例如，假设有职工信息表结构如下：

职工表（职工号，姓名，所在部门，基本工资，职务工资，奖励工资）

如果不希望一般职工看到每个职工的奖励工资，则可生成一个包含一般职工可以看的信息的外模式，结构如下：

职工信息（职工号，姓名，所在部门，基本工资，职务工资）

这样就可保证一般用户看不到"奖励工资"项。

## 2．模式

模式又称逻辑模式或概念模式，是对数据库中全体数据的逻辑结构和特征的描述，是所有用户的公共数据视图。模式表示数据库中的全部信息，其形式要比数据的物理存储方式抽象，它是数据库结构的中间层，既不涉及数据的物理存储细节和硬件环境，也与具体的应用程序、所使用的应用开发工具和环境无关。

模式由许多概念记录类型的值构成。例如，可以包含学生记录值的集合、课程记录值的集合、选课记录值的集合，等等。概念记录既不等同于外部记录，也不等同于存储记录，它是数据的一种逻辑表达。

模式实际上是数据库数据在逻辑级上的视图，一个数据库只有一种模式。数据库模式以某种数据模型为基础，综合地考虑了所有用户的需求，并将这些需求有机地结合成一个逻辑整体。定义数据库模式时不仅要定义数据的逻辑结构，如数据记录由哪些数据项组成，数据项的名称、类型、取值范围等，而且还要定义数据之间的联系，定义与数据有关的安全性、完整性要求。

模式不涉及存储字段的表示，不涉及存储记录对列、索引、指针或其他存储的访问细节。如果模式以这种方式真正地实现了数据独立性，那么根据这些模式定义的外模式也会有很强的独立性。

关系数据库管理系统提供了数据库模式定义语言（Data Definition Language，DDL）来定义数据库的模式。

## 3．内模式

内模式称存储模式。内模式是对整个数据库的底层表示，它描述了数据的存储结构，如数据的组织与存储方式，是顺序存储、B树存储还是散列存储，索引按什么方式组织，是否加密等。内模式与物理层不一样，它不涉及物理记录的形式（即物理块或页，输入/输出单位），也不考虑具体设备的柱面或磁道大小。换句话说，内模式假定了一个无限大的线性地址空间，地址空间到物理存储的映射细节是与特定系统有关的，并不反映在体系结构中。

内模式是数据的物理存储方式。其实，无论是什么系统，其内模式都是一样的，都用于存储记录、指针、索引、散列表等。事实上，关系模型与内模式无关，它关心的是用户的数据视图。

## 1.4.3 模式映像与数据独立性

数据库的三级模式是对数据的3个抽象级别，它把数据的具体组织留给DBMS，使用户能逻辑、抽象地处理数据，而不必关心数据在计算机中的具体表示方式与存储方式。为了能够在内部实现这3个抽象层的联系和转换，数据库管理系统在3个模式之间提供了两级映像：外模式/模式映像；模式/内模式映像。

正是这两级映像功能保证了数据库中的数据能够具有较高的逻辑独立性和物理独立性，使数据库应用程序不随数据库数据的逻辑或存储结构的变动而变动。

## 1．外模式/模式映像

模式描述的是数据的全局逻辑结构，外模式描述的是数据的局部逻辑结构。对应于同一个模式可以有多个外模式。对于每个外模式，数据库管理系统都有一个外模式到模式的映像，它定义了该外模式与模式之间的对应关系，即如何从外模式找到其对应的模式。这些映像定义通常包含在各自的外模式描述中。

当模式改变时（如增加新的关系、新的属性、改变属性的数据类型等），可由数据库管理员用外模式定义语句，调整外模式到模式的映像，从而保持外模式不变。由于应用程序一般是依据数据的外模式编写的，因此也不必修改应用程序，从而保证了程序与数据的逻辑独立性。

### 2. 模式/内模式映像

模式/内模式映像定义了数据库的逻辑结构与物理存储之间的对应关系，该映像关系通常被保存在数据库的系统表（由数据库管理系统自动创建和维护，用于存放维护系统正常运行的表）中。当数据库的物理存储改变时，如选择了另一个存储位置，只需要对模式/内模式映像做相应的调整，就可以保持模式不变，从而也不必改变应用程序。因此，保证了数据与程序的物理独立性。

在数据库的三级模式结构中，模式（即全局逻辑结构）是数据库的中心与关键，它独立于数据库的其他层。设计数据库时也是首先设计数据库的逻辑模式。

数据库的内模式依赖于数据库的全局逻辑结构，但它独立于数据库的用户视图（也就是外模式），也独立具体的存储设备。内模式将全局逻辑结构中所定义的数据结构及其联系按照一定的物理存储策略进行组织，以达到较好的时间与空间效率。

数据库的外模式面向具体的用户需求，它定义在模式之上，独立于内模式和存储设备。当应用需求发生变化，相应的外模式不能满足用户的要求时，就需要对外模式做相应的修改以适应这些变化。因此，设计外模式时应充分考虑到应用的扩充性。

原则上，应用程序都是在外模式描述的数据结构上编写的，而且它应该只依赖于数据库的外模式，并与数据库的模式和存储结构独立（但目前很多应用程序都是直接针对模式进行编写的）。不同的应用程序有时可以共用同一个外模式。数据库管理系统提供的两级映像功能保证了数据库外模式的稳定性，从而从底层保证了应用程序的稳定性，除非应用需求本身发生变化，否则应用程序一般不需要修改。

数据与程序之间的独立性，使得数据的定义和描述可以从应用程序中分离出来。另外，由于数据的存取由 DBMS 负责管理和实施，因此，用户不必考虑存取路径等细节，从而简化了应用程序的编制，减少了对应用程序的维护和修改工作。

## 1.5　数据库系统的组成

数据库系统一般由硬件平台、数据库、软件（应用程序）、数据库管理系统和数据库管理员构成。

### 1. 硬件平台及数据库

由于数据库系统的数据量都很大，加之数据库管理系统丰富的功能使得其自身的规模也很大，因此整个数据库系统对硬件资源提出了较高的要求，这些要求是：

（1）要有足够大的内存，存放操作系统、数据库管理系统的核心模块、数据缓冲区和应用程序。

（2）要有足够大的磁盘或磁盘阵列等设备存放数据库，有足够大的磁带（或光盘）做数据备份。

（3）要求系统有较高的通道能力，以提高数据传送率。

**2．软件**

数据库系统的软件主要包括：

（1）数据库管理系统。数据库管理系统是为数据库的建立、使用和维护配置的系统软件。

（2）支持数据库管理系统运行的操作系统。

（3）具有与数据库接口的高级语言及其编译系统，便于开发应用程序。

（4）以数据库关系系统为核心的应用开发工具。应用开发工具是系统为应用开发人员和最终用户提供的高效率、多功能的应用生成器、第四代语言等各种软件工具，它们为数据库系统的开发和应用提供了良好的环境。

（5）为特定应用环境开发的数据库应用系统。

**3．人员**

开发、管理和使用数据库系统的人员主要包括数据库管理员（DBA）、系统分析员和数据库设计人员、应用程序员和最终用户。不同的人员涉及不同的数据抽象级别，具有不同的数据视图，如图 1-31 所示。

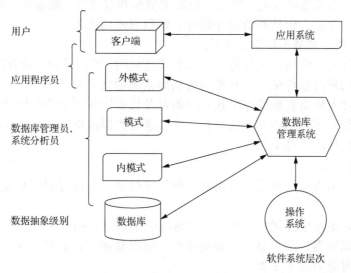

图 1-31 各种人员的数据视图

**1）数据库管理员（DataBase Administrator，DBA）**

在数据库系统环境下有两类共享资源，一类是数据库，另一类是数据库管理系统软件。因此需要有专门的管理机构来监督和管理数据库系统。数据库管理员则是这个机构的一个（组）人员，负责全面管理和控制数据库系统。具体包括如下职责：

（1）决定数据库中的信息内容和结构。数据库中要存放哪些信息，数据库管理员要参与决策。因此，数据库管理员必须参加数据库设计的全过程，并与用户、应用程序员、系统分析员密切合作、共同协商，做好数据库设计。

（2）决定数据库的存储结构和存取策略。数据库管理员要综合各用户的应用要求，和数据库设计人员共同决定数据的存储结构和存取策略，以求获得较高的存取效率和存储空间利用率。

（3）定义数据的安全性要求和完整性约束条件。数据库管理员的重要职责是保证数据库的安全性和完整性。因此，数据库管理员负责确定各个用户对数据库的存取权限、数据的保密级别和完整性约束条件。

（4）监控数据库的使用和运行。数据库管理员还有一个重要职责就是监控数据库系统的运行情况，及时处理运行过程中出现的问题。比如系统发生各种故障时，数据库会因此遭到不同程度的破坏，数据库管理员必须在最短时间内将数据库恢复到正常状态，并尽可能不影响或少影响计算机系统其他部分的正常运行。为此，数据库管理员要定义和实施适当的后备和恢复策略，如周期性地转储数据、维护日志文件等。有关这方面的内容将在第 8 章数据库恢复技术做进一步讨论。

（5）数据库的改进和重组、重构。数据库管理员还负责在系统运行期间监视系统的空间利用率、处理效率等性能指标，对运行情况进行记录、统计分析，依靠工作实际并根据实际应用环境不断改进数据库设计。大多数据库产品都提供了对数据库运行情况进行监控和分析的工具，数据库管理员可以使用这些软件完成这项工作。

另外，在数据库运行过程中，随着大量数据不断地插入、删除、修改，数据的组织结构会受到严重影响，从而降低系统性能。因此，数据库管理员要定期对数据库进行重新组织，以改善系统性能。当用户的需求增加和改变时，数据库管理员还要对数据库进行较大的改造，包括修改部分设计，即数据库的重构。

2）系统分析员和数据库设计人员

系统分析员负责应用系统的需求分析和规范说明，要和用户及数据库管理员相结合，确定系统的硬件软件配置，并参与数据库系统的概要设计。

数据库设计人员负责数据库中数据的确定及数据库各级模式的设计。数据库设计人员必须参加用户需求调查和系统分析，然后进行数据库设计。在很多情况下，数据库设计人员由数据库管理员担任。

3）应用程序员

应用程序员负责设计和编写应用系统的程序模块，并进行调试和安装。

4）用户

这里的用户是指最终用户。最终用户通过应用系统的用户接口使用数据库。常用的接口方式有浏览器、菜单驱动、表格操作、图形显示、报表书写等。

最终用户可分为如下 3 类：

（1）偶然用户。这类用户不经常访问数据库，但每次访问数据库时往往需要不同的数据库信息，这类用户一般是企业或组织机构的高中级管理人员。

（2）简单用户。数据库的多数最终用户都是简单用户，其主要工作是查询和更新数据库，一般都是通过应用程序员精心设计并具有友好界面的应用程序来存取数据库。银行的职员、航空公司的机票预订工作人员、宾馆总台服务员等都属于这类用户。

（3）复杂用户。复杂用户包括工程师、科学家、经济学家、科技工作者等具有较高科学技术背景的人员。这类用户一般都比较熟悉数据库管理系统的各种功能，能够直接使用数据库语言访问数据库，甚至能够基于数据库管理系统的应用程序接口编制自己的应用程序。

## 1.6 数据库与计算思维

数据库技术作为计算机科学中一门重要的技术，在各个领域有着非常广泛的应用。因此，应用型本科高校对创新型人才的培养，必须使其具备对大量数据进行管理、从数据中获取信息和知识以及利用数据进行决策的能力。

在科学思维的谱系中，真正具备系统和完善表达体系的思维模式只有 3 个，分别是实证思维、逻辑思维和计算思维。其中计算思维是随着计算机技术的发展才被研究和整理出来的，现已成为信息时代解决问题最有力的工具，也成为现代人类必备的一种科学素养。计算思维是学生应该具备的一种核心能力，作为控制、管理、认知活动的基础，能够帮助学生提高在各个学科领域解决问题的能力。因此，将"普及计算机知识，培养专业应用技能，训练计算思维能力"作为大学计算机类课程的教学总体目标，推行以"计算思维"为导向的课程改革已在各大高校形成共识。

### 1.6.1 数据库课程中的计算思维核心概念

关于计算思维的核心概念，周以真教授指出，这些基础概念可用外延的形式给出，如约简、嵌入、转化、仿真、递归、并行、抽象、分解、建模、预防、保护、恢复、冗余、容错、纠错、启发式推理、规划、学习、调度等。而 ACM 和 IEEE 联合制定的 CC1991 也给出了计算机科学领域中重复出现的 12 个核心概念，即绑定、大问题的复杂性、概念模型和形式模型、一致性和完备性、效率、演化、抽象层次、按空间排序、按时间排序、重用、安全性、折中和结论。CC1991 的这 12 个核心概念与周以真给出的基础概念都是用罗列的方式来表述计算机科学领域中最基本的思维方式的。2013 年，在教育指导委员会发布的"计算思维教学改革白皮书"中，进一步用类概念关系图对计算思维的表述框架进行了描述，如图 1-32 所示。在该体系框架中，"计算"是一个中心词，其他概念以"计算"为中心并服务于"计算"；"抽象""自动化""设计"是第二层次的概念，从不同方面对"计算"进行描述；而"通信""协作""记忆""评估"蕴含在第二层次的 3 个概念中，属于框架中第三层次的概念。

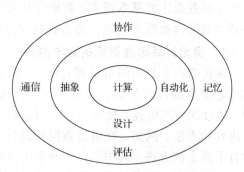

图 1-32 计算思维表述体系框架中的类概念关系图

事实上，在教学改革中，更关心的是如何在课程教学中渗透和强化这些核心概念；通过何种教学方式让学生理解和掌握这些核心概念；以及如何让学生将这些核心概念内化成自己的知识和能力，并在生活和工作中能自觉运用并解决实际问题。为此，我们对本课程内容进行了认真梳理，将计算思维中的核心概念和教学内容进行了对照映射，形成"数据库"课程的核心思维概念，以便将这些思维方式有效地融入到每一堂课中。我们对课程体系结构进行了重构，形成了表 1-3 所示的数据库知识体系和其对应的计算思维核心概念对照表。

表 1-3　数据库课程知识体系和其对应的计算思维核心概念

| 知识体系 | 知识单元 | 核心知识点 | 计算思维核心概念 |
|---|---|---|---|
| 基础理论 | 数据库系统 | 信息、数据、数据库、数据库系统 | 抽象、规约、冗余 |
| | 实体–联系模型（E-R 模型） | 实体、属性、实体集、键、实体型、联系 | 抽象、规约、冗余、聚类、约简、分解、建模、概念建模 |
| | 关系模型 | 关系、关系数据库、关系的规范化理论、关系操作 | 抽象、冗余、聚类、分解、建模、优化、计算、形式模型、一致性和完备性 |
| | E-R 模型向关系模型的转换 | 实体、属性、实体间联系的转换 | 转换、嵌入、分解、折中 |
| 技术方法 | 数据库设计 | 需求分析、概念设计、逻辑设计、数据库物理实施 | 设计、抽象、分解、规约、聚类、仿真、转换、折中、优化、冗余 |
| | 数据库管理系统 | 安全性控制、完整性控制、并发控制、数据库恢复技术 | 保护、恢复、容错、纠错、并行、调度、协同 |
| | SQL 查询 | 查询、追加、更新、删除 | 自动化、分解、嵌入、协作 |
| 综合应用 | 综合应用开发 | 表、查询、窗体、报表、数据访问页、模块 | 记忆、自动、聚类、分解、抽象、建模、递归、通信、复杂性、推理、规划 |

## 1.6.2　数据库教学中的计算思维训练

思维习惯并非是天生的，而是可以在受教育过程中和在社会实践中逐渐培养的。但是毫无疑问，比起技能培养和能力培养，思维的培养是困难的。为了培养学生的计算思维能力，在本课程的教学过程中，引入先进的教学理念，通过新的教学方法和实践体系，把渗透和融入了计算思维相关特征的数据库知识教授给学生，使学生能够更好地掌握数据库的基本概念、数据库开发和相关编程技术，能够熟练运用数据库技术去开发和管理数据库系统，努力提高学生的实际应用能力及创新能力。

### 1．突出计算思维训练的教学内容

在教学内容的组织与呈现方面，可根据表 1-3 中归纳的数据库知识体系和计算思维核心概念的对应关系，将有关计算思维的思维特征和方法分解到每个具体知识点中。通过课程的讲授，使学生在学习知识的同时，逐步理解和掌握计算思维的一些基本内容和方法。例如，在讲解数据库设计时，需求分析有两种策略：自上而下的方法和自下而上的方法。其中，自上而下的方法从客观现实的整体出发，要求理解实际问题的业务规则和业务流程，站在系统角度从结构和功能上来把握系统。由于系统是由相互联系的若干部分组成的，可根据用户需求，采用"抽象""分解""规约""冗余"等思维方法对其进行构造。而自下而上的方法，通常从描述事物最终提供的各种报表及经常需要的查询信息着手，分析出数据库应该包含的数据及结构，采用的是"聚类""约简""冗余""完整性"等思维方法。又例如，在讲解创建索引时，因为索引有助于记录快速查找和排序，所以我们通常对经常要搜索的字段、要排序的字段或要在查询中连接到其他表中的字段（外键）建立索引。但另一方面，在数据表中进行记录更新时，由于已建立索引字段的索引表也需要更新，所以过多的索引又会降低更新速度，而且创建索引也需要占用一定的物理存储空间。因此，创建索引时就需要权衡时间和空间之间的取舍问题，这就体现了计算思维中的"折中"思想。再进一步，还可将这种思维方式拓展到现实生活中，当我们面对一个机会选择时，常常是有得也有失，学会权衡和折中的思维方式也是极为重要的。

**2．强调与专业方向融合的案例教学方法**

应用型本科高校计算机专业的学生普遍对计算机理论缺乏兴趣，为了激发学生学习的积极性，与专业方向相融合的案例教学是一种重要的教学方法。"数据库"是一门理论和实践相结合的课程，教学方式中包括课堂教学和实验教学，为了培养学生的学习兴趣和热情，两种教学方式都需要引入案例教学法。

在理论教学中引入案例教学，重在让学生深刻理解数据库的基本原理，培养学生的计算思维意识，从本质上和全局上建立对问题的解决思路。

案例设计应具备以下4个特征：

（1）应该有具体的专业背景。

（2）没有明显答案，能给学生带来挑战性。

（3）提供必要的线索，帮助学生找到解决问题的方法。

（4）案例材料要给出能进行拓展分析的信息，便于引导学生进行批判性、分析性思考，以激发创新思维。

例如，针对计算机科学与技术专业的学生，在讲解实体-联系模型设计时，让其设计一个超市管理会员制客户的数据库系统概念模型，学生通常都会先设计出一个超市和多个会员客户之间的E-R模型。在分析和点评之后，可以让学生进一步思考"如果这个超市是连锁超市，会员共享，那么这个E-R模型应该如何设计？"如此一来，便拓展了学生的思维空间，有效激发了学生的潜能。在实验教学中引入案例教学，重在激发学生的学习兴趣和热情，培养学生的知识运用能力和实践动手能力，从而帮助学生将知识"内化"为能力。实验教学案例的设计要注重趣味性，最好是贴近生活并融入专业知识的案例，才能最大程度地激发学生的学习兴趣。在系统实现的各个环节，学生都会自觉发挥自己的专业特长，主动查阅相关知识或求助实验教辅人员来完成任务，在教学过程中充分体现了学生的主体地位。

**3．采用"课堂讲授＋网络学习"的立体教学模式**

为了进一步激发学生学习的自主性，可采用"课堂讲授＋网络学习"的多层次立体教学模式。在课堂上讲授数据库核心的理论知识和关键的技术及方法，培养和训练学生用计算思维的核心思想考虑问题和解决问题。利用网络课程向学生讲授具体的操作方法，如表的创建和操作、查询和报表的创建、窗体设计以及编程的实现等。网络课程不受课堂学时限制，有利于学生拓展知识范围，对于重点难点问题也可进行反复学习，有效解决了学习进度不同步的问题，在一定程度上起到了因材施教的效果。

## 小 结

（1）基本概念：信息、数据、数据库、数据库系统、数据库管理系统。

（2）数据管理技术发展的三个阶段：人工管理、文件系统、数据库管理系统。

（3）数据库的三级模式/二级映像：外模式、模式、内模式。

（4）数据的逻辑独立性和物理独立性。

（5）数据与信息的联系与区别。

（6）数据模型的概念。

（7）概念模型中 E-R 图的表示。

（8）数据库建模的有关术语：实体、联系、属性、约束。

（9）主要的 3 种数据模型：层次、关系、网状。

（10）计算思维的培养。

# 习　　题

1. 名词解释：信息、数据、数据库、数据库管理系统、数据模型。

2. 简述由现实世界到机器世界建模的过程。

3. 数据模型分为哪两个层次？

4. 简述常用的概念层数据模型。

5. 什么是组织层数据库模型，有哪些常用的组织层数据库模型？

6. 简述数据库的三级模式体系结构，并说明这种结构的优点？

7. 简述数据与程序的物理独立性、数据与程序的逻辑独立性。为什么数据库系统具有数据与程序的独立性？

8. 简述数据库系统的组成。

9. 定义并解释以下术语：模式、外模式、内模式。

10. 一个企业的数据库需要存储如下信息：

职工：职工号，工资，电话；

部门：部门号，部门名，人数；

职工子女：姓名，年龄。

每个职工都在某个部门工作，每个部门由一个职工管理，当父母确定时，其孩子的名字是唯一的，一旦父母离开该企业，孩子的信息也不保存。

请根据以上信息画出 E-R 图。

11. 学校中有若干系，每个系有若干班级和教研室，每个教研室有若干教员，其中有的教授和副教授每人带若干研究生，每个班有若干学生，每个学生选修若干课程，每门课程可由若干学生选修。请用 E-R 图画出此学校的概念模型。

# 关系数据库 «‹‹

# 第 2 章

**学习目标**

本章从关系数据库的基本概念——关系（表）和关系模式开始，逐步深入讨论关系模型的三要素（关系数据结构、关系操作和关系完整性约束）以及关系代数。本章的学习目的是深入理解关系数据库中的基本概念；熟练掌握关系完整性约束及关系代数的主要操作。

**学习方法**

本章除了深刻理解关系模型的基本概念以及关系完整性约束之外，还要熟练掌握关系代数。学习的关键是通过多做一些关系代数运算的习题，深刻理解并领会关系数据库的数学基础——关系代数，达到举一反三、融会贯通的学习目的。

**本章导读**

本章主要介绍关系模型的三要素（关系数据结构、关系操作和关系完整性约束）和关系代数，涉及关系数据库的许多基本概念，如关系、关系模式、超码、候选码、主键和外键等，关系代数的主要运算等。同时，本章将详细讲解如何使用关系代数表达关系数据库查询。

## 2.1　关系数据模型和关系数据库

关系数据库使用关系数据模型组织数据，这种思想源于数学，最早提出类似方法的是 CODASYL 发展委员会于 1962 年发表的"信息代数"一文，1968 年 David Child 在计算机上实现了集合论数据结构。而真正系统、严格地提出关系数据模型的是 IBM 的研究员 E.F.Codd，他于 1970 年在美国计算机学会会刊（ *Communication of the ACM* ）上发表了题为 *A Relational Model of Data for Shared Data Banks* 的论文，开创了数据库系统的新纪元。此后，他连续发表了多篇论文，奠定了关系数据库的理论基础。

关系模型由关系数据结构、关系操作集合和关系完整性约束 3 部分组成，这 3 部分又称关系模型的三要素。

### 2.1.1　关系数据结构

关系数据模型源于数学，它用二维表来组织数据，而这个二维表在关系数据库中称为关系。关系数据库是表或关系的集合。

关系系统要求让用户所感觉的数据就是一张张表。在关系系统中，表是逻辑结构而不是物理结构。实际上，系统在物理层可以使用任何有效的存储结构来存储数据，如顺序文件、索引、哈希表、指针等。因此，表是对物理存储数据的一种抽象表示——对很多存储细节的抽象，如存储记录的位置、记录的顺序、数据值的表示以及记录的访问结构、索引等，对用户来说都是不可见的。

### 2.1.2 关系操作

关系数据模型给出了关系操作的能力。关系数据模型中的操作包括：

（1）传统的关系运算。并（Union）、交（Intersection）、差（Difference）、广义笛卡儿积（Extended Cartesian Product）。

（2）专门的关系运算。选择（Select）、投影（Project）、连接（Join）、除（Divide）。

（3）有关的数据操作。查询（Query）、插入（Insert）、删除（Delete）和更改（Update）。

关系模型的操作对象是集合（或表），而不是单独的数据行，也就是说，关系模型中操作的数据以及操作的结果都是完整的集合（或表），这些集合可以是只包含一行数据的集合，也可以是不包含任何数据的空集合。而在非关系模型数据库中典型的操作是一次一行或一次一条记录。因此，集合处理能力是关系型数据库区别于其他类型数据库的一个重要特征。

在非关系模型中，各个数据记录之间是通过指针等方式连接的，当要定位到某条记录时，需要用户按指针的链接方向遍历查找，称这种查找方式为用户导航。而在关系数据模型中，由于是按集合进行操作，因此，用户只需要指定数据的定位条件，数据库管理系统就可以自动定位到该数据记录，而不需要用户来导航。这也是关系数据模型在数据操作上与非关系模型的本质区别。

例如，若采用层次数据模型，对第 1 章图 1-25 所示的层次结构，若要查找"计算机学院软件工程教研室的张海涛老师的信息"，则首先需要从根结点的"学院"开始，根据"计算机"学院指向的"教研室"结点的指针，找到"教研室"层次；然后在"教研室"层次中逐个查找（这个查找过程也许是通过各结点间的指针实现的），直到找到"软件工程"结点；再根据"软件工程"结点指向"教师"结点的指针，找到"教师"层次；最后再在"教师"层次中逐个查找教师名为"张海涛"的结点，此时该结点包含的信息即所要查找的信息。这个过程的示意图如图 2-1 所示，其中的虚线表示沿指针的逐层查找过程。

如果是在关系模型中查找信息，比如在表 2-1 所示的"学生"关系中查找"计算机系学号为 0811101 的学生的详细信息"，用户只需提出这个要求即可，其余的工作即可交给数据库管理系统实现。对用户来说，这显然比在层次模型中查找数据要简单得多。

数据库数据的操作主要包括 4 种：查询、插入、删除和更改数据。关系数据库中的信息只有一种表示方式，就是表中的行列位置有明确的值。这种表示是关系系统中唯一可行的方式（这里指的是逻辑层）。特别地，关系数据库中没有链接一个表到另一个表的指针。在表 2-1 和表 2-2 所示的关系中，表 2-1 所示的"学生"表的第一行数据与表 2-2 所示的"选课"表中的第 1 行有联系（也与第 2、3、4 行有联系），因为学生 0811101 选了课程。但在关系数据库中这种联系不是通过指针来实现的，而是通过"学生"表中"学号"列的值与"选课"表中"学号"列的值进行关联（学号值相等）。但在非关系系统中，这些信息一般由指针来表示，这种指针对用户来说是可见的。因此，在非关系模型中，用户需要知道数据之间的指针链接关系。

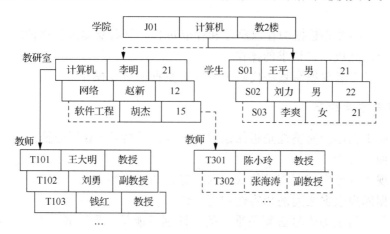

图 2-1　层次模型的查找过程示意图

表 2-1　"学生"表

| 学号 | 姓名 | 年龄 | 性别 | 所在系 |
|---|---|---|---|---|
| 0811101 | 李勇 | 21 | 男 | 计算机系 |
| 0811102 | 刘晨 | 20 | 男 | 计算机系 |
| 0811103 | 王敏 | 20 | 女 | 计算机系 |
| 0821101 | 张立 | 20 | 男 | 网络工程系 |
| 0821102 | 吴宾 | 19 | 女 | 网络工程系 |

表 2-2　"选课"表

| 学号 | 课程号 | 成绩 |
|---|---|---|
| 0811101 | C001 | 96 |
| 0811101 | C002 | 80 |
| 0811101 | C003 | 84 |
| 0811101 | C005 | 62 |
| 0811102 | C001 | 92 |
| 0811102 | C002 | 90 |
| 0811102 | C004 | 84 |
| 0821102 | C001 | 76 |
| 0821102 | C004 | 85 |
| 0821102 | C005 | 73 |

　　需要注意的是，当关系数据库中没有指针时，并不是指在物理层没有指针。实际上，在关系数据库的物理层也使用指针，但所有这些物理层的存储细节对用户来说都

是不可见的，用户所看到的物理层就是存放数据的数据库文件，他们能够看到的是这些文件的文件名、存放位置等上层信息，而不是指针这样的底层信息。

关系操作是通过关系语言实现的，关系语言的特点是高度非过程化的。所谓非过程化是指：

（1）用户不必关心数据的存取路径和存取过程，只需要提出数据请求，数据库管理系统就会自动完成用户请求的操作。

（2）用户没有必要编写程序代码来实现对数据的重复操作。

### 2.1.3　关系完整性约束

在数据库中数据的完整性是指保证数据正确性的特征。数据完整性是一种语义概念，它包括两个方面：

（1）与现实世界中应用需求的数据的相容性和正确性。

（2）数据库内数据之间的相容性和正确性。

例如，每个学生的学号必须是唯一的，性别只能是"男"和"女"，学生所选的课程必须是已经开设的课程等。因此，数据库是否具有数据完整性特征关系到数据库系统能否真实地反映现实世界情况。数据完整性（第 7 章介绍）是数据库的一个非常重要的内容。

数据完整性由一组完整性规则定义，而关系模型的完整性规则是对关系的某种约束条件。在关系数据模型中一般将数据完整性分为 3 类，即实体完整性、参照完整性和用户定义的完整性。其中实体完整性和参照完整性（又称引用完整性）是所有关系模型都必须满足的完整性约束，是系统级的约束。用户定义的完整性主要是限制属性的取值在有意义的范围内，如限制性别的取值范围为"男"和"女"；这个完整性约束又称域完整性，它属于应用级的约束。数据库管理系统应该提供对这些数据完整性的支持。

## 2.2　关系模型的基本术语与形式化定义

在关系模型中，将现实世界中的实体、实体与实体之间的联系都用关系来表示，关系模型源于数学，它有自身严格的定义和一些固有的术语。

### 2.2.1　基本术语

#### 1. 关系

通俗地讲，关系（Relation）就是二维表，二维表的名称就是关系的名称，表 2-1 所示的关系名是"学生"。

#### 2. 属性

二维表中的每个列称为一个属性（Attribute），又称字段。每个属性有一个名称，称为属性名。二维表中对应某一列的值称为属性值；二维表中列的个数称为关系的元数。如果一个二维表有 $n$ 个列，则称其为 $n$ 元关系。表 2-1 所示的学生关系有学号、姓名、年龄、性别、所在系 5 个属性，是一个五元关系。

### 3. 值域

二维表中属性的取值范围称为值域（Domain）。例如，在表 2-1 所示的关系中，"年龄"列的取值为大于 0 的整数，"性别"列的取值为"男"和"女"两个值，这些都是列的值域。

### 4. 元组

二维表中的一行数据称为一个元组（Tuple）。表 2-1 所示的学生关系中的元组有：

(0811101,李勇,21,男,计算机系)

(0811102,刘晨,20,男,计算机系)

(0811103,王敏,20,女,计算机系)

(0821101,张立,20,男,网络工程系)

(0821102,吴宾,19,女,网络工程系)

### 5. 分量

元组中的每个属性值称为元组的一个分量（Component），$n$ 元关系的每个元组有 $n$ 个分量。例如，对于元组(0811101,李勇,21,男,计算机系)，有 5 个分量，对应"学号"属性的分量是"0811101"，对应"姓名"属性的分量是"李勇"，对应"年龄"属性的分量是"21"，对应"性别"属性的分量是"男"，对应"所在系"属性的分量是"计算机系"。

### 6. 关系模式

二维表的结构称为关系模式（Relation Schema），或者说，关系模式就是二维表的表框架或表头结构。设有关系名为 $R$，属性分别为 $A_1, A_2, ..., A_n$，则关系模式可表示为

$$R(A_1, A_2, ..., A_n)$$

对每个 $A_i$（$i = 1, ..., n$）还包括该属性到值域的映像，即属性的取值范围。例如，表 2-1 所示关系的关系模式为

学生(学号,姓名,年龄,性别,所在系)

### 7. 关系数据库

对应于一个关系模型的所有关系的集合称为关系数据库（Relation Database）。

### 8. 候选键

如果一个属性或属性集的值能够唯一标识一个关系的元组而又不包含多余的属性，则称该属性或属性集为候选键（Candidate Key）。比如，学生(学号,姓名,年龄,性别,所在系)的候选键是学号。

候选键又称候选关键字或候选码。在一个关系上可以有多个候选码。例如，假设为学生关系增加了"身份证号"列，则学生(学号,姓名,年龄,性别,所在系,身份证号)的候选码就有两个，分别是学号和身份证号。

### 9. 主键

当一个关系中有多个候选码时，可以从中选择一个作为主键（Primary Key）。每个关系只能有一个主键。

主键又称主码或主关键字，是表中的属性或属性组，用于唯一地确定一个元组。

主键可以由一个属性组成，也可以由多个属性共同组成。例如，表 2-1 所示的"学生"关系，"学号"是主键，因为学号的一个取值可以唯一地确定一个学生。而表 2-2 所示的"选课"关系的主键就由学号和课程号共同组成。因为一个学生可以修多门课程，而且一门课程也可以有多个学生选择，因此，只有将学号和课程号组合起来才能共同确定一行记录。称由多个属性共同组成的主键为复合主键。当某个表是由多个属性共同做主键时，就用括号将这些属性括起来，表示共同作为主键。比如，表 2-2 所示的"选课"关系的主键是(学号,课程号)。

不能根据关系在某个时刻所存储的内容来决定其主键，这样做是不可靠的。关系的主键与其实际的应用语义有关，与关系模式的设计者的意图有关。例如，对于表 2-2 所示的"选课"关系，用(学号,课程号)作为主键在一个学生对一门课程只能有一次考试的前提下是成立的，如果实际情况是一个学生对一门课程可以有多次考试，则用(学号,课程号)做主键就不可行，因为一个学生对一门课程有多少次考试，则其(学号,课程号)的值就会重复多少遍。如果是这种情况，就必须为这个关系添加新的列，如"考试时间"，并用(学号,课程号,考试时间)作为主键。

### 10．主属性和非主属性

包含在任一候选码中的属性称为主属性（Primary Attribute）。不包含在任一候选码中的属性称为非主属性（Nonprimary Attribute）。

关系中的很多术语可以与现实生活中的表格所使用的术语进行对应，如表 2-3 所示。

表 2-3  术语对比

| 关系术语 | 一般的表格术语 |
| --- | --- |
| 关系名 | 表名 |
| 关系模式 | 表头所含列的描述 |
| 关系 | 一张二维表 |
| 元组 | 记录或行 |
| 属性 | 列 |
| 分量 | 一条记录中某个列的值 |

## 2.2.2  形式化定义

在关系模型中，无论是实体还是实体之间的联系均由单一的结构类型表示——关系。关系模型是建立在集合论的基础上的，本节将从集合论的角度给出关系数据结构的形式化定义。

### 1．关系的形式化定义

为了给出关系的形式化定义，首先定义笛卡儿积：

设 $D_1, D_2, \cdots, D_n$ 为任意集合，定义笛卡儿积 $D_1, D_2, \ldots, D_n$ 为

$$D_1 \times D_2 \times \cdots \times D_n = \{(d_1, d_2, \cdots, d_n) \mid d_i \in D_i, i = 1, 2, \cdots, n\}$$

其中，每个元素 $(d_1, d_2, \cdots, d_n)$ 称为一个 $n$ 元组，简称元组。元组中每个 $d_i$ 称为一个分量。

假设：

$D_1$ = {计算机系,网络工程系}

$D_2$ = {李勇,刘晨,吴宾}

$D_3$ = {男,女}

则 $D_1 \times D_2 \times D_3$ 的笛卡儿积为

$D_1 \times D_2 \times D_3$ = {(计算机系,李勇,男),(计算机系,李勇,女),

(计算机系,刘晨,男),(计算机系,刘晨,女),

(计算机系,吴宾,男),(计算机系,吴宾,女),

(网络工程系,李勇,男),(网络工程系,李勇,女),

(网络工程系,刘晨,男),(网络工程系,刘晨,女),

(网络工程系,吴宾,男),(网络工程系,吴宾,女)

}

其中，(计算机系,李勇,男)、(计算机系,刘晨,男)等都是元组。"计算机系""李勇""男"等都是分量。

笛卡儿积实际上就是一个二维表，上述笛卡儿积的运算如图 2-2 所示。

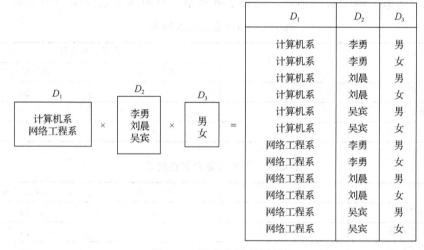

图 2-2　笛卡儿积的运算

图 2-2 中，笛卡儿积的任意一行数据就是一个元组，它的第一个分量来自 $D_1$，第二个分量来自 $D_2$，第三个分量来自 $D_3$。笛卡儿积就是所有这样的元组的集合。

根据笛卡儿积的定义可以给出关系的形式化定义：笛卡儿积 $D_1,D_2,\cdots,D_n$ 的任意一个子集称为 $D_1,D_2,\cdots,D_n$ 上的一个 $n$ 元关系。

形式化的关系定义同样可以把关系看成二维表，给表中的每个列取一个名称，称为属性。$n$ 元关系有 $n$ 个属性，一个关系中属性的名称必须是唯一的。属性 $D_i$ 的取值范围($i = 1,2,\cdots,n$)称为该属性的值域。

比如，上述例子中，取子集：

$R$ = {(计算机系,李勇,男),(计算机系,刘晨,男),(网络工程系,吴宾,女)}

数据库原理及应用（MySQL）

就构成了一个关系，其二维表的形式如表 2-4 所示，把第一个属性命名为"所在系"，第二个属性命名为"姓名"，第三个属性命名为"性别"。

表 2-4  一个关系的二维表

| 所　在　系 | 姓　　名 | 性　　别 |
|---|---|---|
| 计算机系 | 李勇 | 男 |
| 计算机系 | 刘晨 | 男 |
| 网络工程系 | 吴宾 | 女 |

从集合论的观点也可以将关系定义为：关系是一个有 $K$ 个属性的元组的集合。

**2．对关系的限定**

关系可以看成是二维表，但并不是所有的二维表都是关系。关系数据库对关系有一些限定，归纳起来有以下几个方面：

（1）关系中的每个分量都必须是不可再分的最小属性。即每个属性都不能再被分解为更小的属性，这是关系数据库对关系的最基本的限定。例如，表 2-5 就不满足这个限定，因为在这个表中，"高级职称人数"不是最小的属性，它是由两个属性组成的一个复合属性。对于这种情况只需要将"高级职称人数"属性分解为"教授人数"和"副教授人数"两个属性即可，如表 2-6 所示，这时这个表就是一个关系。

表 2-5  包含复合属性的表

| 系　　名 | 人　　数 | 高级职称人数 | |
|---|---|---|---|
| | | 教授人数 | 副教授人数 |
| 计算机系 | 80 | 10 | 20 |
| 网络工程系 | 40 | 6 | 18 |
| 通信工程系 | 30 | 8 | 10 |

表 2-6  不包含复合属性的表

| 系　　名 | 人　　数 | 教授人数 | 副教授人数 |
|---|---|---|---|
| 计算机系 | 80 | 10 | 20 |
| 网络工程系 | 40 | 6 | 18 |
| 通信工程系 | 30 | 8 | 10 |

（2）表中列的数据类型是固定的，即列中的每个分量都是同类型的数据，来自相同的值域。

（3）不同列的数据可以取自相同的值域，每个列称为一个属性，每个属性有不同的属性名。

（4）关系表中列的顺序不重要，即列的次序可以任意交换，不影响其表达的语义。

（5）行的顺序也不重要，交换行数据的顺序不影响关系的内容。其实在关系数据库中并没有第一行、第二行等概念，而且数据的存储顺序也与数据的输入顺序无关，数据的输入顺序不影响对数据库数据的操作过程，也不影响其操作效率。

（6）同一个关系中的元组不能重复，即在一个关系中任意两个元组的值不能完全相同。

# 2.3 关系代数

关系模型源于数学，关系是由元组构成的集合，可以通过关系的运算来表达查询要求，而关系代数恰恰是关系操作语言的一种传统的表示方式，它是一种抽象的查询语言。

关系代数是一种纯理论语言，它定义了一些操作，运用这些操作可以从一个或多个关系中得到另一个关系，而不改变源关系。因此，关系代数的操作数和操作结果都是关系，而且一个操作的输出可以是另一个操作的输入。关系代数同算术运算一样，可以出现一个套一个的表达式。关系在关系代数下是封闭的，正如数字在算术操作下是封闭的一样。

关系代数是一种单次关系（或者说是集合）语言，即所有元组可能来自多个关系，但是用不带循环的一条语句处理。关系代数命令的语法形式有多种，本书采用的是一套通用的符号表示方法。

关系代数的运算对象是关系，运算结果也是关系。与一般的运算一样，运算对象、运算符和运算结果是关系代数的三大要素。

关系代数的运算可分为以下两大类：

1）传统的集合运算

这类运算完全把关系看作元组的集合。传统的集合运算包括集合的广义笛卡儿积运算、并运算、交运算和差运算。

2）专门的关系运算

这类运算除了把关系看作元组的集合外，还通过运算表达了查询的要求。专门的关系运算包括选择、投影、连接和除运算。

关系代数中的运算符可分为四类：集合运算符、专门的关系运算符、比较运算符和逻辑运算符。表 2-7 列出了这些运算符，其中比较运算符和逻辑运算符是配合专门的关系运算符来构造表达式的。

表 2-7　关系运算符

| 运算符 | | 含　义 |
|---|---|---|
| 传统的集合运算 | ∪ | 并 |
| | ∩ | 交 |
| | − | 差 |
| | × | 广义笛卡儿积 |
| 专门的关系运算 | σ | 选择 |
| | Π | 投影 |
| | ⋈ | 连接 |
| | ÷ | 除 |
| 比较运算符 | > | 大于 |
| | < | 小于 |
| | = | 等于 |
| | ≠ | 不等于 |
| | ≤ | 小于或等于 |
| | ≥ | 大于或等于 |

| 运算符 | | 含义 |
| --- | --- | --- |
| 逻辑运算符 | ¬ | 非 |
| | ∧ | 与 |
| | ∨ | 或 |

### 2.3.1 传统的集合运算

传统的集合运算是二目运算，设关系 $R$ 和 $S$ 均是 $n$ 元关系，且相应的属性值取自同一个值域，则可以定义 3 种运算：并运算（∪）、交运算（∩）和差运算（−），但广义笛卡儿积并不要求参与运算的两个关系的对应属性取自相同的域。并、交、差运算的功能示意图如图 2-3 所示。

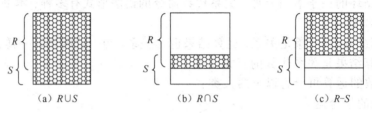

（a）$R \cup S$　　　　　（b）$R \cap S$　　　　　（c）$R-S$

图 2-3　并、交、差运算示意图

以图 2-4 所示的两个关系为例，对传统的集合运算进行说明。

| 顾客号 | 姓名 | 性别 | 年龄 |
| --- | --- | --- | --- |
| S01 | 张宏 | 男 | 45 |
| S02 | 李丽 | 女 | 34 |
| S03 | 王敏 | 女 | 28 |

（a）顾客表A

| 顾客号 | 姓名 | 性别 | 年龄 |
| --- | --- | --- | --- |
| S02 | 李丽 | 女 | 34 |
| S04 | 钱景 | 男 | 50 |
| S06 | 王平 | 女 | 24 |

（b）顾客表B

图 2-4　描述顾客信息的两个关系

**1．并运算（Union）**

设关系 $R$ 与关系 $S$ 均是 $n$ 目关系，关系 $R$ 与关系 $S$ 的并运算为
$$R \cup S = \{t \mid t \in R \vee t \in S\}$$
其结果仍是 $n$ 目关系，由属于 $R$ 或属于 $S$ 的元组组成。

**2．交运算（Intersection）**

设关系 $R$ 与关系 $S$ 均是 $n$ 目关系，则关系 $R$ 与关系 $S$ 的交运算为
$$R \cap S = \{t \mid t \in R \wedge t \in S\}$$
其结果仍是 $n$ 目关系，由属于 $R$ 并且也属于 $S$ 的元组组成。

**3．差运算（Difference）**

设关系 $R$ 与关系 $S$ 均是 $n$ 目关系，则关系 $R$ 与关系 $S$ 的差运算为
$$R-S = \{t \mid t \in R \wedge t \notin S\}$$
其结果仍是 $n$ 目关系，由属于 $R$ 并且不属于 $S$ 的元组组成。

图 2-5 显示了图 2-4 两个关系的 3 种运算结果。

| 顾客号 | 姓名 | 性别 | 年龄 |
|--------|------|------|------|
| S01 | 张宏 | 男 | 45 |
| S02 | 李丽 | 女 | 34 |
| S03 | 王敏 | 女 | 28 |
| S04 | 钱景 | 男 | 50 |
| S06 | 王平 | 女 | 24 |

（a）顾客表A∪顾客表B

| 顾客号 | 姓名 | 性别 | 年龄 |
|--------|------|------|------|
| S02 | 李丽 | 女 | 34 |

（b）顾客表A∩顾客表B

| 顾客号 | 姓名 | 性别 | 年龄 |
|--------|------|------|------|
| S01 | 张宏 | 男 | 45 |
| S03 | 王敏 | 女 | 28 |

（c）顾客表A-顾客表B

图 2-5 集合的并、交、差运算示意图

### 4．广义笛卡儿积（Extended Cartesian Product）

广义笛卡儿积不要求参加运算的两个关系具有相同的目数。

两个分别为 $m$ 目和 $n$ 目的关系 $R$ 和关系 $S$ 的广义笛卡儿积是一个有（$m+n$）个列的元组的集合。元组的前 $m$ 个列是关系 $R$ 的一个元组，后 $n$ 个列是关系 $S$ 的一个元组。若 $R$ 有 $K_1$ 个元组，$S$ 有 $K_2$ 个元组，则关系 $R$ 和关系 $S$ 的广义笛卡儿积有 $K_1 \times K_2$ 个元组，记作

$$R \times S = \left\{ \widehat{t_r t_s} \middle| t_r \in R \wedge t_s \in S \right\}$$

其中：$\widehat{t_r t_s}$ 表示由元组的前半部分 $t_r$ 和后半部分 $t_s$ 有序连接而成的一个元组。

任取元组 $t_r$ 和 $t_s$，当且仅当 $t_r$ 属于 $R$ 且 $t_s$ 属于 $S$ 时，$t_r$ 和 $t_s$ 的有序连接即为 $R \times S$ 的一个元组。

实际操作时，可从 $R$ 的第一个元组开始，依次与 $S$ 的每个元组组合，然后，对 $R$ 的下一个元组进行同样的操作，直至 $R$ 的最后一个元组也进行同样的操作为止。即可得到 $R \times S$ 的全部元组。图 2-6 所示为广义笛卡儿积操作的示意图。

| A | B |
|---|---|
| $a_1$ | $b_1$ |
| $a_2$ | $b_2$ |

×

| C | D | E |
|---|---|---|
| $c_1$ | $d_1$ | $e_1$ |
| $c_2$ | $d_2$ | $e_2$ |
| $c_3$ | $d_3$ | $e_3$ |

=

| A | B | C | D | E |
|---|---|---|---|---|
| $a_1$ | $b_1$ | $c_1$ | $d_1$ | $e_1$ |
| $a_1$ | $b_1$ | $c_2$ | $d_2$ | $e_2$ |
| $a_1$ | $b_1$ | $c_3$ | $d_3$ | $e_3$ |
| $a_2$ | $b_2$ | $c_1$ | $d_1$ | $e_1$ |
| $a_2$ | $b_2$ | $c_2$ | $d_2$ | $e_2$ |
| $a_2$ | $b_2$ | $c_3$ | $d_3$ | $e_3$ |

图 2-6 广义笛卡儿积操作示意图

### 2.3.2 专门的关系运算

专门的关系运算包括选择、投影、连接、除等操作，其中选择和投影为一元操作，连接和除为二元操作。

以表 2-8～表 2-10 所示的 3 个关系为例，介绍专门的关系运算。各关系包含的属性的含义如下：

Student：Sno（学号），Sname（姓名），Ssex（性别），Sage（年龄），Sdept（所在系）。

Course：Cno（课程号），Cname（课程名），Credit（学分），Semester（开课学期），Pcno（直接先修课）。

SC：Sno（学号），Cno（课程号），Grade（成绩）。

表 2-8　Student 关系

| Sno | Sname | Ssex | Sage | Sdept |
|---|---|---|---|---|
| 0811101 | 李勇 | 男 | 21 | 计算机系 |
| 0811102 | 刘晨 | 男 | 20 | 计算机系 |
| 0811103 | 王敏 | 女 | 20 | 计算机系 |
| 0811104 | 张小红 | 女 | 19 | 计算机系 |
| 0821101 | 张立 | 男 | 20 | 网络工程系 |
| 0821102 | 吴宾 | 女 | 19 | 网络工程系 |
| 0821103 | 张海 | 男 | 20 | 网络工程系 |

表 2-9　Course 关系

| Cno | Cname | Credit | Semester | Pcno |
|---|---|---|---|---|
| C001 | 高等数学 | 4 | 1 | NULL |
| C002 | 大学英语 | 3 | 1 | NULL |
| C003 | 大学英语 | 3 | 2 | C002 |
| C004 | 计算机文化基础 | 2 | 2 | NULL |
| C005 | VB | 2 | 3 | C004 |
| C006 | 数据库基础 | 4 | 5 | C007 |
| C007 | 数据结构 | 4 | 4 | C005 |

表 2-10　SC

| Sno | Cno | Grade |
|---|---|---|
| 0811101 | C001 | 96 |
| 0811101 | C002 | 80 |
| 0811101 | C005 | 62 |
| 0811102 | C001 | 92 |
| 0811102 | C002 | 90 |
| 0811102 | C004 | 84 |
| 0821102 | C001 | 76 |
| 0821102 | C004 | 85 |
| 0821102 | C005 | 73 |
| 0821102 | C007 | NULL |
| 0821103 | C001 | 50 |
| 0821103 | C004 | 80 |

## 1. 选择（Selection）

选择运算是从指定的关系中选出满足给定条件（用逻辑表达式表达）的元组而组

成一个新的关系。选择运算的功能如图 2-7 所示。

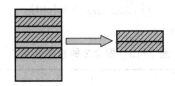

图 2-7　选择运算

选择运算表示为

$$\sigma_r(R) = \{t \mid t \in R \land F(t) = \text{true}\}$$

其中，$\sigma$ 是选择运算符；$R$ 是关系名；$t$ 是元组；$F$ 是逻辑表达式，取逻辑"真"值或"假"值。

**例 2.1**　对表 2-8 所示的学生关系，从中选择计算机系学生信息的关系代数表达式为

$$\sigma_{\text{Sdept} = '计算机系'}(\text{Student})$$

选择结果如表 2-11 所示。

表 2-11　例 2.1 的选择结果

| Sno | Sname | Ssex | Sage | Sdept |
| --- | --- | --- | --- | --- |
| 0811101 | 李勇 | 男 | 21 | 计算机系 |
| 0811102 | 刘晨 | 男 | 20 | 计算机系 |
| 0811103 | 王敏 | 女 | 20 | 计算机系 |
| 0811104 | 张小红 | 女 | 19 | 计算机系 |

**2．投影（Projection）**

投影运算是从关系 $R$ 中选取若干属性，并用这些属性组成一个新的关系。其运算功能如图 2-8 所示。

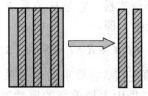

图 2-8　投影运算

投影运算表示为

$$\prod(R) = \{t.A \mid t \in R\}$$

其中，$\prod$ 是投影运算符，$R$ 是关系名，$A$ 是被投影的属性或属性组。$t.A$ 表示 $t$ 这个元组中相应于属性（集）$A$ 的分量，也可以表示为 $t[A]$。

投影运算一般由两个步骤完成：

（1）选取出指定的属性，形成一个可能含有重复行的新关系。

（2）删除重复行，形成结果关系。

**例 2.2**　对表 2-8 所示的学生关系，在 Sname、Sdept 两个列上进行投影运算，可

以表示为：

$$\prod_{Sname,Sdept}(Student)$$

投影结果如表 2-12 所示。

表 2-12　例 2.2 的投影结果

| Sname | Sdept |
| --- | --- |
| 李勇 | 计算机系 |
| 刘晨 | 计算机系 |
| 王敏 | 计算机系 |
| 张小红 | 计算机系 |
| 张立 | 网络工程系 |
| 吴宾 | 网络工程系 |
| 张海 | 网络工程系 |

### 3. 连接

连接运算用来连接相互之间有联系的两个关系，从而产生一个新的关系。这个过程由连接属性（字段）来实现。一般情况下连接属性是出现在不同关系中的语义相同的属性。连接是由笛卡儿乘积导出的，相当于把连接谓词看成选择公式。进行连接运算的两个关系通常是具有一对多联系的父子关系。

连接运算主要有：θ 连接、等值连接（θ 连接的特例）、自然连接、外部连接（简称外连接）、半连接几种形式。

θ 连接运算一般表示为

$$R \underset{A\theta B}{\bowtie} S = \left\{ t_r t_s \big| t_r \in R \wedge t_s \in S \wedge t_r[A] \theta t_s[B] \right\}$$

其中：$A$ 和 $B$ 分别是关系 $R$ 和 $S$ 上语义相同的属性或属性组；θ 是比较运算符。

连接运算从 $R$ 和 $S$ 的广义笛卡儿积 $R \times S$ 中选择（$R$ 关系）在 $A$ 属性组上的值与（$S$ 关系）在 $B$ 属性组中值满足比较运算符 θ 的元组。

连接运算中最重要也是最常用的连接有两个，一个是等值连接，一个是自然连接。

当 θ 为 "=" 时的连接为等值连接，它是从关系 $R$ 与关系 $S$ 的广义笛卡儿积中选取 $A$、$B$ 属性组值相等的那些元组，即

$$R \underset{A=B}{\bowtie} S = \left\{ t_r t_s \big| t_r \in R \wedge t_s \in S \wedge t_r[A] = t_s[B] \right\}$$

自然连接是一种特殊的等值连接，它要求两个关系中进行比较的分量必须是相同的属性或属性组，并且在连接结果中去掉重复的属性列，使公共属性列只保留一个。即，若关系 $R$ 和 $S$ 具有相同的属性组 $B$，则自然连接可记作

$$R \bowtie S = \left\{ t_r t_s \big| t_r \in R \wedge t_s \in S \wedge t_r[B] = t_s[B] \right\}$$

一般的连接运算是从行的角度进行运算，但自然连接还需要去掉重复的列，所以是同时从行和列的角度进行运算。

自然连接与等值连接的差别为：

（1）自然连接要求相等的分量必须有共同的属性名，等值连接则不要求。

（2）自然连接要求把重复的属性名去掉，等值连接却不这样做。

例 2.3 设有表 2-13 所示的 "商品" 关系和表 2-14 所示的 "销售" 关系，分别

进行等值连接和自然连接运算。

等值连接：

$$商品 \underset{商品.商品号=销售.商品号}{\bowtie} 销售$$

自然连接：

$$商品 \bowtie 销售$$

表 2-13 "商品"关系

| 商品号 | 商品名 | 价 格 |
|---|---|---|
| P01 | 34 寸平面电视 | 2400 |
| P02 | 34 寸液晶电视 | 4800 |
| P03 | 52 寸液晶电视 | 9600 |

表 2-14 "销售"关系

| 商品号 | 销售日期 | 销售价格 |
|---|---|---|
| P01 | 2009-2-3 | 2200 |
| P02 | 2009-2-3 | 5600 |
| P01 | 2009-8-10 | 2800 |
| P02 | 2009-2-8 | 5500 |
| P01 | 2009-2-15 | 2150 |

等值连接的结果如表 2-15 所示，自然连接的结果如表 2-16 所示。

表 2-15 例 2.3 的等值连接结果

| 商品号 | 商品名 | 进货价格 | 商品号 | 销售日期 | 销售价格 |
|---|---|---|---|---|---|
| P01 | 34 平面电视 | 2400 | P01 | 2009-2-3 | 2200 |
| P01 | 34 平面电视 | 2400 | P01 | 2009-8-10 | 2800 |
| P01 | 34 平面电视 | 2400 | P01 | 2009-2-15 | 2150 |
| P02 | 34 液晶电视 | 4800 | P02 | 2009-2-3 | 5600 |
| P02 | 34 液晶电视 | 4800 | P02 | 2009-2-8 | 5500 |

表 2-16 例 2.3 的自然连接结果

| 商品号 | 商品名 | 进货价格 | 销售日期 | 销售价格 |
|---|---|---|---|---|
| P01 | 34 平面电视 | 2400 | 2009-2-3 | 2200 |
| P01 | 34 平面电视 | 2400 | 2009-8-10 | 2800 |
| P01 | 34 平面电视 | 2400 | 2009-2-15 | 2150 |
| P02 | 34 液晶电视 | 4800 | 2009-2-3 | 5600 |
| P02 | 34 液晶电视 | 4800 | 2009-2-8 | 5500 |

从例 2.3 可以看到，当两个关系进行自然连接时，连接的结果由两个关系中公共属性值相等的元组构成。从连接的结果可看到，在"商品"关系中，如果某商品（这

里是"P03"号商品）在"销售"关系中没有出现（即没有被销售过），则关于该商品的信息不会出现在连接结果中。也就是，在连接结果中会舍弃掉不满足连接条件的（这里是两个关系中的"商品号"相等）元组。这种形式的连接称为内连接。

如果希望不满足连接条件的元组也出现在连接结果中，则可以通过外连接（Outer Join）操作实现。外连接有 3 种形式：左外连接（Left Outer Join）、右外连接（Right Outer Join）和全外连接（Full Outer Join）。

左外连接的连接形式为 $R* \bowtie S$；

右外连接的连接形式为 $R \bowtie *S$；

全外连接的连接形式为 $R* \bowtie *S$。

左外连接的含义是把连接符号左边的关系（这里是 $R$）中不满足连接条件的元组也保留到连接后的结果中，并在连接结果中将该元组所对应的右边关系（这里是 $S$）的各个属性均置成空值（NULL）。

右外连接的含义是把连接符号右边的关系（这里是关系 $S$）中不满足连接条件的元组也保留到连接后的结果中，并在连接结果中将该元组对应的左边关系（这里是 $R$）的各个属性均置成空值（NULL）。

全外连接的含义是把连接符号两边的关系（$R$ 和 $S$）中不满足连接条件的元组均保留到连接后的结果中，并在连接结果中将不满足连接条件的各元组的相应属性均置成空值（NULL）。

"商品"关系和"销售"关系的左外连接表达式为

$$商品* \bowtie 销售$$

连接结果如表 2-17 所示。

表 2-17　商品和销售的左外连接结果

| 商品号 | 商品名 | 进货价格 | 销售日期 | 销售价格 |
|---|---|---|---|---|
| P01 | 34 平面电视 | 2400 | 2009-2-3 | 2200 |
| P01 | 34 平面电视 | 2400 | 2009-8-10 | 2800 |
| P01 | 34 平面电视 | 2400 | 2009-2-15 | 2150 |
| P02 | 34 液晶电视 | 4800 | 2009-2-3 | 5600 |
| P02 | 34 液晶电视 | 4800 | 2009-2-8 | 5500 |
| P03 | 52 液晶电视 | 9600 | NULL | NULL |

设有表 2-18 和表 2-19 所示的两个关系 $R$ 和 $S$，则这两个关系的全外连接结果如表 2-20 所示。

表 2-18　关系 $R$

| A | B | C |
|---|---|---|
| $a_1$ | $b_1$ | $c_1$ |
| $a_2$ | $b_2$ | $c_1$ |
| $a_3$ | $b_1$ | $c_2$ |
| $a_4$ | $b_3$ | $c_1$ |
| $a_5$ | $b_2$ | $c_1$ |

表 2-19 关系 S

| E | B | D |
|---|---|---|
| $e_1$ | $b_1$ | $d_1$ |
| $e_2$ | $b_3$ | $d_1$ |
| $e_3$ | $b_1$ | $d_2$ |
| $e_4$ | $b_4$ | $d_1$ |
| $e_5$ | $b_3$ | $d_1$ |

表 2-20 关系 R 和 S 的全外连接结果

| A | B | C | E | D |
|---|---|---|---|---|
| $a_1$ | $b_1$ | $c_1$ | $e_1$ | $d_1$ |
| $a_1$ | $b_1$ | $c_1$ | $e_3$ | $d_2$ |
| $a_2$ | $b_2$ | $c_1$ | NULL | NULL |
| $a_3$ | $b_1$ | $c_2$ | $e_1$ | $d_1$ |
| $a_3$ | $b_1$ | $c_2$ | $e_3$ | $d_2$ |
| $a_4$ | $b_3$ | $c_1$ | $e_2$ | $d_1$ |
| $a_4$ | $b_3$ | $c_1$ | $e_5$ | $d_1$ |
| $a_5$ | $b_2$ | $c_1$ | NULL | NULL |
| NULL | $b_4$ | NULL | $e_4$ | $d_1$ |

**4．除**

1）除法的简单描述

设关系 S 的属性是关系 R 的属性的一部分，则 R÷S 为这样一个关系：此关系的属性是由属于 R 但不属于 S 的所有属性组成。

R÷S 的任一元组都是 R 中某元组的一部分。但必须符合下列要求：即任取属于 R÷S 的一个元组 t，则 t 与 S 的任一元组连接后，都为 R 中原有的一个元组。

除法运算的示意图如图 2-9 所示。

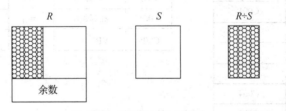

图 2-9 除法运算示意图

2）除法的一般形式

设有关系 R(X,Y) 和 S(Y,Z)，其中 X、Y、Z 为关系的属性组，则

$$R(X,Y) \div S(Y,Z) = R(X,Y) \div \Pi Y(S)$$

3）关系的除运算

除运算是关系运算中最复杂的一种，关系 R 与 S 的除运算的以上叙述解决了 R÷S 关系的属性组成及其元组应满足的条件要求，但如何确定关系 R÷S 元组，仍然没有说清楚。为了说清楚这个问题，首先引入一个概念：

象集：给定一个关系 $R(X,Y)$，$X$ 和 $Y$ 为属性组。定义，当 $t[X] = x$ 时，$x$ 在 $R$ 中的象集（Image Set）为

$$Y_x = \{t[Y] \mid tR \land t[X] = x\}$$

式中：$t[Y]$ 和 $t[X]$ 分别表示 R 中的元组 $t$ 在属性组 $Y$ 和 $X$ 上的分量的集合。

例如在表 2-11 所示的 Student 关系中，有一个元组值为

(0821101,张立,男,20,网络工程系)

假设 $X = \{Sdept,Ssex\}$，$Y = \{Sno,Sname,Sage\}$，则上式中的 $t[X]$ 的一个值 $x =$（网络工程系,男）。

此时，$Y_x$ 为 $t[X] = x =$（网络工程系,男）时所有 $t[Y]$ 的值，即

$$Y_x = \{(0821101,张立,20),(0821103,张海,20)\}$$

也就是由网络工程系全体男生的学号、姓名、年龄所构成的集合。

又例如，对于表 2-10 所示的 SC 关系，如果设 $X = \{Sno\}$，$Y = \{Cno,Grade\}$，则当 $X$ 取 "0811101" 时，$Y$ 的象集为

$$Y_x = \{(C001,96),(C002,80),(C003,84),(C005,62)\}$$

当 $X$ 取 "0821103" 时，$Y$ 的象集为

$$Y_x = \{(C001,50),(C004,80)\}$$

再讨论除法的一般形式：

设有关系 $R(X,Y)$ 和 $S(Y,Z)$，其中 $X$、$Y$、$Z$ 为关系的属性组，则

$$R \div S = \{t_r[X] \mid t_rR \land \Pi Y(S) \subset Y_x\}$$

图 2-10 所示的除运算的结果的语义为至少选了 "C001" 和 "C005" 两门课程的学生的学号。

| Sno | Cno |
|---|---|
| 0611101 | C001 |
| 0611101 | C002 |
| 0611101 | C003 |
| 0611101 | C005 |
| 0611102 | C001 |
| 0611102 | C002 |
| 0611102 | C004 |
| 0621102 | C001 |
| 0621102 | C004 |
| 0621102 | C005 |
| 0621102 | C007 |

$\div$

| Cno | Cname |
|---|---|
| C001 | 高等数学 |
| C005 | VB |

$=$

| Sno |
|---|
| 0611101 |
| 0621102 |

图 2-10　除运算示例

下面以表 2-8 至表 2-10 所示的 Student、Course 和 SC 关系为例，给出一些关系代数运算的例子。

**例 2.4** 查询选择 C002 课程的学生的学号和成绩。

$$\Pi_{Sno,Grade}(\sigma_{Cno = 'C002'}(SC))$$

运算结果如图 2-11 所示。

**例 2.5** 查询网络工程系选择 C004 课程的学生的姓名和成绩。

由于学生姓名信息在 Student 关系中，而成绩信息在 SC 关系中，因此这个查询同时涉及 Student 和 SC 两个关系。因此首先应对这两个关系进行自然连接，得到同一位学生的有关信息，然后再对连接的结果执行选择和投影操作。具体如下：

| Sno | Grade |
|---------|-------|
| 0611101 | 80 |
| 0611102 | 90 |

图 2-11 例 2.4 的结果

$$\prod_{\text{Sname, Grade}} (\sigma_{\text{Cno = 'C004'} \wedge \text{Sdept='网络工程系'}} (\text{SC} \bowtie \text{Student}))$$

也可以写成：

$$\prod_{\text{Sname, Grade}} (\sigma_{\text{Cno = 'C004'}} (\text{SC}) \bowtie \sigma_{\text{Sdept='网络工程系'}} (\text{Student}))$$

后一种实现形式是首先在 SC 关系中查询出选择"C004"课程的子集合，然后从 Student 关系中查询出"网络工程系"学生的子集合，然后再对这个子集合进行自然连接运算（Sno 相等），这种查询的执行效率会比第一种形式高。

运算结果如图 2-12 所示。

**例 2.6** 查询已选第 2 学期开设的课程的学生姓名、所在系和所选的课程号。

| Sname | Grade |
|-------|-------|
| 吴宾 | 85 |
| 张海 | 80 |

图 2-12 例 2.5 的结果

这个查询的查询条件和查询列与两个关系有关：Student（包含姓名和所在系信息）以及 Course（包含课程号和开课学期信息）。但由于 Student 关系和 Course 关系之间没有可以进行连接的属性（要求必须语义相同），因此如果让 Student 关系和 Course 关系进行连接，则必须要借助于 SC 关系，通过 SC 关系中的 Sno 与 Student 关系中的 Sno 进行自然连接，并通过 SC 关系中的 Cno 与 Course 关系中的 Cno 进行自然连接，可实现 Student 关系和 Course 关系之间的关联关系。

具体的关系代数表达式如下：

$$\prod_{\text{Sname, Sdept, Cno}} (\sigma_{\text{Semester=2}} (\text{Course} \bowtie \text{SC} \bowtie \text{Student}))$$

也可以写成

$$\prod_{\text{Sname, Sdept, Cno}} (\sigma_{\text{Semester=2}} (\text{Course}) \bowtie \text{SC} \bowtie \text{Student})$$

运算结果如图 2-13 所示。

**例 2.7** 查询已选"高等数学"且成绩大于或等于 90 分的学生姓名、所在系和成绩。

这个查询涉及 Student、SC 和 Course 三个关系，在 Course 关系中可以指定课程名（高等数学），从 Student 关系中可以得到姓名、所在系，从 SC 关系中可以得到成绩。

| Sname | Sdept | Cno |
|-------|----------|------|
| 李勇 | 计算机系 | C003 |
| 刘晨 | 计算机系 | C004 |
| 吴宾 | 网络工程系 | C004 |
| 张海 | 网络工程系 | C004 |

图 2-13 例 2.6 的结果

具体的关系代数表达式如下：

$$\prod_{\text{Sname, Sdept, Grade}} (\sigma_{\text{Cname ='高等数学'} \wedge \text{Grade} >=90} (\text{Course} \bowtie \text{SC} \bowtie \text{Student}))$$

也可以写成

$$\prod_{\text{Sname, Sdept, Grade}} (\sigma_{\text{Cname ='高等数学'}}(\text{Course}) \bowtie \sigma_{\text{Grade >=90}}(\text{SC}) \bowtie \text{Student})$$

运算结果如图 2-14 所示。

**例 2.8** 查询没有选择 VB 课程的学生的姓名和所在系。

实现这个查询的基本思路是从全体学生中去掉已选 VB 课程的学生，因此需要用到差运算。

具体的关系代数表达式如下：

$$\prod_{\text{Sname, Sdept}}(\text{Student}) - \prod_{\text{Sname, Sdept}}(\sigma_{\text{Cname ='VB'}}(\text{Course} \bowtie \text{SC} \bowtie \text{Student}))$$

也可以写成

$$\prod_{\text{Sname, Sdept}}(\text{Student}) - \prod_{\text{Sname Sdept}}(\sigma_{\text{Cname ='VB'}}(\text{Course}) \bowtie \text{SC} \bowtie \text{Student})$$

运算结果如图 2-15 所示。

| Sname | Sdept | Grade |
|-------|-------|-------|
| 李勇 | 计算机系 | 96 |
| 刘晨 | 计算机系 | 92 |

图 2-14　例 2.7 的结果

| Sname | Sdept |
|-------|-------|
| 张海 | 信息管理系 |

图 2-15　例 2.8 的结果

**例 2.9** 查询选了全部课程的学生的姓名和所在系。

编写这个查询语句的关系代数表达式的思考过程如下：

（1）学生选课情况可用 $\prod_{\text{SNO,CNO}}(\text{SC})$ 表示。

（2）全部课程可用 $\prod_{\text{CNO}}(\text{Course})$ 表示。

（3）查询选择全部课程的学生可用除法运算得到，即

$$\prod_{\text{SNO,CNO}}(\text{SC}) \div \prod_{\text{CNO}}(\text{Course})$$

这个关系代数表达式的操作结果为选择全部课程的学生的学号(Sno)的集合。

(4) 从得到的 Sno 集合再在 Student 关系中找到对应的学生姓名(Sname)和所在系(Sdept)，这可以用自然连接和投影操作组合实现。最终的关系代数表达式为

$$\prod_{\text{Sname,Sdept}}(\text{Student} \bowtie (\prod_{\text{SNO,CNO}}(\text{SC}) \div \prod_{\text{CNO}}(\text{Course})))$$

对所示数据来说该运算结果为空集合。

**例 2.10** 查询计算机系选了第 1 学期开设的全部课程的学生的学号和姓名。

编写这个查询语句的关系代数表达式的思考过程与例 2.10 类似，只是将（2）改为：查询第 1 学期开设的全部课程。这可用 $\prod_{\text{CNO}}(\sigma_{\text{Semester=1}}(\text{Course}))$ 表示。最终的关系代数表达式为

$$\prod_{\text{Sno, Sname}}(\sigma_{\text{Sdept ='计算机系'}}(\text{Student}) \bowtie (\prod_{\text{SNO,CNO}}(\text{SC}) \div \prod_{\text{cno}}(\sigma_{\text{Semester=1}}(\text{Course}))))$$

运算结果如图 2-16 所示。

| Sno | Sname |
|-----|-------|
| 0611101 | 李勇 |
| 0611102 | 刘晨 |

图 2-16　例 2.10 的结果

表 2-21 对关系代数操作进行了总结。

表 2-21　关系代数操作总结

| 操　　作 | 表示方法 | 功　　能 |
|---|---|---|
| 选择 | $\sigma_F(R)$ | 产生一个新关系，其中只包含 $R$ 中满足指定谓词的元组 |
| 投影 | $\prod_{a_1, a_2, \dots, a_n}(R)$ | 产生一个新关系，该关系由指定的 $R$ 中属性组成的一个 $R$ 的垂直子集组成，并且去掉了重复的元组 |
| 连接 | $R \underset{A\theta B}{\bowtie} S$ | 产生一个新关系，该关系包含了 $R$ 和 $S$ 的广义笛卡儿乘积中所有满足 θ 运算的元组 |
| 自然连接 | $R \bowtie S$ | 产生一个新关系，由关系 $R$ 和 $S$ 在所有公共属性 $x$ 上的相等连接得到，并且在结果中，每个公共属性只保留一个 |
| （左）外连接 | $R * \bowtie S$ | 产生一个新关系，将 $R$ 在 $S$ 中无法找到匹配的公共属性的 $R$ 中的元组也保留在新关系中，并将对应 $S$ 关系的各属性值均置为空 |
| 并 | $R \cup S$ | 产生一个新关系，它由 $R$ 和 $S$ 中所有不同的元组构成。$R$ 和 $S$ 必须是可进行并运算的 |
| 交 | $R \cap S$ | 产生一个新关系，它由既属于 $R$ 又属于 $S$ 的元组构成。$R$ 和 $S$ 必须是可进行交运算的 |
| 差 | $R - S$ | 产生一个新关系，它由属于 $R$ 但不属于 $S$ 的元组构成。$R$ 和 $S$ 必须是可进行差运算的 |
| 广义笛卡儿积 | $R \times S$ | 产生一个新关系，它是关系 $R$ 中的每个元组与关系 $S$ 中的每个元组并联的结果 |
| 除 | $R \div S$ | 产生一个属性集合 $C$ 上的关系，该关系的元组与 $S$ 中的每个元组组合都能在 $R$ 中找到匹配的元组，这里 $C$ 是属于 $R$ 但不属于 $S$ 的属性集合 |

　　关系运算的优先级按从高到低的顺序为投影、选择、乘积、连接和除（同级）、交、并和差（同级）。

　　本节介绍了 8 种关系代数运算，其中并、差、笛卡儿积、选择和投影这 5 种运算为基本的运算。其他 3 种运算，即交、连接和除，均可以用其他 5 种基本运算来表达。

## 小　结

　　（1）关系数据库系统是本书的重点。这是因为关系数据库系统是目前使用最广泛的数据库系统。在数据库发展的历史上，最重要的成就之一是关系模型。

　　（2）关系数据库系统与非关系数据库系统的区别是，关系系统只有"表"这一种数据结构；而非关系数据库系统还有其他数据结构，以及对这些数据结构的操作。

　　（3）本章系统地讲解了关系数据库的重要概念，包括关系模型的数据结构、关系的三类完整性以及关系操作。并介绍了关系代数以及有关运算。

## 习　题

1. 名词解释：主键、候选键、关系、关系模式。
2. 简述数据模型的三要素。
3. 简述关系数据库的 3 个完整性及其各自的含义。
4. 利用表 2-8 ~ 表 2-10 给出的 3 个关系，实现如下查询的关系代数表达式。

（1）查询"网络工程系"学生的选课情况，列出学号、姓名、课程号和成绩。

（2）查询"VB"课程的考试情况，列出学生姓名、所在系和考试成绩。

（3）查询考试成绩高于 90 分的学生的姓名、课程名和成绩。

（4）查询至少选修了 0821103 学生所选的全部课程的学生姓名和所在系。

（5）查询至少选择"C001"和"C002"两门课程的学生姓名、所在系和所选的课程号。

5. 简述等值连接与自然连接的区别和联系。

6. 设有一个 SPJ 数据库，包括 S、P、J 及 SPJ 这 4 个关系模式：

S(SNO,SNAME,STATUS,CITY);

P(PNO,PNAME,COLOR,WEIGHT);

J(JNO,JNAME,CITY);

SPJ(SNO,PNO,JNO,QTY);

供应商表 S 由供应商代码（SNO）、供应商姓名（SNAME）、供应商状态（STATUS）、供应商所在城市（CITY）组成。

零件表 P 由零件代码（PNO）、零件名（PNAME）、颜色（COLOR）、重量（WEIGHT）组成。

工程项目表 J 由工程项目代码（JNO）、工程项目名（JNAME）、工程项目所在城市（CITY）组成。

供应情况表 SPJ 由供应商代码（SNO）、零件代码（PNO）、工程项目代码（JNO）、供应数量（QTY）组成，表示某供应商供应某种零件给某工程的数量为 QTY。

今有若干数据如下：

试用关系代数语言完成如下查询：

（1）求供应工程 J1 零件的供应商代码 SNO。

（2）求供应工程 J1 零件 P1 的供应商代码 SNO。

（3）求供应工程 J1 零件为红色的供应商代码 SNO。

（4）求没有使用天津供应商生产的红色零件的工程项目代码 JNO。

（5）求至少用了供应商 S1 所供应的全部零件的工程项目代码 JNO。

**S 表**

| SNO | SNAME | STATUS | CITY |
|-----|-------|--------|------|
| S1 | 精益 | 20 | 天津 |
| S2 | 盛锡 | 10 | 北京 |
| S3 | 东方红 | 30 | 北京 |
| S4 | 丰泰盛 | 20 | 天津 |
| S5 | 为民 | 30 | 上海 |

**P 表**

| PNO | PNAME | COLOR | WEIGHT |
|-----|-------|-------|--------|
| P1 | 螺母 | 红 | 12 |
| P2 | 螺栓 | 绿 | 17 |
| P3 | 螺钉旋具 | 蓝 | 14 |

续表

| PNO | PNAME | COLOR | WEIGHT |
|---|---|---|---|
| P4 | 螺钉旋具 | 红 | 14 |
| P5 | 凸轮 | 蓝 | 40 |
| P6 | 齿轮 | 红 | 30 |

### J 表

| JNO | JNAME | CITY |
|---|---|---|
| J1 | 三建 | 北京 |
| J2 | 一汽 | 长春 |
| J3 | 弹簧厂 | 天津 |
| J4 | 造船厂 | 天津 |
| J5 | 机车厂 | 唐山 |
| J6 | 无线电厂 | 常州 |
| J7 | 半导体厂 | 南京 |

### SPJ 表

| SNO | PNO | JNO | QTY |
|---|---|---|---|
| S1 | P1 | J1 | 200 |
| S1 | P1 | J3 | 100 |
| S1 | P1 | J4 | 700 |
| S1 | P2 | J2 | 100 |
| S2 | P3 | J1 | 400 |
| S2 | P3 | J2 | 200 |
| S2 | P3 | J4 | 500 |
| S2 | P3 | J5 | 400 |
| S2 | P5 | J1 | 400 |
| S2 | P5 | J2 | 100 |
| S3 | P1 | J1 | 200 |
| S3 | P3 | J1 | 200 |
| S4 | P5 | J1 | 100 |
| S4 | P6 | J3 | 300 |
| S4 | P6 | J4 | 200 |
| S5 | P2 | J4 | 100 |
| S5 | P3 | J1 | 200 |
| S5 | P6 | J2 | 200 |
| S5 | P6 | J4 | 500 |

# 第3章

## 关系数据库标准语言 SQL «««

SQL（Structured Query Language，结构化查询语言）是一种在关系型数据库中定义和操作数据的标准语言，它包含数据定义、数据查询、数据操作和数据控制等与数据库有关的全部功能（在 Windows 操作系统下，该语言不区分大小写）。

### 3.1 SQL 概 述

SQL 是操作关系数据库的标准语言，是一种高级的非过程化编程语言，是沟通数据库服务器和客户端的重要工具，允许用户在高层数据库结构上工作。

#### 3.1.1 SQL 的发展历史

最早的 SQL 原型是 IBM 的研究人员在 20 世纪 70 年代开发的。该原型被命名为 SEQUEL（Structured English QUEry Language），现在许多人仍将在这个原型之后推出的 SQL 发音为 "sequel"，但根据 ANSI SQL 委员会的规定，其正式发音应该把 SQL 的字母一个一个读出来。随着 SQL 的颁布，各数据库厂商纷纷在其产品中引入并支持 SQL，尽管绝大多数产品对 SQL 的支持大部分是相似的，但它们之间还存在一定的差异，这些差异不利于初学者的学习，因此，本章介绍 SQL 时主要介绍标准的 SQL，我们将其称为基本 SQL。

从 20 世纪 80 年代以来，SQL 就一直是关系数据库管理系统（RDBMS）的标准语言。最早的 SQL 标准是 1986 年 10 月由美国 ANSI（American National Standards Institute）颁布的，随后，ISO（International Standards Organization）于 1987 年 6 月也正式采纳它为国际标准，并在此基础上进行了补充，到 1989 年 4 月，ISO 提出了具有完整性特征的 SQL，并称为 SQL-89。SQL-89 标准的颁布，对数据库技术的发展和数据库的应用都起了很大的推动作用。尽管如此，SQL-89 仍有许多不足或不能满足应用需求的地方，为此，在 SQL-89 的基础上，经过 3 年多的研究和修改，ISO 和 ANSI 共同于 1992 年 8 月颁布了 SQL 的新标准，即 SQL-92（或称为 SQL2），SQL-92 标准也不是非常完美的，1999 年又颁布了新的 SQL 标准，称为 SQL-99 或 SQL3。

不同数据库厂商的数据库管理系统提供的 SQL 略有差别，本书主要介绍 MySQL 数据库管理系统中如何操作 SQL，其他数据库管理系统使用的 SQL 绝大部分是一样的。

### 3.1.2 SQL 的特点

SQL 之所以能够被用户和业界所接受并成为国际标准，是因为它是一个综合的、功能强大且又比较简捷易学的语言。SQL 语言集数据定义、数据查询、数据操作和数据控制功能于一身，其主要特点如下：

1）一体化

SQL 风格统一，可以完成数据库活动中的全部工作，包括创建数据库、定义模式、更改和查询数据以及安全控制和维护数据库等，这为数据库应用系统的开发提供了良好的环境。用户在数据库系统投入使用之后，还可以根据需要随时修改模式结构，并且不影响数据库的运行，从而使系统具有良好的可扩展性。

2）高度非过程化

在使用 SQL 访问数据库时，用户没有必要告诉计算机"如何"一步步地实现操作，而只需要用 SQL 描述要"做什么"，然后由数据库管理系统自动完成全部工作。

3）面向集合的操作方式

SQL 采用集合操作方式，不仅查询结果是记录的集合，而且插入、删除和更新操作的对象也是记录的集合。

4）提供多种方式使用

SQL 既是自含式语言，又是嵌入式语言。自含式语言可以独立地联机交互，即用户可以直接以命令方式交互使用；嵌入式语言是指 SQL 可以嵌入到像 Java、C#等高级程序设计语言中使用，并且不管是哪种使用方式，SQL 的语法都是一样的，这大大改善了最终用户和程序设计人员之间的沟通，为最终用户提供了极大的灵活性与方便性。

5）语言简洁

SQL 的语法简单简洁，易学易用。利用 SQL 提供的十个动词即可完成数据库操作的核心功能。

### 3.1.3 SQL 的功能

SQL 按其功能可分为四大部分：数据定义、数据查询、数据操纵和数据控制，表 3-1 列出了实现这四大功能的谓词。

表 3-1 SQL 语言的主要功能

| SQL 功能 | 谓词 |
| --- | --- |
| 数据定义（DDL） | CREATE、DROP、ALTER |
| 数据查询（DQL） | SELECT |
| 数据操纵（DML） | INSERT、UPDATE、DELETE |
| 数据控制（DCL） | GRANT、REVOKE、DENY |

数据定义功能用于定义、删除和修改数据库中的对象。数据库、关系表、视图、索引等都是数据库对象。

数据查询功能用于实现查询数据的功能。数据查询是数据库中使用最多的操作。

数据操纵功能用于添加、删除和修改数据库数据。

数据控制功能用于控制用户对数据的操作权限。

# 3.2 MySQL 支持的数据类型

关系数据库的表由不同的属性组成，属性是由名称、类型和长度等来描述的。因此，在定义表结构时，应该为每个属性指定一个确定的数据类型。

每个数据库厂商提供的数据库管理系统所支持的数据类型并不完全相同。MySQL 的数据类型主要有五大类：

整数类型：bit、bool、tiny int、small int、medium int、int、big int。

浮点数类型：float、double、decimal。

字符串类型：char、varchar、tiny text、text、medium text、long text、tiny blob、blob、medium blob、long blob。

日期类型：date、datetime、timestamp、time、year。

其他数据类型：binary、varbinary、enum、set、geometry、point、multipoint、linestring、multilinestring、polygon、geometry、collection 等。

## 3.2.1 数值型

### 1. 精确数值型数据类型

精确数值型是指在计算机中能够精确存储的数据。精确数值型有两类，即整型和十进制。在金融领域，一般都用十进制存储数值型。精确数值型数据类型如表 3-2 所示。

表 3-2 精确数值型数据类型及含义

| 精确数值型数据类型 | 含义（有符号） |
| --- | --- |
| tinyint(m) | 1 字符 范围（−128 ~ 127） |
| smallint(m) | 2 字符 范围（−32 768 ~ 32 767） |
| mediumint(m) | 3 字符 范围（−8 388 608 ~ 8 388 607） |
| int(m) | 4 字符 范围（−2 147 483 648 ~ 2 147 483 647） |
| bigint(m) | 8 字符 范围（$-9.22 \times 10^{18}$ ~ $9.22 \times 10^{18}$） |

### 2. 近似数值型数据类型

近似数值型用于存储浮点型数据，表示在其数据类型范围内的所有数据在计算机中不一定都能精确地表示，如表 3-3 所示。近似数值型又分为单精度浮点型（float）和双精度浮点型（double）。

图 3-3 近似数值型数据类型及含义

| 近似数值型数据类型 | 含义 |
| --- | --- |
| float(m,d) | 单精度浮点型 8 位精度（4 字节） m 总个数，d 小数位 |
| double(m,d) | 双精度浮点型 16 位精度（8 字节） m 总个数，d 小数位 |

### 3.2.2 日期时间型数据类型

日期时间型数据类型及含义如表 3-4 所示。

表 3-4 日期时间型数据类型及含义

| 日期时间型数据类型 | 含　义 |
|---|---|
| date | 日期'2008-12-2' |
| time | 日期'12:25:36' |
| datetime | 日期时间'2008-12-2 22:06:44' |
| timestamp | 自动存储记录修改时间 |

### 3.2.3 字符串型数据类型

字符串型数据由汉字、英文字母、数字、各种符号或二进制串组成。目前字符的编码方式有两种：一种是普通字符编码，另一种是统一字符编码（Unicode）。普通字符编码指的是不同国家或地区的编码长度不一样，比如，英文字母的编码是 1 字节（8 位），中文汉字的编码是 2 字节（16 位）。统一字符编码是对所有语言中的字符均采用双字节（16 位）编码。MySQL 服务器可以支持多种字符集，在同一台服务器，同一个数据库，甚至同一个表的不同字段都可以指定使用不同的字符集，相比 Oracle 等其他数据库管理系统，MySQL 在同一数据库中只能使用相同的字符集，明显存在更大的灵活性。在实际开发中通常采用统一编码方式。字符串型数据类型及含义如表 3-5 所示。

表 3-5 字符串型数据类型及含义

| 字符串型数据类型 | 含　义 |
|---|---|
| Char(n) | 固定长度，最多 255 个字符 |
| Varchar(n) | 固定长度，最多 65 535 个字符 |
| Tinytext | 可变长度，最多 255 个字符 |
| text | 可变长度，最多 65 535 个字符 |
| mediumtext | 可变长度，最多 $2^{24}-1$ 个字符 |
| longtext | 可变长度，最多 $2^{32}-1$ 个字符 |

## 3.3 数据定义功能

MySQL 中的数据定义功能主要由 CREATE、DROP 和 ALTER 三个动词组成，它们分别完成对数据库对象的创建、删除和修改。这些数据库对象包括数据库（DataBase）、表（Table）、视图（View）以及索引（Index）等。

### 3.3.1 数据库的定义

#### 1. 数据库的创建

数据库创建使用 CREATE DATABASE 语句，其语法格式如下：

```
CREATE DATABASE<数据库名>
```

**例 3.1** 创建一个 myweb 数据库。

创建的 SQL 语句如下：

```
CREATE DATABASE myweb;
```

### 2．数据库的修改

数据库修改使用 ALTER DATABASE 语句，其语法格式如下：

```
ALTER DATABASE <数据库名>
```

**例 3.2** 修改数据库 myweb 的编码为 utf8。注意，在 MySQL 中所有的 UTF-8 编码都不能使用中间的"-"，即 UTF-8 要书写为 utf8。

修改的 SQL 语句如下：

```
ALTER DATABASE myweb CHARACTER SET utf8;
```

### 3．数据库的删除

数据库删除使用 DROP DATABASE 语句，其语法格式如下：

```
DROP DATABASE<数据库名>
```

**例 3.3** 删除 myweb 数据库。

删除的 SQL 语句如下：

```
DROP  DATABASE myweb;
```

## 3.3.2　表的定义

### 1．表的创建

表的创建使用 CREATE TABLE 语句，其语法格式如下：

```
CREATE  TABLE  <表名> ({<列名><数据类型> [列级完整性约束定义]}) [表级完整性约束定义]
```

参数说明如下：

（1）<表名>是所要定义的基本表的名称。

（2）<列名>是表中所包含的属性列的名称。

（3）在定义表的同时还可以定义与表有关的完整性约束条件，这些完整性约束条件都会存储在系统的数据字典中，如果完整性约束只涉及表中的一个列，则这些约束条件可以在"列级完整性约束定义"处定义，也可以在"表级完整性约束定义"处定义，但某些涉及表中多个属性列的约束，必须在"表级完整性约束定义"处定义。

上述语法中用到了一些特殊的符号，如[]，这些符号是文法描述的常用符号，而不是 SQL 语句的部分。下面简单介绍一些符号的含义（在后边的语法介绍中也要用到这些符号），有些符号在上述语法中没有用到。

（1）[ ]。方括号（[ ]）中的内容表示是可选的（即可出现 0 次或 1 次），比如[列级完整性约束定义]代表可以有也可以没有"列级完整性约束定义"。

（2）{ }。花括号（{ }）与省略号（……）一起，表示其中的内容可以出现 0 次或多次。

（3）|。竖杠（|）表示在多个选项中选择一个，如 term1 | term2 | term3，表示在 3 个选项中任选一项；竖杠也能用在方括号中，表示可以选择由竖杠分隔的子句中的一个，但整个子句又是可选的（也就是可以没有子句出现）。

在定义基本表时可以同时定义数据的完整性约束。定义完整性约束时可以在定义列的同时定义，也可以将完整性约束作为独立的项定义。在定义列的同时定义的约束称为列级完整性约束定义。作为表的独立的一项定义的完整性约束称为表级完整性约束。

在列级完整性约束定义处可以定义如下约束：

（1）NOT NULL：非空约束，限制列取值非空。

（2）PRIMARY KEY：主键约束，指定本列为主键。

（3）FOREIGN KEY：外键约束，定义本列为引用其他表的外键。

（4）UNIQUE：唯一值约束，限制列取值不能重复。

（5）DEFAULT：默认值约束，指定列的默认值。

在上述约束中，NOT NULL 和 DEFAULT 只能定义在"列级完整性约束定义"处，其他约束均可在"列级完整性约束定义"和"表级完整性约束定义"处定义。

下面对以上各种约束做详细说明：

1）主键约束

定义主键的语法格式为

```
PRIMARY KEY [(<列名>[,n])]
```

如果在列级完整性约束处定义单列的主键，则可省略方括号中的内容。

2）外键约束

外键大多数情况下都是单列的，它可以定义在列级完整性约束处，也可以定义在表级完整性约束处。定义外键的语法格式为

```
[FOREIGN KEY(<列名>)]REFERENCES<外表名>(<外表列名>)
```

如果是在列级完整性约束处定义外键，则可以省略"FOREIGN KEY (<列名>)"部分。

3）唯一值约束

唯一值约束用于限制一个列的取值不重复，或者是多个列的组合取值不重复，这个约束用在具有唯一性的属性列上，比如每个人的身份证号码、驾驶证号码等均不能有重复值。定义 UNIQUE 约束时应注意如下事项：

（1）有 UNIQUE 约束的列允许有一个空值。

（2）在一个表中可以定义多个 UNIQUE 约束。

（3）可以在一个列或多个列上定义 UNIQUE 约束。

在一个已有主键的表中使用 UNIQUE 约束定义非主键列取值不重复是很有用的，比如学生的身份证号码，"身份证号"列不是主键，但它的取值也不能重复，这种情况就必须使用 UNIQUE 约束。

定义唯一值约束的语法格式为

```
UNIQUE [(<列名>[,n])]
```

如果在列级完整性约束处定义单列的唯一值约束，则可省略方括号中的内容。

4）默认值约束

默认值约束用 DEFAULT 约束来实现，它用于提供列的默认值，即当在表中插入数据时，如果没有为 DEFAULT 约束的列提供值，则系统自动使用 DEFAULT 约束定义的默认值。

一个默认值约束只能为一个列提供默认值，且默认值约束必须是列级约束。

默认值约束的定义有两种形式，一种是在定义表时指定默认值约束，一种是在修改表结构时添加默认值约束。

（1）在创建表时定义 DEFAULT 约束。

```
DEFAULT 常量表达式
```

（2）为已创建好的表添加默认值约束。

```
DEFAULT 常量表达式 AFTER 列名
```

例 3.4 使用 SQL 语句创建一个 Student 表，其结构如表 3-6 所示。

表 3-6　Student 表结构

| 列　名 | 含　义 | 数据类型 | 约　束 |
|---|---|---|---|
| Sno | 学号 | char(6) | 主键 |
| Sname | 姓名 | varchar(20) | 非空 |
| Ssex | 性别 | varchar(2) | 非空，默认值：男 |
| Sbirthday | 出生日期 | date | |
| Sdept | 所在系 | varchar(20) | |

SQL 语句如下：

```
CREATE TABLE student (
    'Sno' char(6) NOT NULL,
    'Sname' varchar(20) NOT NULL,
    'Ssex' varchar(2) NOT NULL default '男',
    'Sbirthday' date NULL,
    'Sdept' varchar(20) NULL,
    PRIMARY KEY ('Sno')
);
```

**2. 表的修改**

在定义基本表之后，如果需求有变化，需要更改表的结构，可以使用 ALTER TABLE 语句实现。ALTER TABLE 语句可以对表添加列、删除列、修改列的定义。

ALTER TABLE 语句的语法如下：

```
ALTER TABLE <表名>
{ALTER COLUMN <列名> <新数据类型>        -- 修改列定义
| ADD <列名> <数据类型> [约束]          -- 添加新列
| DROP COLUMN <列名>                    -- 删除列
```

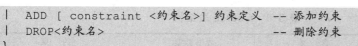

```
    | ADD [ constraint <约束名>] 约束定义 -- 添加约束
    | DROP<约束名>                       -- 删除约束
    }
```

**例 3.5** 为 Student 表添加备注( Memo )列,此列的列名为 Memo,数据类型为 text,允许空。SQL 语句如下:

```
ALTER TABLE student
ADD Memo text NULL
```

**例 3.6** 将 Student 表的 Sname 列的数据类型改为 varchar(40)。SQL 语句如下:

```
ALTER TABLE student
MODIFY COLUMN Sname varchar(40)
```

### 3. 表的删除

可以使用 DROP TABLE 语句删除表,其语法格式为

```
DROP TABLE <表名>{,<表名> }
```

**例 3.7** 删除 student 表。SQL 语句如下:

```
DROP  TABLE student
```

**注意**:删除表时必须先删除外键所在的表,然后再删除被参照的主键所在的表;创建表时必须先建立被参照的主键所在的表,再建立外键所在的表。

## 3.4 数据查询功能

查询功能是 SQL 的核心功能,是数据库中使用最多的操作,查询语句也是 SQL 语句中比较复杂的一个语句。

### 3.4.1 学生数据库基本结构

学生数据库由 3 个表组成:Student 表、Course 表、SC 表。它们分别表示学生表、课程表和选课表,其结构如表 3-7 ~ 表 3-9 所示。

表 3-7 Student 表结构

| 列　名 | 含　义 | 数据类型 | 约　束 |
| --- | --- | --- | --- |
| Sno | 学号 | char(6) | 主键 |
| Sname | 姓名 | varchar(20) | 非空 |
| Ssex | 性别 | varchar(2) | 非空,默认值:男, |
| Sbirthday | 出生日期 | date | |
| Sdept | 所在系 | varchar(20) | |
| memo | 备注 | text | |

表 3-8　Course 表结构

| 列　名 | 含　义 | 数据类型 | 约　束 |
|---|---|---|---|
| Cno | 课程号 | char(3) | 主键 |
| Cname | 课程名 | varchar(20) | 非空 |
| PreCno | 先修课程号 | char(3) | |
| Credit | 学分 | tinyint | |
| Semester | 开课学期 | tinyint | |

表 3-9　SC 表结构

| 列　名 | 含　义 | 数据类型 | 约　束 |
|---|---|---|---|
| Sno | 学号 | char(6) | 主键，外键 |
| Cno | 课程号 | Char(3) | 主键，外键 |
| Grade | 成绩 | numeric(5,2) | 检查成绩介于 0~100 之间 |

学生数据库中 3 个表的关系如图 3-1 所示。

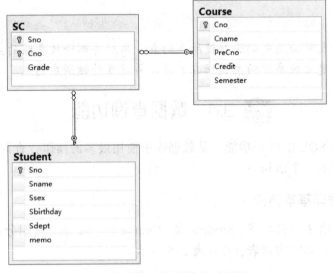

图 3-1　学生数据库的关系图

学生数据库 3 个表中的数据如表 3-10 ~ 表 3-11 所示。

表 3-10　Student 数据

| Sno | Sname | Ssex | Sbirthday | Sdept | memo |
|---|---|---|---|---|---|
| 060101 | 钟文辉 | 男 | 1997/5/1 | 计算机系 | 优秀毕业生 |
| 060102 | 吴细文 | 女 | 1997/3/24 | 计算机系 | 爱好：音乐 |
| 060103 | 吴朝西 | 男 | 1998/7/1 | 计算机系 | |
| 070101 | 王冲瑞 | 男 | 1998/5/4 | 机电系 | 爱好：音乐 |
| 070102 | 林滔滔 | 女 | 1997/4/3 | 机电系 | 爱好：体育 |
| 070103 | 李修雨 | 女 | 1996/3/3 | 机电系 | |
| 070301 | 李奇 | 男 | 1998/9/17 | 信息管理系 | |

表 3-11　Course 数据

| Cno | Cname | PreCno | Credit | Semester |
|-----|-------|--------|--------|----------|
| C01 | 高等数学 | | 4 | 1 |
| C02 | 程序设计 | | 4 | 2 |
| C03 | 数据结构 | C02 | 3 | 3 |
| C04 | 数据库原理 | C03 | 3 | 4 |
| C05 | 音乐欣赏 | | 1 | 4 |
| C06 | 大学物理 | C01 | 4 | 2 |
| C07 | 计算机网络 | C02 | 2 | 4 |

表 3-12　SC 数据

| Sno | Cno | Grade |
|-----|-----|-------|
| 060101 | C01 | 91 |
| 060101 | C03 | 88 |
| 060101 | C04 | 95 |
| 060101 | C05 | |
| 060102 | C02 | 81 |
| 060102 | C03 | 76 |
| 060102 | C04 | 92 |
| 070101 | C01 | 50 |
| 070101 | C03 | 86 |
| 070101 | C04 | 90 |
| 070101 | C05 | |
| 070103 | C04 | 52 |
| 070103 | C06 | 47 |
| 070301 | C03 | 87 |
| 070301 | C04 | 93 |

## 3.4.2　单表查询

查询（Select）语句是数据库操作中最基本和最重要的语句之一，其功能是从数据库中检索满足条件的数据。查询的数据源可以来自一张表，也可以来自多张表甚至来自视图，查询的结果是由 0 行（没有满足条件的数据）或多行记录组成的一个记录集合，并允许选择一个或多个字段作为输出字段。SELECT 语句还可以对查询的结果进行排序、汇总等。

查询语句的基本结构可描述为

```
SELECT <目标列名序列>
FROM <表名> [JOIN <表名> ON <连接条件>]
[WHERE <行选择条件>]
[ GROUP BY <分组依据列>] [HAVING <组选择条件>]   [ORDER BY <排序依据列>]
```

其中：

- SELECT 子句用于指定输出的字段。

- FROM 子句用于指定数据的来源。
- WHERE 子句用于指定数据的行选择条件。
- GROUP BY 子句用于对检索到的记录进行分组。
- HAVING 子句用于指定分组后结果的选择条件。
- ORDER BY 子句用于对查询的结果进行排序。

在这些子句中，SELECT 子句是必需的，其他子句都是可选的。

**1．选择表中若干列**

选择表中若干列的操作类似于关系代数中的投影运算。

1）查询指定的列

在很多情况下，用户可能只对表中的一部分属性列感兴趣，这时可通过在 SELECT 子句的<目标列名序列>中指定要查询的列来实现。

例 3.8 查询全体学生的学号与姓名。

```
select sno,sname
from student
```

查询结果如图 3-2 所示。

2）查询全部列

如果要查询表中的全部列，可以使用两种方法：一种是在<目标列名序列>中列出所有的列名；另一种是如果列的显示顺序与其在表中定义的顺序相同，则可以简单地在<目标列名序列>中写星号"*"。

例 3.9 查询全体学生的全部信息。

```
select sno,sname,ssex,sbirthday,sdept,memo
from student
```

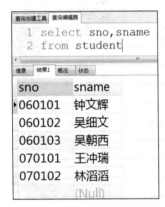

图 3-2　例 3.8 的查询结果

等价于：

```
select * from student
```

查询结果如图 3-3 所示。

3）查询表中没有的列

SELECT 子句中的<目标列名序列>可以是表中存在的属性列，也可以是表达式、常量或者函数。

例 3.10 含表达式的列：查询全体学生的姓名及年龄。

在 Student 表中只记录了学生的出生日期，而没有记录学生的年龄，但可以经过计算得到年龄，即用当前年减去出生年份，得到年龄。实现此功能的查询语句为

```
select sname,year(now())-year(sbirthday)
from student
```

查询结果如图 3-4 所示。

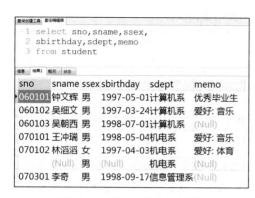

图 3-3 例 3.9 的查询结果 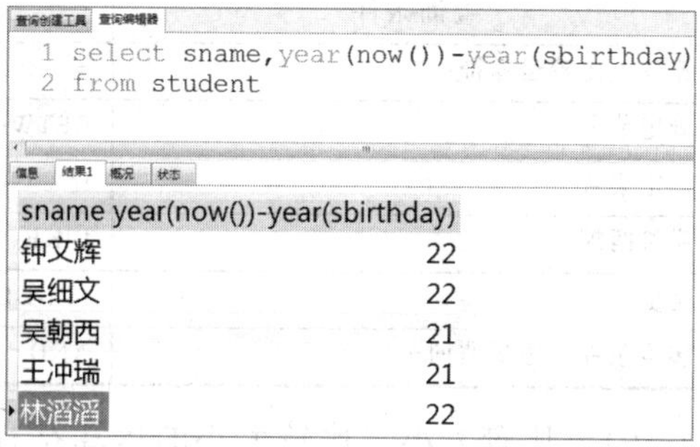　　　　　图 3-4 例 3.10 的查询结果

从图 3-9 可知, 当选择表中没有的内容 (即为表达式、常量或者函数) 时, 表头显示为表达式, 为了提高其可读性, 可以在 select 子句中给每个列取别名。指定别名的语法格式为

列名|表达式 [AS] 列别名

其中, 列别名 = 列名 | 表达式。

例 3.11 查询全体学生的姓名、年龄、字符串 "今年是" 以及今年的年份。

在 Student 表中只记录了学生的出生日期, 而没有记录学生的年龄, 但可以经过计算得到年龄, 即用当前年减去出生年份, 得到年龄。实现此功能的查询语句为:

```
select sname 姓名,year(now())-year(sbirthday) 年龄,
'今年是' 今年是,year(now()) 年份
from student
```

查询结果如图 3-5 所示。

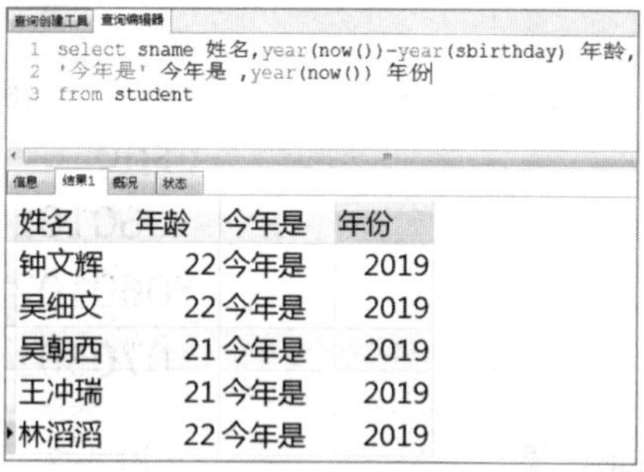

图 3-5 例 3.11 的查询结果

**2. 选择表中若干行**

查询中除了可通过投影运算来选择若干列外, 也可通过选择运算来把用户感兴趣的行找出来, 这时就需要在查询语句中添加 WHERE 子句。

1) 查询满足条件的元组

查询满足条件的元组的操作类似于关系代数中的选择运算, 在 SQL 语句中是通过 WHERE 子句实现的, WHERE 子句常用的查询条件如表 3-13 所示。

表 3-13　WHERE 子句常用的查询条件

| 查询条件 | 谓　词 |
| --- | --- |
| 比较（比较运算符） | = 、> 、> = 、< = 、<、<>、! = |
| 确定范围 | BETWEEN AND、NOT BETWEEN AND |
| 确定集合 | IN、NOT IN |
| 字符匹配 | LIKE、NOT LIKE |
| 空值 | IS NULL、IS NOT NULL |
| 多重条件（逻辑谓词） | AND、OR |

（1）比较大小。比较大小的运算符有 = 、> 、> = 、< = 、<、<>、! = 。

**例 3.12** 查询计算机系全体学生的姓名。

```
select sname
from student
where sdept='计算机系'
```

查询结果如图 3-6 所示。

**例 3.13** 查询考试成绩大于 90 的学生学号、课程号和成绩。

```
select sno,cno,grade
from sc
where grade>90
```

查询结果如图 3-7 所示。

图 3-6　例 3.12 的查询结果

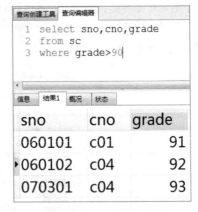

图 3-7　例 3.13 的查询结果

（2）确定范围。BETWEEN AND 和 NOT BETWEEN AND 运算符可用于查找属性值在（或不在）指定范围内的元组，其中 BETWEEN 后边指定范围的下限，AND 后边指定范围的上限。BETWEEN AND 的语法格式为：

列名 | 表达式 [NOT] BETWEEN 下限值 AND 上限值

BETWEEN AND 中列名或表达式的数据类型要与下限值或上限值的数据类型相同。

"BETWEEN 下限值 AND 上限值"的含义是：如果列或表达式的值在下限值和上限值范围内（包括边界值），则结果为 True，表明此记录符合查询条件。

"NOT BETWEEN 下限值 AND 上限值"的含义是：如果列或表达式的值不在下限值和上限值范围内（不包括边界值），则结果为 True，表明此记录符合查询条件。

**例 3.14** 查询学分在 2~3 之间的课程的课程名称、学分和开课学期。

```
select cname,credit,semester
from course
where credit between 2 and 3
```

此句等价于

```
select cname,credit,semester
from course
where credit>=2 and credit<=3
```

查询结果如图 3-8 所示。

**例 3.15** 查询学分不在 2~3 之间的课程的课程名称、学分和开课学期。

```
select cname,credit,semester
from course
where credit not between 2 and 3
```

此句等价于

```
select cname,credit,semester
from course
where credit<2 or credit>3
```

查询结果如图 3-9 所示。

图 3-8　例 3.14 的查询结果　　　　　图 3-9　例 3.15 的查询结果

对于日期类型的数据也可以使用基于范围的查找。

**例 3.16** 查询出生在 1997 年的学生的全部信息。

```
select *
from student
where sbirthday BETWEEN '1997-01-01' and '1997-12-31'
```

查询结果如图 3-10 所示。

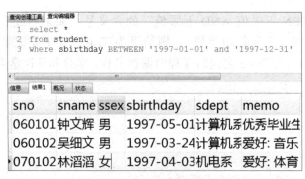

图 3-10　例 3.16 的查询结果

（3）确定集合。IN 运算符可用于查找属性值在指定集合范围内的元组。IN 的语法格式为

列名 [NOT ] IN(常量1,常量2,常量n)

IN 运算符的含义为：当列中的值与集合中的某个常量值相等时，则结果为 True，表明此记录为符合查询条件的记录。

NOT IN 运算符的含义正好相反：当列中的值与集合中的某个常量值相等时，结果为 False，表明此记录为不符合查询条件的记录。

**例 3.17** 查询"计算机系"和"机电系"学生的学号、姓名和所在系。

```
select sno,sname,sdept
from student
    where sdept in ('计算机系','机电系')
```

查询结果如图 3-11 所示。

**例 3.18** 查询不是"计算机系"和"机电系"学生的学号、姓名和所在系。

```
select sno,sname,sdept
from student
where sdept not in ('计算机系','机电系')
```

查询结果如图 3-12 所示。

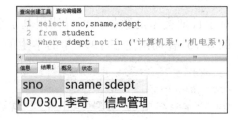

图 3-11　例 3.17 的查询结果　　　　图 3-12　例 3.18 的查询结果

（4）字符串匹配。like 运算符用于查找指定列中与匹配串常量匹配的元组。匹配

串是一种特殊的字符串，其特殊之处在于它不仅可以包含普通字符，还可以包含通配符，通配符用于表示任意的字符或字符串，在实际应用中，如果需要从数据库中检索数据，但又不能给出准确的字符查询条件时，就可以使用 like 运算符和通配符来实现模糊查询，在 like 运算符前边也可以使用 NOT，表示对结果取反。

like 运算符的一般语法格式为：

```
列名 [NOT] like <匹配串>
```

匹配串中可以包含如下四种通配符：

_ （下画线）：匹配任意一个字符。

%（百分号）：匹配 0 到多个字符。

方括号[ ]：指定一个字符、字符串或范围，要求所匹配对象为它们中的任一个。

方括号[^]或者[!]：其取值与[ ]相同，但它要求所匹配对象为指定字符以外的任一个字符。

**例 3.19** 查询姓"李"的学生的学号、姓名和所在系。

```
select sno,sname,sdept
from student
where sname like '李%'
```

查询结果如图 3-13 所示。

**例 3.20** 查询姓名中第二个字是"冲"的学生的学号、姓名和所在系。

```
select sno,sname,sdept
from student
where sname like '_冲%'
```

查询结果如图 3-14 所示。

图 3-13 例 3.19 的查询结果

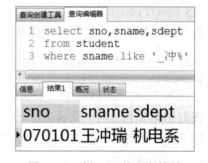

图 3-14 例 3.20 的查询结果

**例 3.21** 查询学号的最后一位不是"2"或"3"的学生的学号、姓名和所在系。

```
select sno,sname,sdept
from student
    where sno not like '%2' and sno not like '%3'
```

查询结果如图 3-15 所示。

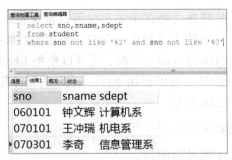

图 3-15    例 3.21 的查询结果

如果要查找的字符串正好含有通配符，比如下画线或百分号，就需要使用一个特殊子句来告诉数据库管理系统这里的下画线或百分号是一个普通的字符，而不是一个通配符，这个特殊的符号就是\。

MySQL 中用\对通配符进行转义。

例如，为查找 field1 字段中包含字符串 "30%" 的记录，可在 WHERE 子句中指定：WHERE field1 LIKE '%30\%%'。

（5）涉及空值的查询。空值（NULL）在数据库中有特殊含义，它表示当前不确定或未知的值。例如，学生选完课程之后，在没有考试之前，这些学生只有选课记录，而没有考试成绩，因此考试成绩就为空值。

由于空值是不确定的值，因此判断某个值是否为 NULL，不能使用比较运算符，只能使用专门的判断 NULL 值的子句来完成，而且，NULL 不能与确定的值进行比较。例如，下述查询条件：

```
WHERE Grade<60
```

不会返回没有考试成绩（考试成绩为空值）的数据。判断列取值是否为空的表达式为列名  IS [ NOT] NULL。

**例 3.22** 查询还没有考试的学生的学号、相应的课程号和成绩。

```
select sno,cno,grade
from sc
    where grade is null
```

查询结果如图 3-16 所示。

**例 3.23** 查询有备注的学生的学号、姓名、所在系和备注。

```
select sno,sname,sdept,memo
from student
    where memo is not null
```

查询结果如图 3-17 所示。

（6）多重条件查询。当需要多个查询条件时，可以在 WHERE 子句中使用逻辑运算符 AND 和 OR 来组成多条件查询。

**例 3.24** 查询"机电系"有备注的学生的学号、姓名、所在系和备注。

```
查询创建工具  查询编辑器
1 select sno,cno,grade
2 from sc
3 where grade is null
```

| sno | cno | grade |
|---|---|---|
| ▶060101 | | (Null) |
| 060101 | c05 | (Null) |
| | c02 | (Null) |
| 070101 | c05 | (Null) |

图 3-16　例 3.22 的查询结果

```
查询创建工具  查询编辑器
1 select sno,sname,sdept,memo
2 from student
3 where memo is not null
4
```

| sno | sname | sdept | memo |
|---|---|---|---|
| ▶060101 | 钟文辉 | 计算机系 | 优秀毕业 |
| 060102 | 吴细文 | 计算机系 | 爱好:音乐 |
| 070101 | 王冲瑞 | 机电系 | 爱好:音乐 |
| 070102 | 林滔滔 | 机电系 | 爱好:体育 |

图 3-17　例 3.23 的查询结果

```
select sno,sname,sdept,memo
from student
where memo is not null
and sdept='机电系'
```

查询结果如图 3-18 所示。

**例 3.25**　查询"机电系"和"计算机系"1997 年出生的学生的学号、姓名、所在系和出生日期。

```
select sno,sname,sdept,sbirthday
from student
where sdept in('机电系','计算机系')
and sbirthday BETWEEN '1997-01-01' and '1997-12-31'
```

查询结果如图 3-19 所示。

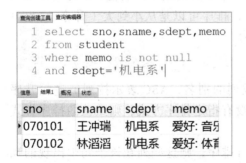

图 3-18　例 3.24 的查询结果

```
查询创建工具  查询编辑器
1 select sno,sname,sdept,sbirthday
2 from student
3 where sdept in('机电系','计算机系')
4 and sbirthday BETWEEN '1997-01-01'
5 and '1997-12-31'
```

| sno | sname | sdept | sbirthday |
|---|---|---|---|
| ▶060101 | 钟文辉 | 计算机系 | 1997-05-01 |
| 060102 | 吴细文 | 计算机系 | 1997-03-24 |
| 070102 | 林滔滔 | 机电系 | 1997-04-03 |

图 3-19　例 3.25 的查询结果

**注意**：OR 运算符的优先级小于 AND，要改变运算的顺序可以通过加括号的方式实现，此题若改为下面这种写法也是一样的效果：

```
select sno,sname,sdept,sbirthday
from student
```

```
where(sdept='机电系' or sdept='计算机系')
and sbirthday BETWEEN '1997-01-01'
    and '1997-12-31'
```

2）消除取值相同的行

本来在数据库的关系表中并不存在取值全部相同的元组，但在进行了对列的选择后，就有可能在查询结果中出现取值完全相同的行，取值相同的行在结果中是没有意义的，因此应删除这些行。

例 3.26 查询有考试挂科的学生的学号。

```
select distinct sno
from sc
where grade<60
```

查询结果如图 3-20 所示。

（a）不使用 DISTINCT 的结果

（b）使用 DISTINCT 的结果

图 3-20 例 3.26 的查询结果

### 3．对查询结果进行排序

有时希望查询的结果能按一定顺序显示出来，比如按考试成绩从高到低排列学生考试情况。ORDER BY 子句具有按用户指定的列排序查询结果的功能，而且查询结果可以按一个列排序，也可以按多个列进行排序，排序可以是从小到大（升序），也可以是从大到小（降序），排序子句的语法格式为

```
ORDER BY <列名> [ASC | DESC]  [,n]
```

其中，<列名>为排序的依据列，可以是列名或列的别名，ASC 表示按列值进行升序排序，DESC 表示按列值进行降序排序。如果没有指定排序方式，则默认的排序方式为 ASC。

如果在 ORDER BY 子句中使用多个列进行排序，则这些列在该子句中出现的顺序决定了对结果集进行排序的方式，当指定多个排序依据列时，系统首先按排在第一位的列值进行排序，如果排序后存在两个或两个以上列值相同的记录，则对值相同的记录再依据排在第二位的列值进行排序，依此类推。

例 3.27 将"C01"号课程的成绩按升序排列。

```
select cno,grade
from sc
where cno='c01'
order by grade
```

查询结果如图 3-21 所示。

**例 3.28** 将"060101"号学生的成绩按降序排列。

```
select cno,grade
from sc
where sno='060101'
order by grade desc
```

查询结果如图 3-22 所示。

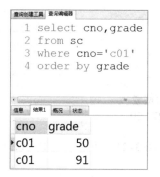

图 3-21 例 3.27 的查询结果

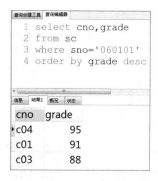

图 3-22 例 3.28 的查询结果

**注意**: 上例中分数值为空的选项将不会参与到排序结果中来。若想把空值也取进来，需要用到 isnull()函数和 if 语句。语句如下:

```
select cno,if(ISNULL(grade),0,grade) as grade
from sc
where sno='060101'
order by grade desc
```

**4. 使用聚合函数进行统计**

聚合函数又称统计函数，其作用是对一组值进行计算并返回一个统计结果，SQL 提供的统计函数包括:

COUNT (*): 统计表中元组的个数。

COUNT ( [DISTINCT] <列名>): 统计本列的列值个数，DISTINCT 选项表示去掉列的重复值后再统计。

SUM (<列名>): 计算列值的和值（必须是数值型列）。

AVG (<列名>): 计算列值的平均值（必须是数值型列）。

MAX (<列名>): 得到列值的最大值。

MIN (<列名>): 得到列值的最小值。

上述函数中除 COUNT (*)外，其他函数在计算过程中均忽略 NULL 值。

统计函数的计算范围可以是满足 WHERE 子句条件的记录，也可以对满足条件的组进行计算。

例 3.29 统计学生总人数。

```
select count(*) 学生总人数
from student
```

查询结果如图 3-23 所示。

例 3.30 统计学生"060101"的总成绩。

```
select sum(grade) 总成绩
from sc
where sno='060101'
```

查询结果如图 3-24 所示。

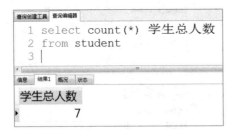

图 3-23 例 3.29 的查询结果

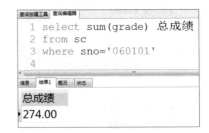

图 3-24 例 3.30 的查询结果

例 3.31 统计学生"060101"的平均成绩。

```
select avg(grade) 平均成绩
from sc
where sno='060101'
```

查询结果如图 3-25 所示。

若想结果保留两位小数，则 SQL 代码可写为

```
select round(avg(grade),2) 平均成绩
from sc
where sno='060101'
```

注意：从执行结果可以看到，在计算平均成绩时 NULL 值没有参数计算，是用总分 274 除以 3 而不是除以 4，同时这里返回的平均成绩是浮点数 91.333333，而不是保留两位小数。若想实现保留两位小数则需要使用 round()函数。

例 3.32 统计课程"C01"的最高分数和最低分数。

```
select max(grade) 最高分,min(grade) 最低分
from sc
where cno='c01'
```

查询结果如图3-26所示。

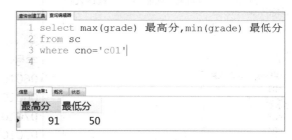

图 3-25 例 3.31 的查询结果　　　　　　图 3-26 例 3.32 的查询结果

### 5. 对数据进行分组

在实际应用中，有时需要对数据进行更细致的统计，比如，统计每个学生的平均成绩、每个系的学生人数、每门课程的考试平均成绩等，这时就需要对数据先进行分组，如将一个系的学生分为一组，然后再对每个组进行统计。GROUP BY 子句提供了对数据进行分组的功能。使用 GROUP BY 子句可将统计控制在组这一级，分组的目的是细化聚合函数的作用对象，可以一次用多个列进行分组。

HAVING 子句用于对分组后的统计结果再进行筛选，它一般与 GROUP BY 子句一起使用，这两个子句的一般形式为

```
GROUP BY <分组依据列> [ , n ] [ HAVING <组提取条件>]
```

1）使用 GROUP BY 子句

**例 3.33** 统计每门课程的选课人数，列出课程号和选课人数。

```
select cno 课程号,count(sno) 选课人数
from sc
group by cno
```

该语句首先对 SC 表的数据按 Cno 的值进行分组，所有具有相同 Cno 值的元组归为一组，然后再对每一组使用 COUNT()函数进行计算，求出每组的学生人数，查询结果如图3-27所示。

**例 3.34** 统计每个学生的选课门数并统计此学生所选各门课程的平均分。

```
select sno 学号,count(cno) 选课门数,avg(grade) 平均分
from sc
group by sno
```

该语句首先对 SC 表的数据按 Sno 的值进行分组，所有具有相同 Sno 值的元组归为一组，然后再对每一组使用 COUNT()函数进行计算，求出每组的课程门数和每组分数的平均成绩，查询结果如图3-28所示。

**注意**：带有 GROUP BY 子句的 SELECT 语句的查询列表中只能出现分组依据列和聚合函数，因为每组中除了这两类值相同外，其余属性的值可能不唯一。

**例 3.35** 统计每个系的男生人数和女生人数，结果按系名的升序排序。

**分析**：这个查询首先应该按"所在系"进行分组，然后在每个系组中再按"性别"分组，从而将每个系每个性别的学生聚集到一个组中，最后再对最终的分组结果进行统计。

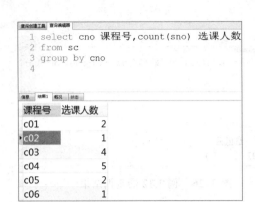

图 3-27　例 3.33 的查询结果　　　　图 3-28　例 3.34 的查询结果

**注意**：当有多个分组依据列时，统计是以最小组为单位进行的。

当对汉字进行排序时，如果汉字采用的是 GBK 字符集，则直接在查询语句后面添加 order by name asc；查询结果按照字母表升序排序；如果汉字采用的是 utf8 字符集，需要在排序时对字段进行转码，转码代码是 order by convert(name using gbk);。也可按字母表升序排序。此例中采用 utf8 字符集，所以需要转码。

```
select sdept,ssex,count(*) 人数
from student
group by sdept,ssex
order by convert(sdept using gbk);
```

查询结果如图 3-29 所示。

2）使用 WHERE 子句的分组

**例 3.36** 统计每个系的男生人数。

```
select sdept,count(*) 男生人数
from student
where ssex='男'
group by sdept
```

查询结果如图 3-30 所示。

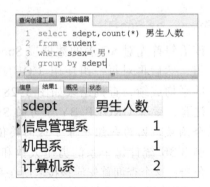

图 3-29　例 3.35 的查询结果　　　　图 3-30　例 3.36 的查询结果

注意：带有 WHERE 子句的分组查询是先执行 WHERE 子句的选择，得到结果后再进行分组统计。

3）使用 HAVING 子句

HAVING 子句用于对分组后的统计结果再进行筛选。它的功能有点像 WHERE 子句，但它用于组而不是单个记录。在 HAVING 子句中可以使用聚合函数，但在 WHERE 子句中则不能。

例 3.37　查询选课门数超过 3 门的学生的学号和选课门数。

```
select sno,count(*) 选课门数
from sc
group by sno
having count(*)>3
```

查询结果如图 3-31 所示。

此语句的处理过程为：先执行 GROUP BY 子句对 SC 表数据按 Sno 进行分组，然后再用聚合函数 COUNT 分别对每一组进行统计，最后筛选出统计结果大于 3 的组。

正确地理解 WHERE、GROUP BY、HAVING 子句的作用及执行顺序，对编写正确、高效的查询语句很有帮助。

WHERE 子句用来筛选 FROM 子句中指定的数据源所产生的行数据。

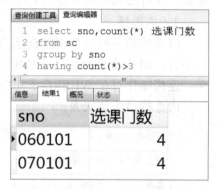

图 3-31　例 3.37 的查询结果

GROUP BY 子句用来对经 WHERE 子句筛选后的结果数据进行分组。

HAVING 子句用来对分组后的统计结果再进行筛选。

对于可以在分组操作之前应用的筛选条件，在 WHERE 子句中指定它们更有效，这样可以减少参与分组的数据行。应当在 HAVING 子句中指定的筛选条件应该是那些必须在执行分组操作之后应用的筛选条件。

一般的数据库管理系统的查询优化器可以处理这些条件中的大多数，如果查询优化器确定 HAVING 搜索条件可以在分组操作之前应用，那么它就会在分组之前应用，查询优化器可能无法识别所有可以在分组操作之前应用的 HAVING 搜索条件，因此，建议将所有应该在分组之前进行的搜索条件放在 WHERE 子句中而不是 HAVING 子句中。

例 3.38　查询"计算机系"和"机电系"每个系的学生人数，可以有两种写法。

第一种：

```
select sdept,count(*)
from student
group by sdept
having sdept in('计算机系','机电系')
```

第二种：

```
select sdept,count(*)
from student
where sdept in('计算机系','机电系')
group by sdept
```

第二种写法比第一种写法执行效率高，因为参与分组的数据比较少。

### 3.4.3 多表连接查询

上一节详细讨论了数据自一个表的各种查询，但在实际应用中，数据多来自不同的表，此时就需要使用多表连接查询，连接查询是关系数据库中最常用的查询。连接查询主要包括内连接、左外连接、右外连接、全外连接和交叉连接等。本书只介绍内连接、左外连接和右外连接；全外连接和交叉连接在实际应用中很少使用。

**1. 内连接**

内连接是一种最常用的连接类型。使用内连接时，如果两个表的相关字段满足连接条件，则从这两个表中提取数据并组合成新的记录。

连接操作写在 WHERE 子句中，即在 WHERE 子句中指定连接条件。

内连接语法格式为：

```
FROM 表 1,表 2   WHERE   <连接条件>
```

<连接条件>的一般格式为：

```
[<表名 1> ]  <列名 1> <比较运算符> [<表名 2> ]  <列名 2>
```

在<连接条件>中指明两个表按什么条件进行连接,<连接条件>中的比较运算符称为连接谓词。

**注意**：<连接条件>中用于进行比较的列必须是可比的，即必须是语义相同的列，当比较运算符为等号（=）时，称为等值连接。使用其他运算符的连接称为非等值连接，这同关系代数中的等值连接和 θ 连接的含义是一样的。

从概念上讲，DBMS 执行连接操作的过程是：首先取表 1 中的第 1 个元组，然后从头开始扫描表 2，逐一查找满足连接条件的元组，找到后就将表 1 中的第 1 个元组与表 2 中的该元组拼接起来，形成结果表中的一个元组。表 2 全部查找完毕后，再取表 1 中的第 2 个元组，然后再从头开始扫描表 2，逐一查找满足连接条件的元组，找到后就将表 1 中的第 2 个元组与表 2 中的该元组拼接起来，形成结果表中的另一个元组。重复这个过程，直到表 1 中的全部元组都处理完毕。

**例 3.39** 查询每个学生及其选课的详细情况。

```
select student.*,sc.*
from student,sc
where student.sno=sc.sno
```

查询结果如图 3-32 所示。

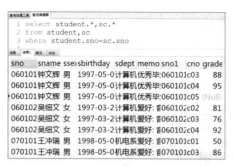

图 3-32 例 3.39 的查询结果

从图 3-39 可以看到，两个表的连接结果中包含了两个表的全部列，Sno 列有两个：一个来自 Student 表，一个来自 SC 表，这两个列的值是完全相同的（因为这里的连接条件就是 Student Sno = SC.Sno），因此，在使用多表连接查询语句时一般要将这些重复的列去掉，方法是在 SELECT 子句中直接写所需要的列名，而不是写"*"。另外，由于进行多表连接之后，在连接生成的表中可能存在列名相同的列，因此，为了明确需要的是哪个列，可以在列名前添加表名前缀限制，其格式如下：

```
表名.列名
```

例 3.39 中，在 select 子句中对 Sno 列就加上了表名前缀限制。

从上例结果还可以看到，当使用多表连接时，在 SELECT 子句部分可以包含来自两个表的全部列，在 WHERE 子句部分也可以使用来自两个表的全部列，因此，根据要查询的列以及数据的选择条件涉及的列可以确定这些列所在的表，从而也就确定了进行连接操作的表。

**例 3.40** 查询每个学生及其选课的详细，要求去掉重复的列。

```
select s.sno,sname,ssex,sbirthday,sdept,memo,cno,grade
from student s,sc
where s.sno=sc.sno
```

查询结果如图 3-33 所示。

说明：在此例的 SQL 语句中给 Student 表取了个别名 S，这样在显示属性的前缀和连接条件的前缀中就要使用这个别名，可以简化 SQL 语句的书写。但要注意，如果为表指定了别名，在查询语句中的其他地方，所有用到该表名的地方都必须使用别名，而不能再使用原表名。

**例 3.41** 查询"计算机系"选修了"数据库原理"课程的学生成绩单，成绩单包含姓名、课程名称、成绩信息。

此例中涉及的数据来自三个表。可先用两个表连接，再和第三个表连接的方式进行处理。

```
select sname,cname,grade
from student s,sc,course
where s.sno=sc.sno
and sc.cno=course.cno
and sdept='计算机系'
and cname='数据库原理'
```

查询结果如图 3-34 所示。

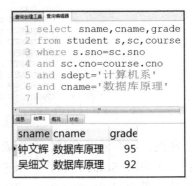

图 3-33　例 3.40 的查询结果　　　　图 3-34　例 3.41 的查询结果

**例 3.42** 查询选修了"数据库原理"课程的学生姓名和所在系。

此例中涉及的数据来自 Course 表和 Student 表，但因这两个表本身没有关联，在连接操作时需要利用 SC 表关联。

```
select sname,sdept
from student,sc,course
where student.sno=sc.sno
and sc.cno=course.cno
and cname='数据库原理'
```

查询结果如图 3-35 所示。

**例 3.43** 统计每个系的学生的平均成绩。

此例中涉及的数据来自 SC 表和 Student 表，而且是做分组统计，可以这样认为，当把 SC 表和 Student 表连接起来后，它就成了一个新表，接下来的分组统计就和基于单表的分组统计处理方式类似。

```
select sdept,avg(grade) 系平均成绩
from student s,sc,course
where s.sno=sc.sno
and sc.cno=course.cno
group by sdept
```

查询结果如图 3-36 所示。

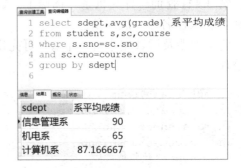

图 3-35　表例 3.42 的查询结果　　　　图 3-36　例 3.43 的查询结果

例 3.44 统计"计算机系"学生中每门课程的选课人数、平均成绩、最高成绩和最低成绩。

```
select cno,count(*) 选课人数,
avg(grade) 平均分,max(grade) 最高分,
min(grade)最低分
from student s,sc
where s.sno=sc.sno
and s.sdept='计算机系'
group by cno
```

查询结果如图 3-37 所示。

说明:在此例中既有多表连接,也有行选择,还有分组统计,其逻辑执行顺序可理解为:

(1)首先执行"s.sno=sc.sno"子句,形成一张包含两个表的全部列的数据表。

(2)然后在步骤①产生的表中执行"where s.sdept = '计算机系'"子句,形成只包含计算机系学生的表。

(3)对步骤②的表执行"group by cno"子句,将课程号相同的数据归为一组。

(4)对步骤③产生的每一组执行全部统计函数"COUNT (*)选课人数,AVG (Grade)平均成绩,MAX (Grade)最高分,MIN (Grade)最低分",每组产生一行数据,每个课程号为一组。

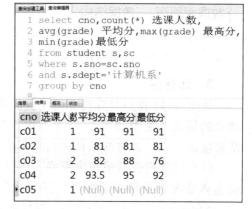

图 3-37 例 3.44 的查询结果

(5)执行 SELECT 子句,形成最终的查询结果。

**2.自连接**

自连接是一种特殊的内连接,它是指相互连接的表在物理上为同一张表,但在逻辑上将其看成是两张表。要让物理上的一张表在逻辑上成为两个表,必须通过为表取别名的方法。

例 3.45 查询课程"数据库原理"的先修课程名。

```
select c1.cname 课程名,c2.cname 先修课程名
from course c1,course c2
where c1.precno=c2.cno
and c1.cname='数据库原理'
```

查询结果如图 3-38 所示。

例 3.46 查询与"钟文辉"在同一个系学习的学生的姓名和所在系。

```
select s1.sname,s1.sdept
from student s2,student s1
where s2.sname='钟文辉'
and s2.sdept=s1.sdept
```

查询结果如图 3-39 所示。

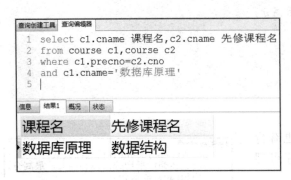

图 3-38  例 3.45 的查询结果

图 3-39  例 3.46 的查询结果

### 3. 外连接

从图 3-42 我们只看到 5 门课程的选课人数和成绩统计，而在 Course 表中有 7 门课程的信息（见表 3-7），可见在内连接操作中，只有满足连接条件的元组才能作为结果输出，没有被选的课程的信息不会出现在结果中。

但有时我们也希望输出那些不满足连接条件的元组的信息，比如查看全部课程的被选修情况，包括有学生选的课程和没有学生选的课程。如果用内连接实现（通过 SC 表和 Course 表的内连接），则只能找到有学生选的课程，因为内连接的结果首先是要满足连接条件 "sc. cno = course.cno"，对于在 Course 表中有的课程号，但在 SC 表中没出现的课程号（代表没有人选），就不满足 "sc.cno = course.cno" 条件，因此这些课程也不会出现在内连接结果中，这种情况就需要通过外连接来实现。

外连接是只限制一张表中的数据必须满足连接条件，而另一张表中的数据不必满足连接条件。外连接分为左外连接和右外连接两种。

外连接的语法格式为：

FROM 表 1 LEFT│RIGHT [OUTER] JOIN 表 2 ON <连接条件>

LEFT [ OUTER]  JOIN 称为左外连接，RIGHT [ OUTER]  JOIN 称为右外连接。

左外连接的含义是限制 "表 2" 中的数据必须满足连接条件，而不管 "表 1" 中的数据是否满足连接条件，均输出 "表 1" 中的内容。

右外连接的含义是限制 "表 1" 中的数据必须满足连接条件，而不管 "表 2" 中的数据是否满足连接条件，均输出 "表 2" 中的内容。

例 3.47 查询 "计算机系" 全体学生的选课情况（学号、姓名、所有系、课程编号），要求包括没有选课学生的信息。

```
select s.sno,sname,sdept,sc.cno
from student s
LEFT JOIN sc
on s.sno=sc.sno
where sdept='计算机系'
```

查询结果如图 3-40 所示。

**例 3.48** 查询没有人选的课程的课程名。

如果某门课程没有人选,必定是在 Course 表中出现的课程,但在 SC 表中没出现的课程。即在进行外连接时,没有人选的课程对应在 SC 表中相应的 Sno、Cno 或 Grade 列上必定是空值,因此在查询时只要在连接后的结果中选出 SC 表中 Sno 为空或者 Cno 为空的记录即可。

```
select cname,sno
from course c
LEFT JOIN sc
on c.cno=sc.cno
where sc.cno is null
```

查询结果如图 3-41 所示。

图 3-40　例 3.47 的查询结果　　　图 3-41　例 3.48 的查询结果

**例 3.49** 统计"计算机系"每个学生的选课门数,应包含没有选课的学生。

```
select s.sno 学号,count(sc.cno) 选课门数
from student s
LEFT JOIN sc
on s.sno=sc.sno
where sdept='计算机系'
group by s.sno
```

查询结果如图 3-42 所示。

**注意**:在对外连接的结果进行分组、统计等操作时,一定要注意分组依据列和统计列的选择。例 3.48 中,如果按 SC 表的 Sno 进行分组,则对没选课的学生,在连接结果中 SC 表的 Sno 列是 NULL,因此,若按 SC 表的 Sno 进行分组,就会产生一个 NULL 组。

同样对于 COUNT 聚合函数也是一样,如果写成 count(student.sno)或者是 count(*),则对没选课的学生都将返回 1。因为在外连接结果中,student.sno 不会是 NULL,而 count(*)函数本身也不考虑 NULL,它是直接对元组个数进行计数。

**例 3.50** 统计"机电系"选课门数少于 3 门的学生的学号和选课门数,包括没选

课的学生，查询结果按选课门数降序排序。

```
select s.sno,count(sc.cno) 选课门数
from student s
LEFT JOIN sc
on s.sno=sc.sno
where sdept='机电系'
GROUP BY s.sno
HAVING count(sc.cno)<3
order by count(sc.cno)DESC
```

查询结果如图 3-43 所示。

图 3-42　例 3.49 的查询结果　　　　图 3-43　例 3.50 的查询结果

这个语句的逻辑执行顺序如下：

（1）执行连接操作 from student s LEFT JOIN sc on s.sno=sc.sno。

（2）对连接的结果执行 where 子句，筛选出满足条件的数据行。

（3）对步骤（2）筛选出的结果执行 group by 子句，并执行聚合函数。

（4）对步骤（3）产生的分组统计结果执行 HAVING 子句，进一步筛选数据。

（5）对步骤（4）筛选出的结果执行 ORDER BY 子句，对结果进行排序产生最终的查询结果。

外连接通常是在两个表中进行的，但也支持对多张表进行外连接操作，如果是多个表进行外连接，则数据库管理系统是按连接书写的顺序，从左至右进行连接。

**4．limit 的使用**

在使用 SELECT 语句进行查询时，有时只希望列出结果集中的前几行或者中间某几行数据，而不是全部数据。例如，可能希望只列出满足条件的前三条记录，这时就需要使用 limit 子句来限制产生的结果集行数。LIMIT 子句可以被用于强制 SELECT 语句返回指定的记录数。LIMIT 接受一个或两个数字参数。参数必须是一个整数常量。如果给定两个参数，第一个参数指定第一个返回记录行的偏移量，第二个参数指定返回记录行的最大数目。初始记录行的偏移量是 0（而不是 1）。

使用 limit 子句的格式如下：

```
Limit m,n
```

其中，m 表示从第几条记录开始；n 表示返回的记录条数。

若需要查找从第一条记录开始的 n 条记录，则 m 可以省略。

**例 3.51** 查询学生表中前 5 条记录。

```
select *
from student
limit 5;
```

查询结果如图 3-44 所示。

**例 3.52** 查询学生表中从第二条记录开始的两条学生记录。

```
select *
from student
limit 1,2;
```

查询结果如图 3-45 所示。

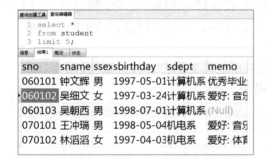

图 3-44 例 3.51 的查询结果

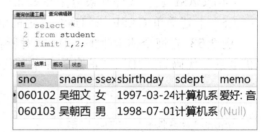

图 3-45 例 3.52 的查询结果

### 3.4.4 CASE 表达式

#### 1. CASE 简述

CASE 表达式是一种多分支的表达式，它可以根据条件列表的值返回多个可能的结果表达式中的一个。

CASE 表达式可用在任何允许使用表达式的地方，不能单独执行。它不是一个完整的 T-SQL 语句，因此 CASE 表达式具有两种格式，即简单 CASE 语句和 CASE 搜索函数。这两种方式，可以实现相同的功能，简单 CASE 表达式的写法相对比较简洁，但是和搜索 CASE 表达式相比，功能方面会有些限制，比如写判断式。

还有一个需要注意的问题，CASE 表达式只返回第一个符合条件的值，剩下的 CASE 表达式部分将会被自动忽略。

1）简单 CASE 语句

简单 CASE 语句将一个测试表达式和一组简单表达式进行比较，如果某个简单表达式与测试表达式的值相等，则返回相应的结果表达式的值。

简单 CASE 函数的语法格式为：

```
case 测试表达式
WHEN 简单表达式 1 THEN 结果表达式 1
```

```
WHEN 简单表达式 2 THEN 结果表达式 2
…
ELSE 结果表达式
END
```

其中，测试表达式可以是一个变量名、字段名、函数或子查询。简单表达式中不能包含比较运算符，它们给出被比较的表达式或值，其数据类型必须与测试表达式的数据类型相同，或者可以隐式转换为测试表达式的数据类型。

CASE 表达式的执行过程如下：

（1）计算测试表达式，然后按从上到下的书写顺序将测试表达式的值与每个 WHEN 子句的简单表达式进行比较。

（2）如果某个简单表达式的值与测试表达式的值匹配（即相等），则返回第一个与之匹配的 WHEN 子句所对应的结果表达式的值。

（3）如果所有简单表达式的值与测试表达式的值都不匹配，若指定了 ELSE 子句，则返回 ELSE 子句中指定的结果表达式的值，若没有指定 ELSE 子句，则返回 NULL。

（4）CASE 表达式经常被应用在 SELECT 语句中，作为不同数据的不同返回值。

（5）上述简单 CASE 语句适合固定的值。

例 3.53 查询全体学生的信息，并对所在系用代码显示："计算机系"代码为"CS"，"机电系"代码为"JD"，"信息管理系"代码为"IM"。

```
select sno,sname,ssex,(
case sdept
when '计算机系' THEN 'CS'
WHEN '机电系' THEN 'JD'
WHEN '信息管理系' THEN 'IM'
END)'所在系'
from student
```

查询结果如图 3-46 所示。

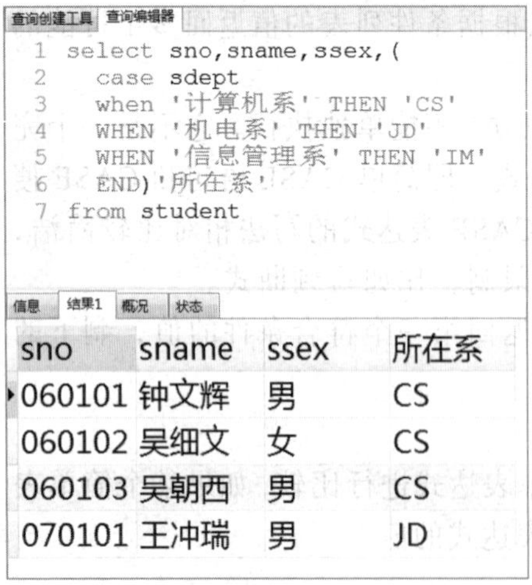

图 3-46 例 3.53 的查询结果

2）CASE 搜索函数

CASE 搜索函数用于表达式与一组不同的值进行匹配。搜索 CASE 表达式的语法格式为：

```
CASE
WHEN 布尔表达式 1 THEN 结果表达式 1
WHEN 布尔表达式 2 THEN 结果表达式 2
…
WHEN 布尔表达式 n THEN 结果表达式 n
ELSE 结果表达式 n+1
END
```

与简单 CASE 表达式比较，搜索 CASE 表达式有如下两个区别：

（1）在 CASE 关键字的后面没有任何表达式。

（2）WHEN 关键字后面是布尔表达式。

搜索 CASE 表达式中的各个 WHEN 子句的布尔表达式可以是由比较运算符、逻辑运算符组合起来的复杂的布尔表达式。

搜索 CASE 表达式的执行过程为：

（1）按从上到下的书写顺序计算每个 WHEN 子句的布尔表达式。

（2）返回第一个取值为 TRUE 的布尔表达式所对应的结果表达式的值。

（3）如果没有取值为 TRUE 的布尔表达式，则当指定 ELSE 子句时，返回 ELSE 子句中指定的结果，如果没有指定 ELSE 子句，则返回 NULL。

例 3.54 统计学生的分数等级，100～90 分为优秀，90～60 分为及格，60～0 分为不及格。

```
select sno,cno,(
  case
    WHEN grade>=90 THEN '优秀'
    WHEN grade>=60 THEN '及格'
    ELSE '不及格'
  END
)'等级'
from sc
order by grade desc
```

查询结果如图 3-47 所示。

### 2. CASE 应用示例

下面通过两个例子，展示 CASE 表达式在复杂查询中的应用。

例 3.55 查询"C04"号课程的考试情况，列出学号和成绩，同时对成绩进行如下处理：

如果成绩大于等于 90，则在查询结果中显示"优"。

如果成绩在 80 到 89 分之间，则在查询结果中显示"良"；如果成绩在 70 到 79 分之间，则在查询结果中显示"中"；如果成绩在 60 到 69 分之间，则在查询结果中显示"及格"；如果成绩小于 60 分，则在查询结果中显示"不及格"。

这个查询需要对成绩进行情况判断，而且是将成绩与一个范围的数值进行比较，因此，需要使用搜索 CASE 表达式实现，具体如下：

```
select sno,grade,
case
  when grade>=90 then '优'
  when grade BETWEEN 80 and 89 then '良'
  when grade BETWEEN 70 and 79 then '中'
  when grade BETWEEN 60 and 69 then '及格'
  when grade<60 then '不及格'
end 等级
from sc
where cno='c04'
```

查询结果如图 3-48 所示。

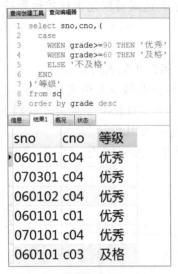

图 3-47    例 3.54 的查询结果　　　　　　图 3-48    例 3.55 的查询结果

例 3.56 统计"计算机系"每个学生的选课门数，包括没有选课的学生，列出学号、选课门数和选课情况，其中对选课情况的处理为：

如果选课门数超过 4 门，则选课情况为"多"。

如果选课门数在 2～4 范围内，则选课情况为"一般"。

如果选课门数少于 2 门，则选课情况为"少"。

如果学生没有选课，则选课情况为"未选"，并将查询结果按选课门数降序排序。

分析：

（1）由于这个查询需要考虑有选课的学生和没有选课的学生，因此，需要用外连接来实现。

（2）需要对选课门数进行情况处理，因此需要用 CASE 表达式。

具体代码如下：

```
select s.sno 学号,count(sc.cno)选课门数,
  CASE
    when count(sc.cno)>3 then '多'
    when count(sc.cno)BETWEEN 2 and 3 then '一般'
        when count(sc.cno)BETWEEN 1 and 2 then '少'
        when count(sc.cno)=0 then '未选'
  end 选课情况
from student s
LEFT JOIN sc
on s.sno=sc.sno
where sdept='计算机系'
group by s.sno
```

查询结果如图 3-49 所示。

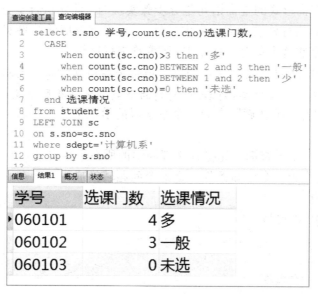

图 3-49 例 3.56 的查询结果

### 3.4.5 子查询

在 SQL 语言中，一个 SELECT FROM WHERE 语句称为一个查询块，如果一个 SELECT 语句嵌套在一个 SELECT、INSERT、UPDATE 或 DELETE 语句中，则称为子查询（subquery）或内层查询，而包含子查询的语句则称为主查询或外层查询。一个子查询也可以嵌套在另一个子查询中，为了与外层查询有所区别，总是把子查询写在圆括号中。与外层查询类似，子查询语句中也必须至少包含 SELECT 子句和 FROM 子句，并根据需要选择使用 WHERE 子句、GROUP BY 子句、HAVING 子句和 ORDER BY 子句。

子查询语句可以出现在任何能够使用表达式的地方，但通常情况下，子查询语句通常是出现在外层查询的 WHERE 子句或 HAVING 子句中，与比较运算符或逻辑运算符一起构成查询条件。

写在 WHERE 子句中的子查询通常有如下几种形式：

（1）WHERE <列名> [ NOT] IN (子查询)。

（2）WHERE <列名>比较运算符(子查询)。

（3）WHERE EXISTS (子查询)。

#### 1. 使用子查询进行基于集合的测试

使用子查询进行基于集合的测试时，通过运算符 IN 或 NOT IN，将一个列的值与子查询返回的结果集进行比较，其通常形式为：

```
WHERE <列名> [NOT] IN (子查询)
```

这与前边讲的在 WHERE 子句中使用 IN 运算符的作用完全相同，使用 IN 运算符时，如果列中的某个值与集合中的某个值相等，则此条件为真；如果列中的某个值与集合中的所有值均不相等，则该条件为假。

包含这种子查询形式的查询语句是分步骤实现的，即先执行子查询，然后利用子查询返回的结果再执行外层查询（先内后外）。子查询返回的结果实际上就是一个集合，外层查询就是在这个集合上使用 IN 运算符进行比较。

注意：在使用 IN 运算符的子查询时，由该子查询返回的结果集中的列的个数、数据类型以及语义必须与外层<列名>中的列的个数、数据类型以及语义相同。

例 3.57 查询与"钟文辉"在同一个系学习的学生学号、姓名、性别、所在系。

分析：

① 可以通过一个子查询，先把钟文辉同学的所在系找出来。

② 然后把它作为一个已知条件，把这个问题转换成为"所在系"在某个集合中的学生的相关信息。

分析①的 SQL 语句为：

```
select sdept
from student
where sname='钟文辉'
```

分析②的 SQL 语句为：

```
select sno,sname,ssex,sdept
from student
where sdept in('***')
```

综合①和②的 SQL 语句得到：

```
select sno,sname,ssex,sdept
from student
where sdept in(
    select sdept
    from student
    where sname='钟文辉'
)
```

查询结果如图 3-50 所示。

说明：该 SQL 语句是先执行括号里面的子查询，然后再执行外层的查询。

**2．使用子查询进行比较测试**

使用子查询进行比较测试时，通过比较运算符（=、<>（或!=）、<、>、<=、<=）将一个列的值与子查询返回的结果进行比较，如果比较运算的结果为真，则比较测试返回 True。

使用子查询进行比较测试的语法格式为：

```
WHERE <列名> 比较运算符 (子查询)
```

注意：使用子查询进行比较测试时，要求子查询语句必须是返回单值的查询语句。

我们之前曾经提到，聚合函数不能出现在 WHERE 子句中，对于要与聚合函数进行比较的查询，就应该使用进行比较运算符的子查询实现。

同基于集合的子查询一样，用子查询进行比较测试时，也是先执行子查询，然后再根据子查询产生的结果执行外层查询。

图 3-50 例 3.57 的查询结果

例 3.58 查询选了"C04"号课程且成绩高于此课程的平均成绩的学生的学号和该门课程成绩。

分析：

① 可以通过一个子查询，先把"C04"号课程的平均成绩找出来。

② 然后把它作为一个已知条件，把这个问题转换成为选了"C04"号课程且成绩高于某个值的学生的学号和成绩。

分析①的 SQL 语句为：

```
select avg(grade)
from sc
where cno='c04'
```

分析②的 SQL 语句为：

```
select sno,grade
from sc
where cno='c04'
and grade ***
```

综合①和②的 SQL 语句得到：

```
select sno,grade
from sc
where cno='c04'
and grade>
(
    select avg(grade)
    from sc
    where cno='c04'
)
```

查询结果如图 3-51 所示。

图 3-51 例 3.58 查询结果

### 3. 带有 ANY 或 ALL 的子查询

当子查询返回多个值时，可以使用带有 ANY 或 ALL 的子查询，它们具体的含义如表 3-15 所示。

表 3-15　ANY 和 ALL 的含义

| 运算符 | 含　义 |
| --- | --- |
| >ANY | 大于子查询结果中的某个值 |
| <ANY | 小于子查询结果中的某个值 |
| >=ANY | 大于或等于子查询结果中的某个值 |
| <=ANY | 小于或等于子查询结果中的某个值 |
| =ANY | 等于子查询结果中的某个值 |
| != （或<>）ANY | 不等于子查询结果中的某个值 |
| > ALL | 大于子查询结果中的所有值 |
| < ALL | 小于子查询结果中的所有值 |
| >= ALL | 大于或等于子查询结果中的所有值 |
| <= ALL | 小于或等于子查询结果中的所有值 |
| != （或<>）ALL | 不等于子查询结果中的任何一个值 |

例 3.59 查询比"C03"课程成绩都高且选了"C04"课程的学生的学号和成绩。

```
select cno,grade
from sc
where cno='c04'
and grade>ALL(
select grade
from sc
where cno='c03')
```

查询结果如图 3-52 所示。

图 3-52　例 3.59 的查询结果

### 4. 带 EXISTS 谓词的子查询

EXISTS 代表存在量词，使用带 EXISTS 谓词的子查询可以进行存在性测试。其基本使用形式为：

```
WHERE [NOT] EXISTS (子查询)
```

带 EXISTS 谓词的子查询不返回查询的数据，只产生逻辑真值和假值。

EXISTS 的含义是：当子查询中有满足条件的数据时，返回真值，否则返回假值。

NOT EXISTS 的含义是：当子查询中有满足条件的数据时，返回假值，否则返回真值。

例 3.60 查询选了"C04"号课程的学生姓名。

分析：这个查询涉及 Student 表和 SC 表，可用多种方式实现。这里用 EXISTS 形式的子查询实现：

```
select sname
```

```
from student
where exists(
    select *
    from sc
    where sc.sno=student.sno
    and cno='c04'
)
```

查询结果如图 3-53 所示。

带有存在谓词的查询需注意以下问题：

（1）带 EXISTS 谓词的查询是先执行外层查询，然后再执行内层查询，由外层查询的值决定内层查询的结果，内层查询的执行次数由外层查询的结果决定。

图 3-53 例 3.60 的查询结果

上述查询语句的处理过程如下：

① 无条件执行外层查询语句，在外层查询的结果集中取第一行结果，得到 Sno 的一个当前值，然后根据此 Sno 值处理内层查询。

② 将外层的 Sno 值作为已知值执行内层查询，如果在内层查询中有满足其 WHERE 子句条件的记录存在，则 EXISTS 返回一个真值（True），表示在外层查询结果集中的当前行数据为满足要求的一个结果；如果内层查询中不存在满足 WHERE 子句条件的记录，则 EXISTS 返回一个假值（False），表示在外层查询结果集中的当前行数据不是满足要求的结果。

③ 顺序处理外层表 Student 表中的第 2、3、4 行数据，直到处理完所有行。

（2）由于 EXISTS 的子查询只能返回真或假值，因此在子查询中指定列名是没有意义的，所以在有 EXISTS 的子查询中，其目标列名序列通常都用 "*" 表示。

如果子查询的查询条件依赖于父查询，这类子查询称为相关子查询；如果子查询的查询条件不依赖于父查询，这类子查询称为不相关子查询。例 3.60 就是一个相关子查询的例子。

**例 3.61** 查询至少选修了第三学期开设的全部课程的学生姓名。

分析：在此例中，使用了双重否定，最外层查询的含义是找符合条件的学生，中间层查询的含义是找第三学期开设的课程，里层查询的含义是通过外层和中间层传入的学号和课程号，在 SC 表中查看有没有对应的选课记录。

整个 SQL 语句的含义可以这样理解：某个学生，不存在第三学期开设的课程中，他没有选课记录，即为选修了第三学期开设的全部课程的学生。

```
select sname
from student
where not EXISTS(
select *from course
```

```
where semester=3
and not EXISTS(
select *
from  sc
where sc.sno=student.sno
and course.cno=sc.cno)
)
```

查询结果如图 3-54 所示。

### 3.4.6  查询的集合运算

MySQL 只提供了并集（Union），没有提供差集和交集，当使用并集操作进行查询时，参与运算的两个查询分别用括号括起来。

例 3.62 查询"计算机系"和"机电系"的所有学生信息。

分析：除了以上各节中介绍的方法外，也可通过并运算来完成。

```
(select sno,sname,ssex,sdept
from student
where sdept='计算机系') UNION
(select sno,sname,ssex,sdept
from student
where sdept='机电系')
```

查询结果如图 3-55 所示。

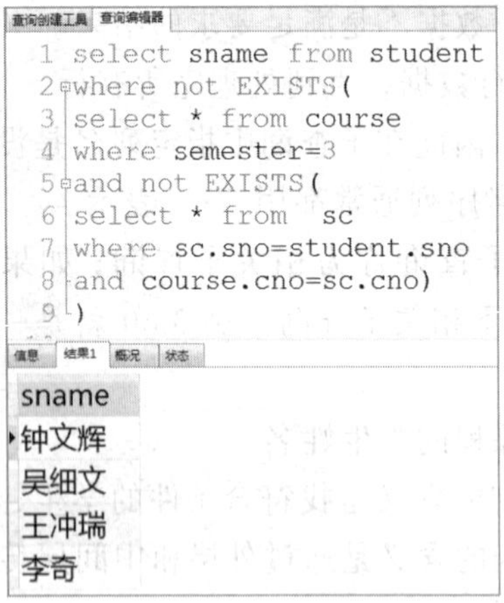

图 3-54  例 3.61 的查询结果

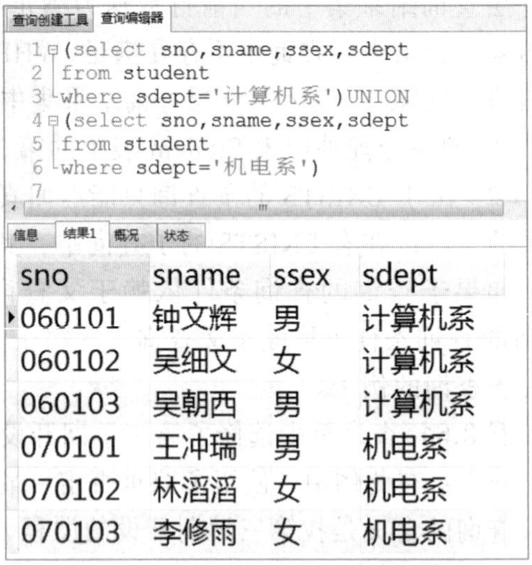

图 3-55  并运算执行结果

## 3.5  视  图

视图（View）是数据库中的一个对象。它是数据库管理系统提供给用户的以多种角度观察数据库中数据的一种重要机制，它对应于三级模式中的外模式，当不同的用户需要基本表中不同的数据时，可以为每类这样的用户建立一个视图，视图中的内容来自于基本表，这些内容可以是某个基本表的部分数据或多个基本表组合的数据。

### 3.5.1 视图概述

在 SQL 中，视图是基于 SQL 语句的结果集的可视化的表。

视图包含行和列，就像一个真实的表。视图中的字段就是来自一个或多个数据库中的真实的表中的字段。我们可以向视图添加 SQL 函数、WHERE 以及 JOIN 语句，我们也可以提交数据，就像这些数据来自于某个单一的表。

它与基本表不同的是，视图是一个虚表，数据库中只存储视图的定义，而不存储视图所包含的数据，这些数据仍存放在原来的基本表中。这种模式有如下两个好处：

（1）视图数据始终与基本表数据保持一致。当基本表中的数据发生变化时，从视图中查询出的数据也会随之变化。因为每次从视图查询数据时，都是执行定义视图的查询语句，即最终都是落实到基本表中查询数据。从这个意义上讲，视图就像一个窗口，透过它可以看到数据库中用户自己感兴趣的数据。

（2）节省存储空间。当数据量非常大时，重复存储数据是非常耗费空间的。视图可以从一个基本表中提取数据，也可以从多个基本表中提取数据，甚至还可以从其他视图中提取数据，构成新的视图。但不管怎样，对视图数据的操作最终都会转换为对基本表的操作，它们之间的关系如图 3-56 所示。

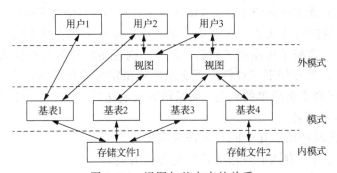

图 3-56 视图与基本表的关系

虽然对视图的操作最终都转换为对基本表的操作，视图看起来似乎没什么用处，但实际上，如果合理地使用视图会带来许多好处：

1）简化数据查询语句

采用视图机制可以使用户将注意力集中在所关心的数据上。如果这些数据来自多个基本表，或者数据一部分来自于基本表，另一部分来自视图，并且所用的搜索条件又比较复杂时，需要编写的 SELECT 语句就会很长，这时通过定义视图就可以简化客户端对数据的查询操作。定义视图可以将表与表之间复杂的连接操作和搜索条件对用户隐藏起来，用户只需简单地对一个视图进行查询即可，这在多次执行相同的数据查询操作时尤为有用。

2）使用户能从多角度看待同一数据

采用视图机制能使不同的用户以不同的方式看待同一数据。当许多不同类型的用户共享同一个数据库时，这种灵活性是非常重要的。

3）提高了数据的安全性

使用视图可以定制用户查看哪些数据并屏蔽敏感数据。比如，不希望员工看到别人的工资，就可以建立一个不包含工资项的职工视图，然后让用户通过视图来访问表中的其他数据，而不授予他们直接访问基本表的权限，这样就在一定程度上提高了数据库数据的安全性。

4）提供了一定程度的逻辑独立性

视图在一定程度上提供了数据的逻辑独立性。因为它对应的是数据库的外模式，而应用程序是基于视图进行编程的话，当我们对数据库的基本表进行重构后，应用程序可以保持不变，我们只需要根据新的基本表，重新定义出和原来一致的视图即可，从而实现了数据的逻辑独立性。

### 3.5.2  视图的定义及使用

定义视图的 SQL 语句为 create view，其一般格式如下：

```
CREATE  VIEW  <视图名> [ (列名 [,n] ) ]
AS
SELECT 语句
```

在定义视图时注意以下几点：

（1）SELECT 语句中通常不包含 ORDER BY 和 DISTINCT 子句。

（2）在定义视图时要么指定视图的全部列名，要么全部省略不写，不能只写视图的部分列名，如果省略了视图的"列名"部分，则视图的列名与查询语句中查询结果显示的列名相同，但在如下三种情况下必须明确指定组成视图的所有列名：

① 某个目标列不是简单的列名，而是函数或表达式，并且在 SELECT 语句中没有为这样的列指定别名。

② 多表连接时选出了几个同名列作为视图的列。

③ 需要在视图中为某个列选用其他更合适的列名。

例 3.63 创建一个包含"计算机系"学生的成绩单视图，视图中应有学生的学号、姓名、课程号、课程名和成绩信息。

首先创建名为 v_grade_cs 的视图，SQL 语句如下：

```
create view v_grade_cs
as
select s.sno,sname,c.cno,
c.cname,grade
from student s,sc,course c
where s.sno=sc.sno
and c.cno=sc.cno
and s.sdept='计算机系'
```

运行以上代码，结果如图 3-57 所示。

然后，就可以像基本表一样使用视图 v_grade_cs，下面输入查询语句：

```
Select * from v_grade_cs;
```

执行查询的结果如图 3-58 所示。

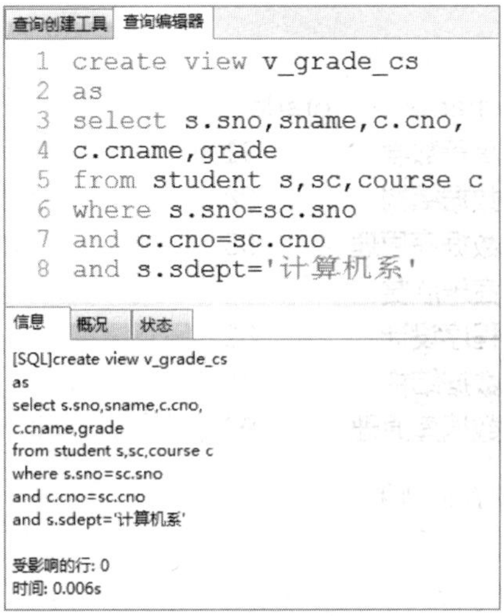

```
查询创建工具  查询编辑器
 1  create view v_grade_cs
 2  as
 3  select s.sno,sname,c.cno,
 4  c.cname,grade
 5  from  student s,sc,course c
 6  where s.sno=sc.sno
 7  and c.cno=sc.cno
 8  and s.sdept='计算机系'

信息  概况  状态
[SQL]create view v_grade_cs
as
select s.sno,sname,c.cno,
c.cname,grade
from student s,sc,course c
where s.sno=sc.sno
and c.cno=sc.cno
and s.sdept='计算机系'

受影响的行: 0
时间: 0.006s
```

图 3-57  视图创建执行结果

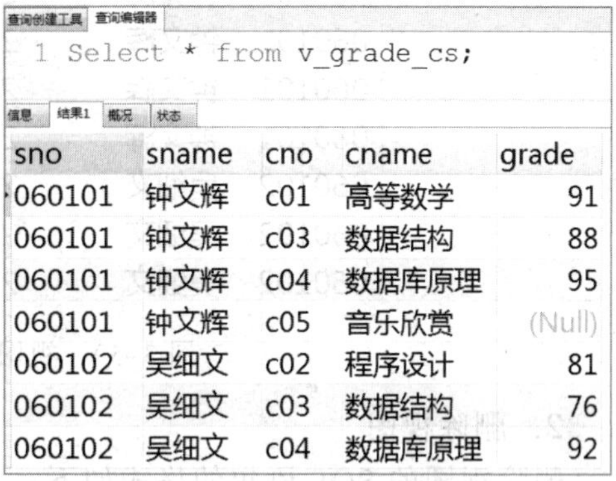

```
查询创建工具  查询编辑器
 1  Select * from v_grade_cs;

信息  结果1  概况  状态
```

| sno | sname | cno | cname | grade |
|-----|-------|-----|-------|-------|
| 060101 | 钟文辉 | c01 | 高等数学 | 91 |
| 060101 | 钟文辉 | c03 | 数据结构 | 88 |
| 060101 | 钟文辉 | c04 | 数据库原理 | 95 |
| 060101 | 钟文辉 | c05 | 音乐欣赏 | (Null) |
| 060102 | 吴细文 | c02 | 程序设计 | 81 |
| 060102 | 吴细文 | c03 | 数据结构 | 76 |
| 060102 | 吴细文 | c04 | 数据库原理 | 92 |

图 3-58  视图查询结果

视图不仅可用于查询数据，也可以通过视图修改基本表中的数据，但并不是所有的视图都可以用于修改数据，比如，经过统计或表达式计算得到的视图，就不能用于修改数据的操作。能否通过视图修改数据的基本原则是：如果这个操作能够正确落实到基本表上，则可以通过视图修改数据，否则不行。

### 3.5.3  视图的修改与删除

#### 1. 修改视图

修改视图定义的 SQL 语句为 ALTER VIEW，其语法格式如下：

```
ALTER VIEW <视图名> [ ( <列名> [,n ])]
AS SELECT 语句
```

**例 3.64** 修改上个例题创建的视图，使其包含学生的年龄信息。

首先，对 v_grade_cs 视图进行修改，SQL 语句如下：

```
alter view v-grade-cs
AS
select s.sno,sname,
YEAR(now())-year(sbirthday) sage,
c.cno,cname,grade
from student s,sc,course c
where s.sno=sc.sno
and c.cno=sc.cno
and s.sdept='计算机系'
```

执行以上代码后，再对该视图进行查询，查询语句为 select * from v_grade_cs。

执行查询的结果如图 3-59 所示。

在图 3-59 中我们只发现了两个同学的成绩信息，而在表 3-11 中，计算机系有 3 位同学的信息，如何对这个视图进行修改，使它能包含计算机系全体学生的信息？

图 3-59　视图修改后的查询结果

### 2. 删除视图

删除视图的 SQL 语句的格式如下：

```
DROP VIEW <视图名>
```

**例 3.65** 删除例 3.65 创建的视图 v_grade_cs。

```
drop view v_grade_cs;
```

删除视图时需要注意，如果被删除的视图 A 是其他视图 B 的数据源，那么删除视图 A 后，其导出视图 B 将无法再使用。同样，如果定义视图的基本表被删除，视图也将无法使用。因此，在删除基本表和视图时一定要注意是否存在引用被删除对象的视图，如果有应同时删除。

### 3.5.4　物化视图

在标准视图中，视图的结果并不被存储在数据库中，每次通过标准视图访问数据时，数据库管理系统都会在内部将视图定义转换为对基本表的查询，这个转换需要花费时间，因此通过视图这种方法查询数据会降低数据的查询效率。为解决这个问题，很多数据库管理系统提供了允许将视图数据进行物理存储的机制，而且数据库管理系统能够保证当定义视图的基本表数据发生变化时，视图中的数据也随之更改，这样的视图被称为物化视图（在 SQL Server 中将这样的视图称为索引视图），保证视图数据与基本表数据保持一致的过程称为视图维护（View Maintenance）。

对于标准视图而言，为每个使用视图的查询动态生成结果集的开销很大，特别是对于那些涉及对大量数据行进行复杂处理（如聚合大量数据或连接许多行）的视图，这时就可通过建立物化视图的方法来提高通过视图查询数据的效率。不同的数据库管理系统实现物化视图的机制各不相同，有兴趣的读者可参看 MySQL 的联机丛书。

使用物化视图可以提高通过视图查询数据的效率，但物化视图带来的好处是以增加存储空间为代价的。

## 3.6 数据更改功能

利用 SQL,不仅可以查询数据库中的数据,还可以对已存在的数据进行修改、删除或添加新的数据,这就是 SQL 的数据更改功能。

### 3.6.1 数据插入

数据插入操作可分为两种:单行插入和多行插入。

#### 1. 单行插入

单行插入数据的 INSERT 语句的格式如下:

```
INSERT [INTO] <表名> [(<列名表>)]  VALUES (值列表)
```

其中,<列名表>中的列名必须是<表名>中的列名,值列表中的值可以是常量值也可以是 NULL,各值之间用逗号分隔。

INSERT 语句用来新增一个符合表结构的数据行,将值列表数据按表中列定义顺序(或<列名表>中指定的顺序)逐一赋给对应的列名,使用插入语句时应注意:

(1)值列表中的值与列名表中的列按位置顺序对应,它们的数据类型必须兼容,

(2)如果<表名>后边没有指明<列名表>,则值列表中值的顺序必须与<表名>中列定义的顺序一致,且每一个列均有值(可以为空)。

(3)如果值列表中提供的值的个数或者顺序与<表名>中的列个数或顺序不一致,则<列名表>部分不能省,没有为<表名>中某列提供值的列必须是允许为 NULL 的列或者是有 DEFAULT 约束的列,因为在插入时,系统自动为没有值对应的列提供 NULL或者默认值。

例 3.66 向 Student 表中插入(050101,赵林,男,1999-09-08,计算机系)的记录。

SQL 语句为:

```
insert into student
values('050101','赵林','男','1999-09-08','计算机系',NULL)
```

执行以上代码后结果如图 3-60 所示。

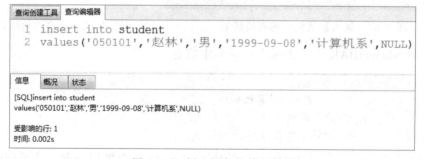

图 3-60 插入语句的执行结果

再对 Student 表进行查询，结果如图 3-61 所示。

**2．多行插入**

MySQL 支持一次性插入多行插入数据，语句格式如下：

```
INSERT [INTO] <表名> [(<列名表>)]
VALUES (值列表),(值列表),(值列表);
```

可以看到，和原来的常规 INSERT 语句的区别，仅仅是在 VALUES 后面增加值的排列，每条记录之间用英文输入法状态下的逗号隔开。

例 3.67 用 CREATE 语句建立表 StudentBAK，包含（与 Student 的 Sno、Sname、Sdept 相同）3 个字段，然后向 StudentBAK 表中添加（050107,赵艳,计算机系）、（050108,王河,计算机系）、（060105,刘兵,计算机系）3 个学生的信息。

（1）先创建 StudentBAK 表。

```
create table studentbak
(sno char(6) PRIMARY key,
sname varchar(20),
sdept VARCHAR(20)
)
```

执行结果如图 3-62 所示。

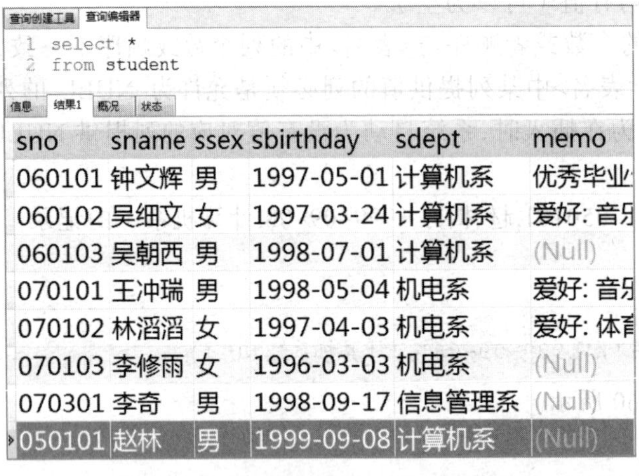

图 3-61　插入新数据后的查询结果

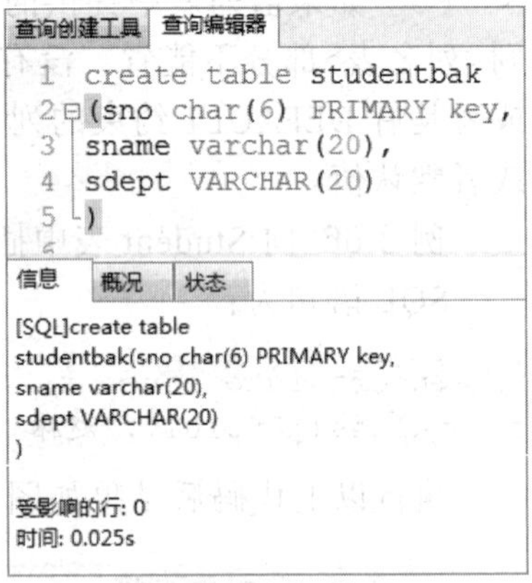

图 3-62　建表语句执行结果

（2）向 StudentBAK 表一次插入多条学生信息。

```
insert into studentbak
VALUES('050107','赵艳','计算机系'),
('050108','王河','计算机系'),
('060105','刘兵','计算机系')
```

执行以上代码后如图 3-63 所示，再对 StudentBAK 表进行查询，结果如图 3-64 所示。

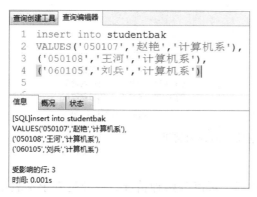

```
查询创建工具  查询编辑器
  1   insert into studentbak
  2   VALUES('050107','赵艳','计算机系'),
  3   ('050108','王河','计算机系'),
  4   ('060105','刘兵','计算机系')
  5
信息  概况  状态

[SQL]insert into studentbak
VALUES('050107','赵艳','计算机系'),
('050108','王河','计算机系'),
('060105','刘兵','计算机系')

受影响的行: 3
时间: 0.001s
```

```
  6   select *
  7   from studentbak;
信息  结果1  概况  状态
```

| sno | sname | sdept |
|------|-------|---------|
| ▶060105 | 刘兵 | 计算机系 |
| 050107 | 赵艳 | 计算机系 |
| 050108 | 王河 | 计算机系 |

图 3-63　插入语句的执行结果　　　　图 3-64　插入数据后的查询结果

## 3.6.2　数据更新

如果某些数据发生了变化，就需要对表中已有的数据进行修改，可以使用 UPDATE 语句对数据进行修改。

UPDATE 语句的语法格式如下：

```
UPDATE <表名> SET <列名>={表达式|DEFAULT|NULL}[,n][FROM <条件表名> [,n]]
[WHERE <更新条件>]
```

参数说明如下：

- <表名>：指定需要更新数据的表的名称。
- SET <列名>：指定要更改的列，表达式指定修改后的新值。
- 表达式：返回单个值的常量值或表达式或嵌套的 select 语句（加括号），表达式返回的值将替换<列名>中的现有值。
- DEFAULT：指定用于为列定义的默认值替换列中的现有值，如果该列没有默认值并且定义为允许 Null 值，则该参数也可用于将列更改为 NULL。
- FROM <条件表名>：指定用于为更新操作提供条件的表源。
- WHERE 子句用于指定只修改表中满足 WHERE 子句条件的记录的相应列值，如果省略 WHERE 子句，则是无条件更新表中的全部记录的某列值，UPDATE 语句中 WHERE 子句的作用和写法同 SELECT 语句中的 WHERE 子句。

更新语句可分为无条件更新和有条件更新

### 1. 无条件更新

例 3.68　将例 3.67 中创建的 studentbak 表中学生所在的系更改为"信息管理系"。
SQL 语句为：

```
update studentbak
set sdept='信息管理系'
```

更新语句执行前后的查询结果如图 3-65 所示。

（a）更新前的查询结果　　　　　　　　（b）更新后的查询结果

图 3-65　更新数据前后的查询结果

**2．有条件更新**

当用 WHERE 子句指定更改数据的条件时，可以分两种情况，一种是基于本表条件的更新，即要更新的记录和更新记录的条件在同一张表中。

例如，将计算机系全体学生的年龄加 1，要修改的表是 Student 表，而更改条件是学生所在的系（这里是计算机系）也在 Student 表中。

另一种是基于其他表条件的更新，即要更新的记录在一张表中，而更新的条件来自于另一张表。如将计算机系全体学生的成绩加 5 分，要更新的是 SC 表的 Grade 列，而更新条件是学生所在的系（计算机系），在 Student 表中。

基于其他表条件的更新可以用两种方法实现：一种是使用多表连接，另一种是使用子查询。

1）基于本表条件的更新

例 3.69　把"C04"号课程的学分加 1。

SQL 语句为：

```
update course
set credit=credit+1
where cno='c04'
```

2）基于他表条件的更新

例 3.70　将数据库原理课程的成绩都减 5 分。

（1）用子查询实现。SQL 语句为：

```
update sc
set grade=grade-5
where cno in
(
select cno
from course
where cname='数据库原理'
)
```

（2）用多表连接实现。SQL 语句为：

```
update sc
left join course
on sc.cno=course.cno
set grade=grade-5
where cname='数据库原理'
```

### 3.6.3 数据删除

当确定不再需要某些记录时，可以使用删除 DELETE 语句将这些记录删掉。

DELETE 语句的语法格式如下：

```
DELETE [FROM] <表名>
[WHERE <删除条件>]
```

参数说明如下。

- <表名>说明了要删除哪个表中的数据。
- WHERE 子句说明只删除表中满足 WHERE 子句条件的记录。如果省略 WHERE 子句，则表示要无条件删除表中的全部记录。DELETE 语句中的 WHERE 子句的作用和写法同 SELECT 语句中的 WHERE 子句。

#### 1．无条件删除

例 3.71 将例 3.67 中创建的 studentbak 表删除。

SQL 语句为：

```
Delete from studentbak;
```

#### 2．有条件删除

当用 WHERE 子句指定要删除记录的条件时，同 UPDATE 语句一样，也分为两种情况：一种是基于本表条件的删除，例如，删除所有不及格学生的选课记录，要删除的记录与删除的条件都在 SC 表中。

另一种是基于其他表条件的删除，如删除计算机系不及格学生的选课记录，要删除的记录在 SC 表中，而删除的条件（计算机系）在 Student 表中。基于其他表条件的删除同样可以用两种方法实现，一种是使用多表连接，另一种是使用子查询。

1）基于本表条件的删除

例 3.72 将 StudentBAK 表中学号为"050101"的学生信息删除。

SQL 语句为

```
DELETE
from studentbak
where sno='050101'
```

2）基于他表条件的删除

例 3.73 删除数据库原理的选课记录。

用子查询实现，SQL 语句为

```
DELETE
from sc
where cno in
(
select cno
from course
where cname='数据库原理'
)
```

注意：删除数据时，如果表之间有外键引用约束，则在删除被引用表数据时，系统会自动检查所删除的数据是否被外键表引用，如果是，则默认情况下不允许删除被引用表数据。

## 小 结

（1）本章介绍了 SQL 的发展历史、SQL 的特点及与传统的过程语言的区别。

（2）详细介绍了 MySQL 支持的数据类型（见图 3-66）

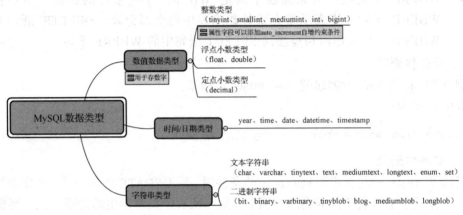

图 3-66 MySQL 支持的数据类型

（3）SQL 可以分为数据定义、数据查询、数据更新、数据控制四大部分。人们有时把数据更新称为数据操纵，或把数据查询与数据更新合称为数据操纵。本章系统而详尽地讲解了数据定义、数据查询、数据更新三部分的内容，数据控制中的数据安全性和完整性控制放在第 6 章和第 7 章中讲解。

（4）本章在讲解 SQL 的同时，进一步讲解了关系数据库系统的基本概念，使关系数据库的许多概念更加具体、更加丰富。

（5）SQL 是关系数据库语言的工业标准。目前，大部分数据库管理系统产品都能支持 SQL92，但是许多数据库系统只支持 SQL99、SQL2008 和 SQL2011 的部分特征，至今尚没有一个数据库系统能够完全支持 SQL99 以上的标准。

SQL 的数据查询功能是最丰富，也是最复杂的，读者应加强实验练习，熟练掌握相关操作。

## 习 题

1. SQL 支持的主要数据类型有哪些？

2. SQL 主要分为哪几大功能？

3. 设有一数据库，包括 4 个表：Student（学生表）、Course（课程表）、Score（成绩表）以及 Teacher（教师表）。

### Student（学生表）

| 属性名 | 数据类型 | 可否为空 | 含　义 |
|---|---|---|---|
| Sno | Char (3) | 否 | 学号（主键） |
| Sname | Char (8) | 否 | 学生姓名 |
| Ssex | Char (2) | 否 | 学生性别 |
| Sbirthday | Datetime | 可 | 学生出生年月 |
| Class | Char (5) | 可 | 学生所在班级 |

### Course（课程表）

| 属性名 | 数据类型 | 可否为空 | 含　义 |
|---|---|---|---|
| Cno | Char (5) | 否 | 课程号（主键） |
| Cname | Varchar(10) | 否 | 课程名称 |
| Tno | Char　(3) | 否 | 教工编号（外键） |

### Score（成绩表）

| 属性名 | 数据类型 | 可否为空 | 含　义 |
|---|---|---|---|
| Sno | Char　(3) | 否 | 学号（外键） |
| Cno | Char　(5) | 否 | 课程号（外键） |
| Degree | Decimal(4，1) | 可 | 成绩 |

主键：Sno + Cno

### Teacher（教师表）

| 属性名 | 数据类型 | 可否为空 | 含　义 |
|---|---|---|---|
| Tno | Char (3) | 否 | 教工编号（主键） |
| Tname | Char (4) | 否 | 教工姓名 |
| Tsex | Char (2) | 否 | 教工性别 |
| Tbirthday | datetime | 可 | 教工出生年月 |
| Prof | Char (6) | 可 | 职称 |
| Depart | Varchar(10) | 否 | 教工所在部门 |

试使用 SQL 的 CREATE TABLE 语句完成这 4 个表的创建。

4. 设有一数据库，包括 4 个表：Student（学生表）、Course（课程表）、Score（成绩表）以及 Teacher（教师表），4 个表的结构如题 3 所述，用 SQL 语句完成以下题目：

（1）查询 Student 表中的所有记录的 Sname、Ssex 和 Class 列。

（2）查询教师所有的单位，即不重复的 Depart 列。

（3）查询 Student 表的所有记录。

（4）查询 Score 表中成绩在 60 到 80 之间的所有记录。

（5）查询 Score 表中成绩为 85、86 或 88 的记录。

（6）查询 Student 表中"95031"班或性别为"女"的同学记录。

（7）以 Class 降序查询 Student 表的所有记录。

（8）以 Cno 升序、Degree 降序查询 Score 表的所有记录。

（9）查询"95031"班的学生人数。

（10）查询 Score 表中最高分的学生学号和课程号。

（11）查询每门课的平均成绩。

（12）查询 Score 表中至少有 5 名学生选修的并以 3 开头的课程的平均分数。

（13）查询分数大于 70，小于 90 的 Sno 列。

（14）查询所有学生的 Sname、Cno 和 Degree 列。

（15）查询所有学生的 Sno、Cname 和 Degree 列。

（16）查询所有学生的 Sname、Cname 和 Degree 列。

（17）查询"95033"班学生的平均分。

（18）查询所有同学的 Sno、Cno、Grade 和 Rank 列（其中 Rank 为成绩的等级，成绩转换成为等级的规则是：大于等于 90 分为 A、小于 90 且大于等于 80 分为 B、小于 80 且大于等于 70 分为 C、小于 70 且大于等于 60 分为 D、小于 60 分为 E）。

（19）查询选修"3-105"课程的成绩高于"109"号同学成绩的所有同学的记录。

（20）查询 score 中选学多门课程的同学中分数为非最高分成绩的记录。

（21）查询成绩高于学号为"109"、课程号为"3-105"的成绩的所有记录。

（22）查询和学号为"108"的同学同年出生的所有学生的 Sno、Sname 和 Sbirthday 列。

（23）查询"张旭"教师任课的学生成绩。

（24）查询选修某课程的同学人数多于 5 人的教师姓名。

（25）查询 95033 班和 95031 班全体学生的记录。

（26）查询存在有 85 分以上成绩的课程 Cno。

（27）查询出"计算机系"教师所教课程的成绩表。

（28）查询"计算机系"与"电子工程系"不同职称的教师的 Tname 和 Prof。

（29）查询选修编号为"3-105"课程且成绩至少高于选修编号为"3-245"的同学的 Cno、Sno 和 Degree，并按 Degree 从高到低次序排序。

（30）查询选修编号为"3-105"且成绩高于选修编号为"3-245"课程的同学的 Cno 和 Degree。

（31）查询所有教师和同学的 name、sex 和 birthday。

（32）查询所有"女"教师和"女"同学的 name、sex 和 birthday。

（33）查询成绩比该课程平均成绩低的同学的成绩表。

（34）查询所有任课教师的 Tname 和 Depart。

（35）查询所有未讲课的教师的 Tname 和 Depart。

（36）查询至少有 2 名男生的班号。

（37）查询 Student 表中不姓"王"的同学记录。

（38）查询 Student 表中每个学生的姓名和年龄。

（39）查询 Student 表中最大和最小的 Sbirthday 日期值。

（40）以班号和年龄从大到小的顺序查询 Student 表中的全部记录。

（41）查询"男"教师及其所上的课程。

（42）查询最高分同学的 Sno、Cno 和 Degree 列。

（43）查询和"李军"同性别的所有同学的 Sname。

（44）查询和"李军"同性别并同班的同学 Sname。

（45）查询所有选修"计算机导论"课程的"男"同学的成绩表。

# 理论和技术篇

第4章

# 关系数据库理论 ≪

## 学习目标

关系数据库是以数学理论为基础的。基于这种理论上的优势，关系模型可以设计得更加科学，关系操作可以更好地进行优化，也可以更好地解决关系数据库中出现的种种技术问题。本章介绍的关系数据库理论包括两方面的内容：一是关系数据库设计的理论——关系规范化理论和关系模式分解方法；二是关系数据库操作的理论——关系数据库的查询和优化的理论。本章的学习目标为熟练掌握关系数据库设计和操作理论，并能运用相关理论对关系模式逐步求精，以满足最终的应用需求。

## 学习方法

本章内容理论性较强，涉及的概念较多且不易理解。首先，要正确理解函数依赖的概念，它属于语义范畴，只能根据现实世界中数据的语义来确定；其次，要结合实例，深入理解部分函数依赖和传递函数依赖带来的关系模式异常问题；另外，要多实践和练习，在函数依赖指导下对给定关系模式进行范式分解，从而巩固所学知识。

## 本章导读

一个"好"的关系模式应该是数据冗余尽可能少，且不会发生插入异常、删除异常和更新异常等问题。为了得到一个"好"的关系模式，模式分解是常用的方法。但模式分解时应考虑分解后的模式是否具有无损连接、保持函数依赖等特性。关系数据库理论就是用来指导设计者设计出"好"的关系模式以及对已有的模式进行模式求精。

## 4.1 关系模式设计的问题

数据库设计是数据库应用领域中的主要研究课题，其任务是在给定的应用环境下，创建满足用户需求且性能良好的数据库模式、建立数据库及其应用系统，使之能有效地存储和管理数据，满足某公司或部门各类用户业务的需求。

数据库设计需要理论指导，关系数据库规范化理论就是数据库设计的一个理论指南。规范化理论研究的是关系模式中各属性之间的依赖关系及其对关系模式性能的影响，探讨"好"的关系模式应该具备的性质，以及达到"好"的关系模式的方法。规范化理论提供了判断关系模式好坏的理论标准，帮助人们预测可能出现的问题，是数据库设计人员的有力工具，同时也使数据库设计工作有了严格的理论基础。

本章主要讨论关系数据库规范化理论，学习如何判断一个关系模式是否是"好"的关系模式，以及如何将"不好"的关系模式分解成"好"的关系模式，并能保证所得到的关系模式仍能表达原来的语义。

首先，通过例子来说明。

假设有描述学生选课及住宿情况的关系模式：

S–L–C(Sno,Sname,Ssex,Sdept,Sloc,Cno,Grade）

其中，各属性分别为学号、姓名、性别、学生所在系、学生所住宿舍楼、课程号和考试成绩。设每个系性别相同的学生都住在同一栋宿舍楼中，该关系模式的主键为 (Sno,Cno)。

观察表 4–1 所示的数据，看看这个关系模式存在什么问题。

表 4–1　S–L–C 模式的部分数据示例

| Sno | Sname | Ssex | Sdept | Sloc | Cno | Grade |
|---|---|---|---|---|---|---|
| 0811101 | 李勇 | 男 | 计算机系 | 渤海楼 | C001 | 96 |
| 0811101 | 李勇 | 男 | 计算机系 | 渤海楼 | C002 | 80 |
| 0811101 | 李勇 | 男 | 计算机系 | 渤海楼 | C003 | 84 |
| 0811101 | 李勇 | 男 | 计算机系 | 渤海楼 | C005 | 62 |
| 0811102 | 刘晨 | 男 | 计算机系 | 渤海楼 | C001 | 92 |
| 0811102 | 刘晨 | 男 | 计算机系 | 渤海楼 | C002 | 90 |
| 0811102 | 刘晨 | 男 | 计算机系 | 渤海楼 | C005 | 84 |
| 0821102 | 吴宾 | 女 | 网络工程系 | 黄山楼 | C001 | 78 |
| 0821102 | 吴宾 | 女 | 网络工程系 | 黄山楼 | C004 | 86 |
| 0821102 | 吴宾 | 女 | 网络工程系 | 黄山楼 | C005 | 73 |
| 0821102 | 吴宾 | 女 | 网络工程系 | 黄山楼 | C007 | 90 |
| 0821103 | 张海 | 男 | 网络工程系 | 北海楼 | C001 | 56 |
| 0821103 | 张海 | 男 | 网络工程系 | 北海楼 | C004 | 80 |
| 0831103 | 张珊珊 | 女 | 网络工程系 | 黄山楼 | C004 | 75 |
| 0831103 | 张珊珊 | 女 | 网络工程系 | 黄山楼 | C005 | 65 |
| 0831103 | 张珊珊 | 女 | 网络工程系 | 黄山楼 | C007 | 77 |

由表 4–1 可以发现如下问题：

1）数据冗余问题

在这个关系中，学生所在系和其所住宿舍楼的信息有冗余，因为一个系有多少个学生，这个系所对应的宿舍楼的信息就要重复存储多少遍。学生基本信息（包括学号、姓名、性别和所在系）也有重复，一个学生修了多少门课，他的基本信息就重复多少遍。

2）数据更新问题

如果某一学生从计算机系转到了网络工程系，不但要修改此学生的 Sdept 列的值，还要修改其 Sloc 列的值，从而使修改复杂化。

3）数据插入问题

虽然新成立了某个系，并且确定了该系学生的宿舍楼，即已经有了 Sdept 和 Sloc 信息，却不能将这个信息插入到 S-L-C 表中，因为这个系还没有招生，其 Sno 和 Cno 列的值均为空，而 Sno 和 Cno 是这个表的主键，不能为空。

4）数据删除问题

如果一名学生最初只选修了一门课，之后又放弃了这门课，那么应该删除该学生选修此门课程的记录。但由于这个学生只选了一门课，因此删除此学生选课记录的同时也就删除了此学生的其他基本信息。

数据的增、删、改问题统称为操作异常。为什么会出现以上种种操作异常？是因为这个关系模式没有设计好，它的某些属性之间存在多余的函数依赖关系。如何改造这个关系模式并避免以上种种问题是关系规范化理论要解决的问题，也是讨论函数依赖的原因。

解决上述种种问题的方法就是进行模式分解，即把一个关系模式分解成两个或多个关系模式，在分解的过程中消除多余的函数依赖，从而获得良好的关系模式。

## 4.2 函 数 依 赖

数据的语义不仅表现为完整性约束，对关系模式的设计也提出了一定的要求。针对一个实际应用业务，如何构建合适的关系模式，应构建几个关系模式，每个关系模式由哪些属性组成等，都是数据库设计问题，确切地讲，是关系数据库的逻辑设计问题。

### 4.2.1 基本概念

函数是人们非常熟悉的概念，对于公式 "$Y=f(X)$"，大家熟悉的是 $X$ 和 $Y$ 在数量上的对应关系，即给定一个 $X$ 值，都会有一个 $Y$ 值和它对应。也可以说，$X$ 函数决定 $Y$，或 $Y$ 函数依赖于 $X$。在关系数据库中讨论函数或函数依赖注重的是语义上的关系，例如，省 = f（城市），只要给出一个具体的城市值，就会有唯一的省值和它对应，如 "泉州市" 在 "福建省"，这里 "城市" 是自变量 $X$，"省" 是因变量或函数值 $Y$。一般把 $X$ 函数决定 $Y$，或 $Y$ 函数依赖于 $X$ 表示为 $X \rightarrow Y$。

根据以上讨论可以写出较直观的函数依赖定义，即如果有一个关系模式 $R(A_1,A_2,...,A_n)$，$X$ 和 $Y$ 为 $(A_1,A_2,...,A_n)$ 的子集，$r$ 是 $R$ 的任一具体关系，那么对于关系 $r$ 中的任意一个 $X$ 值，都只有一个 $Y$ 值与之对应，则称 $X$ 函数决定 $Y$ 或 $Y$ 函数依赖于 $X$。

例如，对学生关系模式 Student(Sno,Sname,Sdept,Sage) 有以下函数依赖关系：
Sno→Sname，Sno→Sdept，Sno→Sage
对学生选课关系模式 SC(Sno,Cno,Grade) 有以下函数依赖关系：
(Sno,Cno)→Grade
显然，函数依赖讨论的是属性之间的依赖关系，它是语义范畴的概念，也就是说关系模式的属性之间是否存在函数依赖只与语义有关。

**定义 4.1** 设 $R(U)$ 是属性集 $U$ 上的关系模式。$X$ 和 $Y$ 均为 $U$ 的子集。若对于 $R(U)$ 的任意一个可能的关系 $r$，$r$ 中不可能存在两个元组在 $X$ 上的属性值相等，而在 $Y$ 上的属性值不等，则称 $X$ 函数决定 $Y$，或 $Y$ 函数依赖于 $X$，记作 $X \rightarrow Y$。

函数依赖和别的数据依赖一样是语义范畴的概念。只能根据语义来确定一个函数依赖。例如，姓名 $\rightarrow$ 年龄这个函数依赖只有在该部门没有同名人的条件下成立。如果允许有同名人，则年龄就不再函数依赖于姓名。

设计者也可以对现实世界做强制的规定。例如，规定不允许同名人出现，因而使姓名 $\rightarrow$ 年龄函数依赖成立。这样当插入某个元组时，这个元组上的属性值必须满足规定的函数依赖，若发现有同名人存在，则拒绝插入该元组。

**注意**：函数依赖不是指关系模式 R 的某个或某些关系满足的约束条件，而是指 R 的一切关系均要满足的约束条件。

### 4.2.2 一些术语和符号

本节给出本章中使用的一些术语和符号，设有关系模式 $R(A_1, A_2, ..., A_n)$，$X$ 和 $Y$ 均为 $\{A_1, A_2, ..., A_n\}$ 的子集，则有以下结论：

（1）如果 $X \rightarrow Y$，但 $Y$ 不包含于 $X$，则称 $X \rightarrow Y$ 是非平凡的函数依赖，若不做特别说明，讨论的都是非平凡的函数依赖。

（2）如果 $Y$ 不函数依赖于 $X$，则记作 $X \nrightarrow Y$。

（3）如果 $X \rightarrow Y$，则称 $X$ 为这个函数依赖的决定属性组，也称决定因素（Determinant）。

（4）如果 $X \rightarrow Y$，并且 $Y \rightarrow X$，则记作 $X \longleftrightarrow Y$。

（5）如果 $X \rightarrow Y$，并且对于 $X$ 的一个任意真子集 $X'$ 都有 $X' \nrightarrow Y$，则称 $Y$ 完全函数依赖于 $X$，记作 $X \xrightarrow{F} Y$，如果 $X' \rightarrow Y$ 成立，则称 $Y$ 部分函数依赖于 $X$，记作 $X \xrightarrow{P} Y$。

（6）如果 $X \rightarrow Y$（非平凡函数依赖），并且 $Y \nrightarrow X$、$Y \rightarrow Z$，则称 $Z$ 传递函数依赖于 $X$。

（7）设 $K$ 为关系模式 R 的一个属性或属性组，若满足：
$$K \xrightarrow{F} A_1, \ K \xrightarrow{F} A_2, \ ..., \ K \xrightarrow{F} A_n$$
则称 $K$ 为关系模式 R 的候选码。称包含在候选码中的属性为主属性，不包含在任何候选码中的属性称为非主属性。

**例 4.1** 设有关系模式 SC( Sno,Sname,Cno,Credit,Grade )，其中各属性分别为学号、姓名、课程号、学分和成绩，主键为（Sno,Cno），则有如下函数依赖：

Sno→Sname　　　　　　　　姓名函数依赖于学号

（Sno,Cno）$\xrightarrow{P}$ Sname　　　　姓名部分函数依赖于学号和课程号

（Sno,Cno）$\xrightarrow{F}$ Grade　　　　成绩完全函数依赖于学号和课程号

**例 4.2** 设有关系模式 S(Sno,Sname,Sdept,Dept_Master)，其中各属性分别为学号、姓名、所在系和系主任（假设一个系只有一个主任），主键为 Sno，则有如下函数依赖关系：

Sno $\xrightarrow{F}$ Sname（姓名完全函数依赖于学号）

由于有：

Sno $\xrightarrow{F}$ Sdept（所在系完全函数依赖于学号）

Sdept$\xrightarrow{F}$Dept_Master（系主任完全函数依赖于所在系）

因此：

Sno$\xrightarrow{传递}$ Dept_Master（系主任传递函数依赖于学号）

### 4.2.3 函数依赖的推理规则

尽管我们将注意力集中在非函数依赖上，但一个关系 R 的函数依赖的完整集合仍然可能是很大的，因此找到一种方法来减少函数依赖集合的规模是非常重要的。理想情况是（理论上）希望确定一组函数依赖（表示为 $F$），但这组函数依赖的规模要比完整的函数依赖集合小很多，而且关系 $R$ 中的每个函数依赖都可以通过 $F$ 中的函数依赖表示。这种想法表明，必须可以从一些函数依赖推导出另外一些函数依赖。例如，如果关系中存在函数依赖：$A{\rightarrow}B$ 和 $B{\rightarrow}C$，那么函数依赖 $A{\rightarrow}C$ 在这个关系中也是成立的。$A{\rightarrow}C$ 就是一个传递依赖的例子。

如何才能确定关系中有用的函数依赖？通常，是先确定那些语义上非常明显的函数依赖，但是经常还会有大量的其他函数依赖。事实上，在实际的数据库项目中要确定所有可能的函数依赖是不现实的。我们要讨论的是用一种方法来帮助确定关系的完整的函数依赖集合，并讨论如何得到一个表示完整函数依赖的最小函数依赖集。

从已知的函数依赖可以推导出另一些新的函数依赖，这需要一系列推理规则。函数依赖的推理规则最早出现在 1974 年的 W.W.Armstrong 论文中，因此称这些规则为 Armstrong 公理。下面给出的推理规则是其他人于 1977 年对 Armstrong 公理体系进行改进后的形式，利用这些推理规则，可以由一组已知函数依赖推导出关系模式的其他函数依赖。

设有关系模式 $R(U,F)$，$U$ 为关系模式 $R$ 上的属性集，$F$ 为 $R$ 上成立的只涉及 $U$ 中属性的函数依赖集，$X$、$Y$、$Z$、$W$ 均是 $U$ 的子集，函数依赖的推理规则如下（为简便起见，下面用 $XY$ 表示 $X{\cup}Y$）：

#### 1. Armstrong 公理

1）自反律（Reflexivity Rule）

若 $Y{\subseteq}X{\subseteq}U$，则 $X{\rightarrow}Y$ 在 $R$ 上成立。即一组属性函数决定它的所有子集。

例如，对关系模式 SC(Sno,Sname,Cno,Credit,Grade)，有：

$$(Sno,Cno){\rightarrow}Cno \text{ 和}(Sno,Cno){\rightarrow}Sno$$

2）增广律（Augmentation Rule）

若 $X{\rightarrow}Y$ 在 $R$ 上成立，且 $Z{\subseteq}U$，则 $XZ{\rightarrow}YZ$ 在 $R$ 上也成立。

3）传递律（Transitivity Rule）

若 $X{\rightarrow}Y$ 和 $Y{\rightarrow}Z$ 在 $R$ 上成立，则 $X{\rightarrow}Z$ 在 $R$ 上也成立。

#### 2. Armstrong 公理推论

1）合并规则（Union Rule）

若 $X{\rightarrow}Y$ 和 $X{\rightarrow}Z$ 在 $R$ 上成立，则 $X{\rightarrow}YZ$ 在 $R$ 上也成立。

例如，对关系模式 Student(Sno,Sname,Sdept,Sage)，有 Sno→(Sname,Sdept)，Sno→Sage，则有 Sno→(Sname,Sdept,Sage)成立。

2）分解规则（Decomposition Rule）

若 $X{\rightarrow}Y$ 和 $Z{\subseteq}Y$ 在 $R$ 上成立，则 $X{\rightarrow}Z$ 在 $R$ 上也成立。

从合并规则和分解规则可得到如下重要结论：

如果 $A_1,\cdots,A_n$ 是关系模式 $R$ 的属性集，那么 $X{\rightarrow}A_1,\cdots,A_n$ 成立的充分必要条件是 $X{\rightarrow}A_i$ $(i{=}1,2,\cdots,n)$ 成立。

3）伪传递规则（Pseudo-transitivity Rule）

若 $X{\rightarrow}Y$ 和 $YW{\rightarrow}Z$ 在 $R$ 上成立，则 $XW{\rightarrow}Z$ 在 $R$ 上也成立。

4）复合规则（Composition Rule）

若 $X{\rightarrow}Y$ 和 $W{\rightarrow}Z$ 在 $R$ 上成立，则 $XW{\rightarrow}YZ$ 在 $R$ 上也成立。

例如，对关系模式 SC(Sno,Sname,Cno,Credit,Grade)，有 Sno→Sname 和 Cno→Credit 成立，则有(Sno,Cno)→(Sname,Credit)。

### 4.2.4 闭包及候选码求解方法

对于一个关系模式 $R(U,F)$，要根据已给出的函数依赖 $F$，利用推理规则推导出其全部的函数依赖集是很困难的，比如，从 $F{=}\{X{\rightarrow}A_1,\cdots,A_n\}$ 出发，至少可以推导出 $2^n$ 个不同的函数依赖，为此引入了函数依赖集闭包的概念。

**1. 函数依赖集的闭包**

**定义 4.2** 在关系模式 $R(U,F)$ 中，$U$ 是 $R$ 的属性全集，$F$ 是 $R$ 上的一组函数依赖。设 $X$、$Y$ 是 $U$ 的子集，对于关系模式 $R$ 的任一关系 $r$，如果 $r$ 满足 $F$，则 $r$ 满足 $X{\rightarrow}Y$，那么 $F$ 逻辑蕴含 $X{\rightarrow}Y$，或称函数依赖 $X{\rightarrow}Y$ 可由 $F$ 导出。

所有被 $F$ 逻辑蕴含的函数依赖的全集称为 $F$ 的闭包，记作 $F^+$。

**例 4.3** 设有关系模式 $R(A,B,C,G,H,I)$ 及其函数依赖集 $F{=}\{A{\rightarrow}B,A{\rightarrow}C,CG{\rightarrow}H,CG{\rightarrow}I,B{\rightarrow}H\}$。判断 $A{\rightarrow}H$、$CG{\rightarrow}HI$ 和 $AG{\rightarrow}I$ 是否属于 $F^+$。

解：根据 Armstrong 公理系统，

（1）$A{\rightarrow}H$。由于有 $A{\rightarrow}B$ 和 $B{\rightarrow}H$，根据传递性，可推出 $A{\rightarrow}H$。

（2）$CG{\rightarrow}HI$。由于有 $CG{\rightarrow}H$ 和 $CG{\rightarrow}I$，根据合并规则，可推出 $CG{\rightarrow}HI$。

（3）$AG{\rightarrow}I$。由于有 $A{\rightarrow}C$ 和 $CG{\rightarrow}I$，根据伪传递规则，可推出 $AG{\rightarrow}I$。

因此，$A{\rightarrow}H$、$CG{\rightarrow}HI$ 和 $AG{\rightarrow}I$ 均属于 $F^+$。

**例 4.4** 已知关系模式 $R(A,B,C,D,E,G)$ 及其函数依赖集 $F$：

$$F{=}\{AB{\rightarrow}C,C{\rightarrow}A,BC{\rightarrow}D,ACD{\rightarrow}B,D{\rightarrow}EG,BE{\rightarrow}C,CG{\rightarrow}BD,CE{\rightarrow}AG\}$$

判断 $BD{\rightarrow}AC$ 是否属于 $F^+$。

解：由 $D{\rightarrow}EG$，可推出：$D{\rightarrow}E$，$BD{\rightarrow}BE$。

又由 $BE{\rightarrow}C$，$C{\rightarrow}A$，可推出：$BE{\rightarrow}A$，$BE{\rightarrow}AC$。

由此可推出 $BD{\rightarrow}AC$，因此 $BD{\rightarrow}AC$ 为 $F$ 所蕴含，即 $BD{\rightarrow}AC$ 属于 $F^+$。

对关系模式 $R(U,F)$，应用 Armstrong 公理系统计算 $F^+$ 的过程。

步骤 1：初始，$F^+{=}F$。

步骤 2：对 $F^+$ 中的每个函数依赖 $f$，在 $f$ 上应用自反性和增广性，将结果加入到 $F^+$ 中；对 $F^+$ 中的一对函数依赖 $f_1$ 和 $f_2$，如果 $f_1$ 和 $f_2$ 可以使用传递结合起来，则将结果加入到 $F^+$ 中。

步骤 3：重复步骤 2，直到 $F^+$ 不再增大为止。

**2．属性集闭包**

一般情况下，由函数依赖集 $F$ 计算其闭包 $F^+$ 是相当麻烦的，因为即使 $F$ 很小，$F^+$ 也可能很大。计算 $F^+$ 的目的是为了判断函数依赖是否为 $F$ 所蕴含，然而要导出 $F^+$ 的全部函数依赖是很费时的事情，而且由于 $F^+$ 中包含大量的冗余信息，因此计算 $F^+$ 的全部函数依赖是不必要的。那么是否有更简单的方法来判断 $X \rightarrow Y$ 是否为 $F$ 所蕴含？答案是肯定的。

在开始确定一个关系的函数依赖集合 $F$ 时，首先是确定那些语义上非常明显的函数依赖，然后应用 Armstrong 公理从这些函数依赖推导出附加的正确的函数依赖。确定这些附加的函数依赖的一种系统化方法是首先确定每一组会在函数依赖左边出现的属性组 $X$，然后确定所有依赖于 $X$ 的属性组 $X^+$，$X^+$ 称为 $X$ 在 $F$ 下的闭包。

判定函数依赖 $X \rightarrow Y$ 是否能由 $F$ 导出的问题，可转化为求 $X^+$ 并判定 $Y$ 是否是 $X^+$ 子集的问题。即求函数依赖集闭包问题可转化为求属性集问题。

**定义 4.3** 设有关系模式 $R(U,F)$，$U$ 为 $R$ 的属性集，$F$ 是 $R$ 上的函数依赖集，$X$ 是 $U$ 的一个子集（$X \subseteq U$）。用函数依赖推理规则可从 $F$ 推出的函数依赖 $X \rightarrow A$ 中所有 $A$ 的集合，称为属性集 $X$ 关于 $F$ 的闭包，记作 $X^+$（或 $X_{F^+}$）。即：

$X^+ = \{A | X \rightarrow A\}$（能够由 $F$ 根据 Armstrong 公理导出）

对关系模式 $R(U,F)$，求属性集 $X$ 相对于函数依赖集 $F$ 的闭包 $X^+$ 的算法如下：

步骤 1：初始化 $X^+ = X$。

步骤 2：如果 $F$ 中有某个函数依赖 $Y \rightarrow Z$ 满足 $Y \subseteq X^+$。则 $X^+ = X^+ \cup Z$。

步骤 3：重复步骤 2，直到 $X^+$ 不再增大为止。

**例 4.5** 设有关系模式 $R(U,F)$，其中属性集 $U = \{X,Y,Z,W\}$，函数依赖集 $F = \{X \rightarrow Y$，$Y \rightarrow Z$，$W \rightarrow Y\}$，计算 $X^+$、$(XW)^+$。

解：（1）计算 $X^+$。

步骤 1：初始化 $X^+ = X$。

步骤 2：

① 对 $X^+$ 中的 $X$，因为有 $X \rightarrow Y$，所以 $X^+ = X^+ \cup Y = XY$。

② 对 $X^+$ 中的 $Y$，因为有 $Y \rightarrow Z$，所以 $X^+ = X^+ \cup Z = XYZ$。

在函数依赖集 $F$ 中，$Z$ 不出现在任何函数依赖的左部，因此 $X^+$ 将不会再扩大，所以最终 $X^+ = XYZ$。

（2）计算 $(XW)^+$。

步骤 1：初始化 $(XW)^+ = XW$。

步骤 2：

① 对 $(XW)^+$ 中的 $X$，因为有 $X \rightarrow Y$，所以 $(XW)^+ = (XW)^+ \cup Y = XWY$。

② 对 $(XW)^+$ 中的 $Y$，因为有 $Y \rightarrow Z$，所以 $(XW)^+ = (XW)^+ \cup Z = XWYZ$。

③ 对 $(XW)^+$ 中的 $W$，有 $W \rightarrow Y$，但 $Y$ 已在 $(XW)^+$ 中，因此 $(XW)^+$ 保持不变。

④ 对 $(XW)^+$ 中的 $Z$，由于 $Z$ 不出现在任何函数依赖的左部，因此 $(XW)^+$ 保持不变。

最终 $(XW)^+ = XWYZ$。

**例 4.6** 设有关系模式 $R(U,F)$，其中 $U=\{A,B,C,D,E\}$，$F=\{(A,B)\rightarrow C,B\rightarrow D,C\rightarrow E,(C,E)\rightarrow B,(A,C)\rightarrow B\}$，计算 $(AB)^+$。

解：

步骤 1：初始化 $(AB)^+=(AB)$。

步骤 2：

① 对 $(AB)^+$ 中的 $A$、$B$，因为有 $(A,B)\rightarrow C$，所以 $(AB)^+=(AB)^+\cup C=ABC$

② 对 $(AB)^+$ 中的 $B$，因为有 $B\rightarrow D$，所以 $(AB)^+=(AB)^+\cup D=ABCD$

③ 对 $(AB)^+$ 中的 $C$，因为有 $C\rightarrow E$，所以 $(AB)^+=(AB)^+\cup E=ABCDE$

至此，$(AB)^+$ 已包含了 $R$ 中的全部属性，因此 $(AB)^+$ 计算完毕。最终 $(AB)^+=ABCDE$。

**例 4.7** 已知关系模式 $R=\{A,B,C,D,E,G\}$，其函数依赖集 $F$ 为：

$F=\{AB\rightarrow C,C\rightarrow A,BC\rightarrow D,ACD\rightarrow B,D\rightarrow EG,BE\rightarrow C,CG\rightarrow BD,CE\rightarrow AG\}$

求 $(BD)^+$，并判断 $BD\rightarrow AC$ 是否属于 $F^+$。

解：$(BD)^+=\{B,D,E,G,C,A\}$

由于 $\{A,C\}$ 属于 $(BD)^+$ 闭包，因此 $BD\rightarrow AC$ 可由 $F$ 导出，即 $BD\rightarrow AC$ 属于 $F^+$。

**例 4.8** 已知关系模式 $R(A,B,C,E,H,P,G)$，其函数依赖集 $F$ 为：

$F=\{AC\rightarrow PE,PG\rightarrow A,B\rightarrow CE,A\rightarrow P,GA\rightarrow B,GC\rightarrow A,PAB\rightarrow G,AE\rightarrow GB,ABCP\rightarrow H\}$

证明 $BG\rightarrow HE$ 属于 $F^+$。

证明：

因为，$(BG)^+=\{A,B,C,E,H,P,G\}$，而 $\{H,E\}$ 属于 $(BG)^+$。

所以，$BG\rightarrow HE$ 可由 $F$ 导出，即 $BG\rightarrow HE$ 属于 $F^+$。

求属性集闭包的另一个用途是：如果属性集 $X$ 的闭包 $X^+$ 包含了 $R$ 中的全部属性，则 $X$ 为 $R$ 的一个候选码。

**3. 候选码的求解方法**

对于给定的关系模式 $R(A_1,A_2,\cdots,A_n)$ 和函数依赖集 $F$，现将 $R$ 的属性分为如下 4 类：

（1）L 类：仅出现在函数依赖左部的属性。

（2）R 类：仅出现在函数依赖右部的属性。

（3）N 类：在函数依赖的左部和右部均不出现的属性。

（4）LR 类：在函数依赖的左部和右部均出现的属性。

对 $R$ 中的属性 $X$，可有以下结论：

（1）若 $X$ 是 $L$ 类属性，则 $X$ 一定包含在关系模式 $R$ 的任何一个候选码中；若 $X^+$ 包含了 $R$ 的全部属性，则 $X$ 为关系模式 $R$ 的唯一候选码。

（2）若 $X$ 是 R 类属性，则 $X$ 不包含在关系模式 $R$ 的任何一个候选码中。

（3）若 $X$ 是 N 类属性，则 $X$ 一定包含在关系模式 $R$ 的任何一个候选码中。

（4）若 $X$ 是 LR 类属性，则 $X$ 可能包含在关系模式 $R$ 的某个候选码中。

**例 4.9** 设有关系模式 $R(U,F)$，其中 $U=\{A,B,C,D\}$，$F=\{D\rightarrow B,B\rightarrow D,AD\rightarrow B,AC\rightarrow D\}$，求 $R$ 的所有候选码。

解：观察 $F$ 中的函数依赖，发现 $A$、$C$ 两个属性是 $L$ 类属性，因此 $A$、$C$ 两个属性必定在 $R$ 的任何一个候选码中；又因为 $(AC)^+=ABCD$，即 $(AC)^+$ 包含了 $R$ 的全部属性，因此，AC 是 *R* 的唯一候选码。

**例 4.10** 设有关系模式 *R*(*U*,*F*)，其中 *U*={*A*,*B*,*C*,*D*,*E*,*G*}，*F*={*A*→*D*,*E*→*D*,*D*→*B*,*BC*→*D*,*DC*→*A*}，求 *R* 的所有候选码。

解：通过观察 *F* 中的函数依赖，发现：

*C*、*E* 两个属性是 L 类属性，因此 *C*、*E* 两个属性必定在 *R* 的任何一个候选码中。

由于 *G* 是 N 类属性，故属性 *G* 也必定在 *R* 的任何一个候选码中。

又由于(*CEG*)$^+$=*ABCDEG*，即(*CEG*)$^+$包含了 *R* 的全部属性，因此，*CEG* 是 *R* 的唯一候选码。

**例 4.11** 设有关系模式 *R*(*U*,*F*)，其中 *U*={*A*,*B*,*C*,*D*,*E*,*G*}，*F*={*AB*→*E*,*AC*→*G*,*AD*→*B*,*B*→*C*,*C*→*D*}，求 *R* 的所有候选码。

解：通过观察 *F* 中的函数依赖，发现：

① *A* 是 L 类属性，故 *A* 必定在 *R* 的任何一个候选码中。

② *E*、*G* 是两个 R 类属性，故 *E*、*G* 一定不包含在 *R* 的任何一个候选码中。

③ 由于 *A*$^+$=*A*≠*ABCDEG*，故 *A* 不能单独作为候选码。

④ *B*、*C*、*D* 三个属性均是 LR 类属性，则这 3 个属性中必有部分或全部在某个候选码中。下面将 *B*、*C*、*D* 依次与 A 结合，分别求闭包：

(*AB*)$^+$=*ABCDEG*，因此 *AB* 为 *R* 的一个候选码。

(*AC*)$^+$=*ABCDEG*，因此 *AC* 为 *R* 的一个候选码。

(*AD*)$^+$=*ABCDEG*，因此 *AD* 为 *R* 的一个候选码。

综上所述，关系模式 *R* 共有 3 个候选码：*AB*、*AC* 和 *AD*。

通过本例，我们发现如果 L 类属性和 N 类属性不能做候选码，则可将 LR 类属性逐个与 L 类和 N 类属性组合做进一步的考察。有时要将 LR 类全部属性与 L 类、N 类属性组合才能作为候选码。

**例 4.12** 设有关系模式 *R*(*U*,*F*)，其中 *U*={*A*,*B*,*C*,*D*,*E*}，*F*={*A*→*BC*,*CD*→*E*,*B*→*D*,*E*→*A*}，求 *R* 的所有候选码。

解：通过观察 *F* 中的函数依赖，发现关系模式 *R* 中没有 L 类、R 类和 N 类属性，所有的属性都是 LR 类属性。因此，先从 *A*、*B*、*C*、*D*、*E* 属性中依次取出一个属性，分别求它们的闭包：

① *A*$^+$=*ABCDE*。

② *B*$^+$=*BD*。

③ *C*$^+$=*C*。

④ *D*$^+$=*D*。

⑤ *E*$^+$=*ABCDE*。

由于 *A*$^+$ 和 *E*$^+$ 都包含了 *R* 的全部属性，因此 *A* 和 *E* 分别是 *R* 的一个候选码。

接下来，从 *R* 中任意取出两个属性，分别求它们的闭包。由于 *A*、*E* 已是 *R* 的候选码，因此只需在 *C*、*D*、*E* 中进行选取即可。

① (*BC*)$^+$=*ABCDE*。

② (*BD*)$^+$=*BD*。

③ (*CD*)$^+$=*ABCDE*。

因此，$BC$ 和 $CD$ 分别是 $R$ 的一个候选码。

至此，关系模式 $R$ 的全部候选码为 $A$、$E$、$BC$ 和 $CD$。

### 4.2.5 极小函数依赖集

对关系模式 $R(U,F)$，如果函数依赖集 $F$ 满足下列条件，则称 $F$ 为 $R$ 的一个极小函数依赖集，亦称为最小依赖集或最小覆盖，记作 $F_{\min}$。

（1）$F$ 中任一函数依赖的右部仅含有一个属性。

（2）$F$ 中每个函数的左部不存在多余的属性，即不存在这样的函数依赖 $X{\rightarrow}A$，$X$ 有真子集 $Z$ 使得 $F$ 与 $(F-\{X{\rightarrow}A\})\cup\{Z{\rightarrow}A\}$ 等价。

（3）$F$ 中不存在多余的函数依赖，即不存在这样的函数依赖 $X{\rightarrow}A$，使得 $F$ 与 $F-\{X{\rightarrow}A\}$ 等价。

计算极小函数依赖集的算法：

（1）使 $F$ 中每个函数依赖的右部都只有一个属性。

逐一检查 $F$ 中各函数依赖 $FD_i$：$X{\rightarrow}Y$，若 $Y=A_1A_2{\cdots}A_K$，$K{\geqslant}2$，则用 $\{X{\rightarrow}A_j\mid j=1,2,{\cdots},K\}$ 来取代 $X{\rightarrow}Y$。

（2）去掉各函数依赖左部多余的属性。

逐一取出 $F$ 中各函数依赖 $FD_i$：$X{\rightarrow}A$，设 $X=B_1B_2,{\cdots},B_m$，$m{\geqslant}2$，逐一检查 $B_i$（$i=1,2,{\cdots},m$），如果 $A\in(X-B_i)_F^+$，则以 $X-B_i$ 取代 $X$（因为 $F$ 与 $F-\{X{\rightarrow}A\}\cup\{Z{\rightarrow}A\}$ 等价的充要条件是 $A\in Z_F^+$，其中 $Z=X-B_i$）。

（3）去掉多余的函数依赖。

逐一检查 $F$ 中各函数依赖 $FD_i$：$X{\rightarrow}A$，令 $G=F-\{X{\rightarrow}A\}$，若 $A\in X_G^+$，则从 $F$ 中去掉 $X{\rightarrow}A$ 函数依赖。

**例 4.13** 设有如下两个函数依赖集 $F_1$、$F_2$，分别判断它们是否是极小函数依赖集。

$F_1=\{AB{\rightarrow}CD,BE{\rightarrow}C,C{\rightarrow}G\}$

$F_2=\{A{\rightarrow}D,B{\rightarrow}A,A{\rightarrow}C,B{\rightarrow}D,D{\rightarrow}C\}$

解：对于 $F_1$，由于函数依赖 $AB{\rightarrow}CD$ 的右部不是单个属性，因此，该函数依赖集不是极小函数依赖集。

对 $F_2$，由于 $A{\rightarrow}C$ 可由 $A{\rightarrow}D$ 和 $D{\rightarrow}C$ 导出，因此 $A{\rightarrow}C$ 是 $F_2$ 中的多余函数依赖，所以 $F_2$ 也不是极小函数依赖集。

**例 4.14** 设有关系模式 $R(U,F)$，其中 $U=\{A,B,C\}$，$F=\{A{\rightarrow}BC,B{\rightarrow}C,AC{\rightarrow}B\}$，求其极小函数依赖集 $F_{\min}$。

解：

① 让 $F$ 中每个函数依赖的右部为单个属性。结果为：

$$G_1=\{A{\rightarrow}B,A{\rightarrow}C,B{\rightarrow}C,AC{\rightarrow}B\}$$

② 去掉 $G_1$ 中每个函数依赖左部的多余属性。对于该题，只需分析 $AC{\rightarrow}B$ 即可。

第 1 种情况：去掉 $C$，计算 $A_{G_1^+}=ABC$，包含了 $B$，因此 $AC{\rightarrow}B$ 中 $C$ 是多余属性，$AC{\rightarrow}B$ 可化简为 $A{\rightarrow}B$。

第 2 种情况：去掉 $A$，计算 $C_{G_1^+}=C$，不包含 $B$，因此 $AC{\rightarrow}B$ 中 $A$ 不是多余属性。去掉左部多余属性后的函数依赖集为：

$$G_2=\{A{\rightarrow}B,A{\rightarrow}C,B{\rightarrow}C,A{\rightarrow}B\}=\{A{\rightarrow}B,A{\rightarrow}C,B{\rightarrow}C\}$$

③ 去掉 $G_2$ 中多余的函数依赖。

对 $A{\rightarrow}B$，令 $G_3=\{A{\rightarrow}C,B{\rightarrow}C\}$，$A_{G_3^+}=AC$，不包含 $B$，因此 $A{\rightarrow}B$ 不是多余的函数依赖。

对 $A{\rightarrow}C$，令 $G_4=\{A{\rightarrow}B,B{\rightarrow}C\}$，$A_{G_4^+}=ABC$，包含了 $C$，因此 $A{\rightarrow}C$ 是多余的函数依赖，应去掉。

对 $B{\rightarrow}C$，令 $G_5=\{A{\rightarrow}B,A{\rightarrow}C\}$，$B_{G_5^+}=B$，不包含 $C$，因此 $B{\rightarrow}C$ 不是多余的函数依赖。

最终的极小函数依赖集 $F_{\min}=\{A{\rightarrow}B,B{\rightarrow}C\}$。

**例 4.15** 设有关系模式 $R(U,F)$，其中 $U=\{A,B,C\}$，$F=\{AB{\rightarrow}C,A{\rightarrow}B,B{\rightarrow}A\}$，求其极小函数依赖集 $F_{\min}$。

解：观察发现该函数依赖集中所有函数依赖的右部均为单一属性，因此只需去掉左部的多余属性和多余函数依赖即可。

① 去掉 $F$ 中每个函数依赖左部的多余属性，本例只需考虑 $AB{\rightarrow}C$ 即可。

第 1 种情况：去掉 $B$，计算 $A_{F^+}=ABC$，包含 $C$，因此 $B$ 是多余属性，$AB{\rightarrow}C$ 可化简为 $A{\rightarrow}C$。

故 $F$ 简化为：$G_1=\{A{\rightarrow}C,A{\rightarrow}B,B{\rightarrow}A\}$

第 2 种情况：去掉 $A$，计算 $B_{F^+}=ABC$，包含 $C$，因此 $A$ 是多余属性，$AB{\rightarrow}C$ 可化简为 $B{\rightarrow}C$。

故 $F$ 可简化为：$G_2=\{B{\rightarrow}C,A{\rightarrow}B,B{\rightarrow}A\}$

② 去掉 $G_1$ 和 $G_2$ 中的多余函数依赖。

a. 去掉 $G_1$ 中的多余函数依赖。

对 $A{\rightarrow}C$，令 $G_{11}=\{A{\rightarrow}B,B{\rightarrow}A\}$，$A_{G_{11}^+}=AB$，不包含 $C$，因此 $A{\rightarrow}C$ 不是多余函数依赖。

对 $A{\rightarrow}B$，令 $G_{12}=\{A{\rightarrow}C,B{\rightarrow}A\}$，$A_{G_{12}^+}=AC$，不包含 $B$，因此 $A{\rightarrow}B$ 不是多余的函数依赖。

对 $B{\rightarrow}A$，令 $G_{13}=\{A{\rightarrow}C,A{\rightarrow}B\}$，$B_{G_{13}^+}=B$，不包含 $A$，因此 $B{\rightarrow}A$ 不是多余的函数依赖。

最终的极小函数依赖集 $F_{\min 1}=G_1=\{A{\rightarrow}C,A{\rightarrow}B,B{\rightarrow}A\}$。

b. 去掉 $G_2$ 中的多余函数依赖。

对 $B{\rightarrow}C$，令 $G_{21}=\{A{\rightarrow}B,B{\rightarrow}A\}$，$B_{G_{21}^+}=AB$，不包含 $C$，因此 $B{\rightarrow}C$ 不是多余函数依赖。

对 $A{\rightarrow}B$，令 $G_{22}=\{B{\rightarrow}C,B{\rightarrow}A\}$，$A_{G_{22}^+}=A$，不包含 $B$，因此 $A{\rightarrow}B$ 不是多余的函数依赖。

对 $B{\rightarrow}A$，令 $G_{23}=\{B{\rightarrow}C,A{\rightarrow}B\}$，$B_{G_{23}^+}=BC$，不包含 $A$，因此 $B{\rightarrow}A$ 不是多余的函数依赖。

最终的极小函数依赖集 $F_{\min 2}=G_2=\{B{\rightarrow}C,A{\rightarrow}B,B{\rightarrow}A\}$。

# 4.3 范　式

关系规范化是一种形式化的技术，它利用主键和候选码以及属性之间的函数依赖来分析关系（E.F.Codd，1972），这种技术包括一系列作用于单个关系的测试，一旦发现某关系未满足规范化要求，就分解该关系，直到满足规范化要求。

规范化的过程被分解成一系列的步骤，每一步都对应某一个特定的范式。随着规范化的进行，关系的形式将逐步变得更加规范，表现为具有更少的操作异常。对于关系数据模型，应该认识到建立关系时只有第一范式（1NF）。第一范式是必需的，后续的其他范式都是可选的。但为了避免出现前边所说的操作异常情况，通常需要将规范化进行到第三范式（3NF）。图 4-1 说明了函数依赖相关的各范式之间的关系，从图中可以看到，BCNF 的关系一定也是 3NF 的，3NF 的关系也是 2NF 的，等等。

上节介绍了设计"不好"的关系模式会带来的问题，本节将讨论"好"的关系模式应具备的性质，即关系规范化问题。

关系数据库中的关系要满足一定的要求，满足不同程度的要求即为不同的范式。满足最低要求的关系称为第一范式即 1NF。在第一范式中进一步满足一些要求的关系称为第二范式即 2NF。依此类推，还有第三范式（3NF）、Boyce-Codd 范式（简称 BC 范式，BCNF）、第四范式（4NF，主要是多值依赖）和第五范式（5NF，主要是连接依赖）。

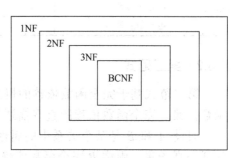

图 4-1　各范式之间的关系

所谓"第几范式"是表示关系模式满足的条件，所以经常称某一关系模式为第几范式的关系模式。例如，若 $R$ 为第二范式的关系模式可以写为 $R \in 2NF$。

对关系模式的属性间的函数依赖加以不同的限制，就形成了不同的范式。这些范式是递进的，第一范式的关系模式比不是第一范式的关系模式好；第二范式的关系模式比第一范式的关系模式好……使用这种方法的目的是从一个关系模式或关系模式的集合开始，逐步产生一个与初始集合等价的关系模式集合（指提供同样的信息）。范式越高，规范化的程度越高，关系模式带来的问题就越少。

规范化理论实际上就是对操作异常（插入异常、删除异常、更新异常等）的关系模式进行分解，从而消除这些异常。

## 4.3.1　第一范式

**定义 4.4**　不包含非原子项属性的关系是第一范式（1NF）的关系。

表 4-2 所示的关系就不是第一范式的关系（也称非规范化表或非范式表），因为在表 4-2 中，"高级职称人数"不是原子项属性，它是由两个基本属性（"教授"和"副教授"）组成的一个复合属性。

表 4-2　非第一范式的高级职称统计表

| 系　　名 | 高级职称人数 | |
| --- | --- | --- |
| | 教　授 | 副教授 |
| 计算机系 | 6 | 10 |
| 网络工程系 | 3 | 5 |
| 电子信息系 | 4 | 8 |

对于表 4-2 所示的这种形式的非规范化表，可以直接将非原子项属性进行分解，如把"高级职称人数"分解为"教授人数"和"非教授人数"，即可成为第一范式的关系，如表 4-3 所示。

表 4-3　规范化成第一范式的高级职称统计表

| 系　　名 | 教授人数 | 副教授人数 |
| --- | --- | --- |
| 计算机系 | 6 | 10 |
| 网络工程系 | 3 | 5 |
| 电子信息系 | 4 | 8 |

### 4.3.2　第二范式

第二范式基于完全函数依赖的概念，因此在介绍第二范式之前，先回顾一下完全函数依赖。完全函数依赖的直观描述是：

假设 $A$ 和 $B$ 是某个关系中的属性组，如果 $B$ 函数依赖于 $A$，但不函数依赖于 $A$ 的任一真子集，则称 $B$ 完全函数依赖于 $A$。即：对于函数依赖 $A \rightarrow B$，如果移除 $A$ 中的任一属性都使这种函数依赖关系不存在，则 $A \rightarrow B$ 就是完全函数依赖。如果移除 $A$ 中的某个或某些属性，这个函数依赖仍然成立，那么 $A \rightarrow B$ 就是一个部分函数依赖。

定义 4.5　如果 $R(U,F) \in 1NF$，并且 $R$ 中的每个非主属性都完全函数依赖于主键，则 $R(U,F) \in 2NF$。

从定义可以看出，若某个第一范式关系的主键只由单个属性组成，刚这个关系就是第二范式关系。但如果某个满足第一范式关系的主键是由多个属性共同构成的复合主键，并且存在非主属性对主键的部分函数依赖，刚这个关系就不是第二范式关系。

例如，S-L-C(Sno,Sname,Ssex,Sdept,Sloc,Cno,Grade)就不是第二范式关系。

因为该关系模式的主键是(Sno,Cno)，并且有 Sno→Sname，因此存在：

$(Sno,Cno) \xrightarrow{P} Sname$

即存在非主属性对主键的部分函数依赖。这个关系存在操作异常，而这些操作异常产生的一个原因就是因为它存在部分函数依赖。因此，第二范式的关系也不是"好"的关系模式，需要继续进行分解。

可以用模式分解的办法将非第二范式关系分解为多个满足第二范式的关系。去掉部分函数依赖的分解过程为：

（1）用组成主键的属性集合的每一个子集作为主键构成一个关系模式。

（2）将依赖于这些主键的属性放置到相应的关系模式中。

（3）最后去掉只由主键的子集构成的关系模式。

例如,对于上述 S-L-C(Sno,Sname,Ssex,Sdept,Sloc,Cno,Grade)关系模式进行分解。

（1）将该关系模式分解为如下 3 个关系模式（下画线部分表示主键）:

S-L(<u>Sno</u>,…)

C(<u>Cno</u>,…)

S-C(<u>Sno,Cno</u>,…)

（2）将依赖于这些主键的属性放置到相应的关系模式中,形成如下 3 个关系模式:

S-L(<u>Sno</u>,Sname,Ssex,Sdept,Sloc)

C(<u>Cno</u>)

S-C(<u>Sno,Cno</u>,Grade)

（3）去掉只有主键的子集构成的关系模式,也就是去掉 C(Cno)关系。S-L-C 关系最终被分解为:

S-L(<u>Sno</u>,Sname,Ssex,Sdept,Sloc)

S-C(<u>Sno,Cno</u>,Grade)

现在对分解后的两个关系模式再进行分析。

① 对 S-L(Sno,Sname,Ssex,Sdept,Sloc),其主键是(Sno),并且有:

Sno→Sname, Sno→Ssex, Sno→Sdept, Sno→Sloc

因此, S-L 满足第二范式要求,是第二范式的关系模式。

② 对 S-C(Sno,Cno,Grade),其主键是(Sno,Cno),并且有:

(Sno,Cno)→Grade

因此, S-C 也是满足第二范式要求,是第二范式的关系模式。

下面分析分解后的 S-L 和 S-C 关系模式。首先讨论 S-L,现在这个关系包含的数据如表 4-4 所示。

表 4-4 S-L 关系的部分数据示例

| Sno | Sname | Ssex | Sdept | Sloc |
|------|--------|------|---------|-------|
| 0811101 | 李勇 | 男 | 计算机系 | 渤海楼 |
| 0811102 | 刘晨 | 男 | 计算机系 | 渤海楼 |
| 0821102 | 吴宾 | 女 | 网络工程系 | 黄山楼 |
| 0821103 | 张海 | 男 | 网络工程系 | 北海楼 |
| 0831103 | 张珊珊 | 女 | 电子信息系 | 黄山楼 |

从表 4-4 所示的数据可以看到,一个系有多少个学生,就会重复描述这个系和其所在宿舍楼多少次,因此还存在数据冗余,也存在操作异常。比如,当新组建一个系时,如果此系还没有招收学生,但已分配了宿舍楼,则仍无法将此系的信息插入到表中,因为这时的学号为空。

由此看到,第二范式的关系同样还可能存在操作异常情况,因此,还需要对第二范式的关系模式进行进一步的分解。

### 4.3.3　第三范式

**定义 4.6**　如果 $R(U,F) \in 2NF$，并且所有的非主属性都不传递依赖于主键，则 $R(U,F) \in 3NF$。

从定义可以看出，如果存在非主属性对主键的传递依赖，则相应的关系模式就不是第三范式的关系模式。以关系模式 S-L(Sno,Sname,Ssex,Sdept,Sloc)为例：

因为有，Sno→Sdept，Sdept→Sloc

所以，Sno$\xrightarrow{传递}$Sloc。

从前面的分析可知，当关系模式中存在传递函数依赖时，这个关系仍然有操作异常，因此，还需要对其进一步分解，使其成为第三范式关系。

去掉传递函数依赖的分解过程为：

（1）对于不是候选码的每个决定因子，从关系模式中删去依赖于它的所有属性。

（2）新建一个关系模式，新关系模式中包含原关系模式中所有依赖于该决定因子的属性。

（3）将决定因子作为新关系模式的主键。

S-L 分解后的关系模式如下：

S-D(Sno,Sname,Ssex,Sdept)，主键为 Sno。

S-L(Sdept,Sloc)，主键为 Sdept。

对 S-D，有：Sno$\xrightarrow{f}$Sname，Sno$\xrightarrow{f}$Ssex，Sno$\xrightarrow{f}$Sdept，因此 S-D 是第三范式的。

对 S-L，有：Sdept$\xrightarrow{f}$Sloc，因此 S-L 也是第三范式的。

对 S-C(Sno,Cno,Grade)，这个关系模式的主键是(Sno,Cno)，并且有(Sno,Cno)$\xrightarrow{f}$Grade，因此 S-C 也是第三范式的。

至此，S-L-C(Sno,Sname,Ssex,Sdept,Sloc,Cno,Grade)被分解为 3 个关系模式，每个关系模式都是第三范式的。模式分解之后，原来在一个关系中表达的信息被分解在 3 个关系中表达，因此，为了保持模式分解前所表达的语义，在进行模式分解之后，除了标识主键之外，还需要标识相应的外键，如下所示：

S-D(Sno,Sname,Ssex,Sdept)，Sno 为主键，Sdept 为引用 S-L 的外键。

S-L(Sdept,Sloc)，Sdept 为主键，没有外键。

S-C(Sno,Cno,Grade)，(Sno,Cno)为主键，Sno 为引用 S-D 的外键。

由于第三范式关系模式中不存在非主属性对主键的部分函数依赖和传递函数依赖，因而在很大程度上消除了数据冗余和更新异常。在实际应用系统的数据库设计中，一般达到第三范式即可。

### 4.3.4　Boyce-Codd 范式

关系数据库设计的目的是消除部分函数依赖和传递函数依赖，因为这些函数依赖会导致更新异常。到目前为止，我们讨论的第二范式和第三范式都不允许存在对主键的部分函数依赖和传递函数依赖，但这些定义并没有考虑对候选码的依赖问题。如果只考虑对主键属性的依赖关系，则在第三范式的关系中有可能存在引起数据冗余的函数依赖。第三范式的这些不足导致了另一种更强范式的出现，即 Boyce-Codd 范式，简称 BC 范式或 BCNF( Boyce-Codd Normal Form)。

BCNF 是由 Boyce 和 Codd 共同提出的，它比 3NF 更进了一步，通常认为 BCNF 是修正的 3NF。它是在考虑了关系中对所有候选码的函数依赖的基础上建立的。

**定义 4.7** 如果 $R(U,F) \in 1NF$，若 X→Y 且 $Y \not\subseteq X$ 时 $X$ 必包含候选码，则 $R(U,F) \in BCNF$。

通俗地讲，当且仅当关系中的每个函数依赖的决定因子都是候选码时，该范式即为 Boyce-Codd 范式（BCNF）。

为了验证一个关系是否符合 BCNF，首先要确定关系中所有的决定因子，然后再看它们是否都是候选码。所谓决定因子是一个属性或一组属性，其他属性完全函数依赖于它。

3NF 和 BCNF 之间的区别在于对一个函数依赖 A→B，3NF 允许 $B$ 是主键属性，而 $A$ 不是候选码。而 BCNF 则要求在这个函数依赖中，$A$ 必须是候选码。因此 BCNF 也是 3NF，只是更加规范。尽管满足 BCNF 的关系也是 3NF 关系，但 3NF 关系却不一定是 BCNF 的。

前面分解的 S-D、S-L 和 S-C，这 3 个关系模式都是 3NF，同时也都是 BCNF，因为它们都只有一个决定因子。大多数情况下 3NF 的关系模式都是 BCNF，只有在非常特殊的情况下，才会发生违反 BCNF 的情况。

下面是有可能违反 BCNF 的情形：

（1）关系中包含两个（或更多）复合候选码。

（2）候选码的属性有重叠，通常至少有一个重叠的属性。

下面给出一个违反 BCNF 的例子，并说明如何将非 BCNF 关系转换为 BCNF 关系。该示例说明了将 1NF 关系转换为 BCNF 的方法。

设有表 4-5 所示的 ClientInterview 关系，该关系描述了员工与客户的洽谈情况。包含的属性有客户号（clientNo）、接待日期（interviewDate）、洽谈开始时间（interviewTime）、员工号（staffNo）和洽谈房间号（roomNo）。

表 4-5 ClientInterview 关系

| clientNo | interviewDate | interviewTime | staffNo | roomNo |
| --- | --- | --- | --- | --- |
| G001 | 2019-10-20 | 10:30 | Z005 | R101 |
| G002 | 2019-10-20 | 12:00 | Z005 | R101 |
| G005 | 2019-10-20 | 10:30 | Z002 | R102 |
| G002 | 2019-10-28 | 10:30 | Z005 | R102 |

其语义为：每个参与洽谈的员工被分配到一个特定的房间中进行，一个房间在一个工作日内可以被分配多次，但一个员工在特定工作日内只在一个房间中洽谈客户，一个客户在某个特定的日期只能参与一次洽谈，但可以在不同的日期多次参与洽谈。

ClientInterview 关系有三个候选码：(clientNo,interviewDate)、(staffNo,interviewDate,interviewTime)和(roomNo,interviewDate,interviewTime)，而且这些候选码都是复合候选码，它们包含一个共同的属性 interviewDate。现选择(clientNo,interviewDate)作为该关系的主键。ClientInterview 的关系模式如下：

ClientInterview(clientNo,interviewDate,interviewTime,staffNo,roomNo)

该关系模式具有如下函数依赖关系：

fd1：(clientNo,interviewDate)→interviewTime,staffNo,roomNo

fd2：(staffNo,interviewDate,interviewTime)→clientNo

fd3：(roomNo,interviewDate,interviewTime)→stuffNo,clientNo

fd4：(staffNo,interviewDate)→roomNo

现在对这些函数依赖进行分析以确定 ClientInterview 关系属于第几范式。由于函数依赖 fd1、fd2 和 fd3 的决定因子都是该关系的候选码，因此这些依赖不会带来任何问题。唯一需要讨论的是 fd4 函数依赖：(staffNo,interviewDate)→roomNo，尽管(staffNo,interviewDate)不是 ClientInterview 关系的候选码，但由于 roomNo 是候选码(roomNo,interviewDate,interviewTime)中的一个属性，因此，这个函数依赖是 3NF 所允许的。又由于该关系模式不存在部分函数依赖和传递函数依赖，因此 ClientInterview 是 3NF。

但这个关系不属于 BCNF，因为 fd4 中的决定因子(staffNo,interviewDate)不是该关系的候选码，而 BCNF 要求关系中所有的决定因子都必须是候选码，因此 ClientInterview 关系可能会存在操作异常。例如，当要改变员工"Z005"在 2009 年 10 月 20 日的房间号时就需要更改关系中的两个元组。如果只在一个元组中更新了房间号，而另一个元组没有更新，则会导致数据不一致。

为了将 ClientInterview 关系转换为 BCNF，必须消除关系中违反 BCNF 的函数依赖，为此，可以将 ClientInterview 关系分解为两个新的符合 BCNF 的关系：Interview 和 StaffRoom，如表 4-6 和表 4-7 所示。

表 4-6　Interview 关系

| clientNo | interviewDate | interviewTime | staffNo |
|---|---|---|---|
| G001 | 2019-10-20 | 10:30 | Z005 |
| G002 | 2019-10-20 | 12:00 | Z005 |
| G005 | 2019-10-20 | 10:30 | Z002 |
| G002 | 2019-10-28 | 10:30 | Z005 |

表 4-7　StaffRoom 关系

| stuffNo | interviewDate | roomNo |
|---|---|---|
| Z005 | 2019-10-20 | R101 |
| Z002 | 2019-10-20 | R102 |
| Z005 | 2019-10-28 | R102 |

可以把不符合 BCNF 的关系分解成符合 BCNF 的关系，但在任何情况下都将所有关系转化为 BCNF 并不一定是最佳的。例如，在对关系进行分解时，有可能会丢失一些函数依赖，也就是，经过分解后可能会将决定因子和由它决定的属性放置在不同的关系中。这时要满足原关系中的函数依赖是非常困难的，而且一些重要的约束也可能随之丢失。当发生这种情况时，最好的方法是只把将规范化过程进行到 3NF。在 3NF 中，所有的函数依赖都会被保留下来。例如，在前面对 ClientInterview 关系分解的例子中，当把该关系分解为两个 BCNF 后，已经丢失了函数依赖：

(roomNo,interviewDate,interviewTime)→staffNo,clientNo

虽然这个函数依赖的决定因子已经不在一个关系中，但也应该认识到，如果不消除 fd4 函数依赖：(staffNo,interviewDate)→roomNo，那么在 ClientInterview 关系中就存在数据冗余。

在具体的实际应用过程中，应该将 ClientInterview 关系规范化到 3NF，还是规范化到 BCNF，主要由 3NF 的 ClientInterview 关系所产生的数据冗余量与丢失 fd3 函数依赖所造成的影响哪个更重要来决定。例如，如果在实际情况中，每个员工每天只洽谈一次客户，那么，fd4 函数依赖的存在不会导致数据冗余，因此就不需要将 ClientInterview 关系分解为两个 BCNF 关系，而且也是不必要的。但如果实际情况是，每位员工在一天内可能会多次与客户洽谈，那么 fd4 函数依赖就会造成数据冗余，这时将 ClientInterview 关系规范化为两个 BCNF 可能会更好。但也要考虑丢失 fd3 函数依赖带来的影响，也就是说，fd3 是否传递了关于洽谈客户的重要信息，并且是否必须在关系中表现这个依赖关系。弄清楚这些问题有助于彻底解决是保留所有的函数依赖重要还是消除数据冗余比较重要。

### 4.3.5 规范化小结

在关系数据库中，对关系模式的基本要求是要满足第一范式。这样的关系模式是可以实现的。但在第一范式的关系中会存在数据操作异常，因此，人们寻求解决这些问题的方法，这就是规范化引出的目的。

规范化的基本思想是逐步消除数据依赖中不合适的部分，通过模式分解的方法使关系模式逐步消除操作异常。分解的基本思想是让一个关系模式只描述一件事情，即"一事一地"的模式设计原则。因此，规范化的过程就是让每个关系模式概念单一化的过程，让一个关系描述一个概念、一个实体或者实体间的一种联系。若多于一个概念就把它"分离"出去，但要确保分解后产生的模式与原模式等价，即模式分解不能破坏原来的语义，同时还要保证不丢失原来的函数依赖关系。

从第一范式到 BC 范式基本消除了数据的函数依赖中不合适的部分，它们的关系如图 4-2 所示。

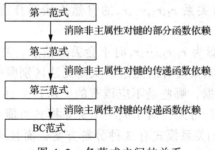

图 4-2 各范式之间的关系

# 4.4 关系模式的分解准则

规范化的方法是进行模式分解，但分解后产生的关系模式应与原关系模式等价，即模式分解必须遵守一定的准则，不能表面上消除了操作异常，但却留下其他问题。为此，模式分解应满足：

（1）分解具有无损连接性。

（2）分解能够保持函数依赖。

（3）分解既要保持函数依赖，又能具有无损连接性。

无损连接是指分解后的关系通过自然连接可以恢复成原来的关系，即通过自然连接得到的关系与原来的关系相比，既不多出信息，也不丢失信息。

保持函数依赖的分解是指在模式分解过程中，函数依赖不能丢失的特性，即模式分解不能破坏原来的语义。

为了得到更高范式的关系进行的模式分解，是否总能保证无损连接，又保持函数依赖？答案是否定的。

如何对关系模式进行分解？对于同一个关系模式可能有多种分解方案。例如，对于关系模式：S-D-L(Sno,Dept,Loc)，各属性含义分别为学号、系名和宿舍楼号，假设系名可以决定宿舍楼号。则有函数依赖：

Sno→Dept，Dept→Loc

显然这个关系模式不是第三范式，对于此关系模式我们可以有 3 种分解方案：

方案 1：S-L(Sno,Loc)，D-L(Dept,Loc)

方案 2：S-D(Sno,Dept)，S-L(Sno,Loc)

方案 3：S-D(Sno,Dept)，D-L(Dept,Loc)

这 3 种分解方案得到的关系模式都是第三范式，那么这 3 种方案是否都正确?在将一个关系模式分解为多个关系模式时除了提高规范化程度之外，还需要考虑其他一些因素。

将一个关系模式 $R<U,F>$（$U$ 为 $R$ 的属性集，$F$ 为 $R$ 中的函数依赖集）分解为若干个关系模式 $R_1<U_1,F_1>$，$R_2<U_2,F_2>$,$\cdots$,$R_n<U_n,F_n>$（其中 $U=U_1\cup U_2\cup\cdots\cup U_n$，$F_i$ 为 $F$ 在 $U_i$ 上的投影），这意味着相应地将存储在一张二维表 $r$ 中的数据分散到了若干个二维表 $r_1,r_2,\cdots,r_n$ 中（$r_i$ 是 $r$ 在属性组 $U_i$ 上的投影）。我们希望这样的分解不丢失信息，也就是说，希望能通过对关系 $r_1,r_2,\cdots,r_n$ 的自然连接运算重新得到关系 $r$ 中的所有信息。

事实上，将关系 $r$ 投影为 $r_1,r_2,\cdots,r_n$ 时不会丢失信息，关键是对 $r_1,r_2,\cdots,r_n$ 做自然连接时可能产生一些 $r$ 中原来没有的元组，从而无法区别哪些元组是 $r$ 中原来有的，即数据库中应该存在的数据，哪些是不应该有的。从这个意义上说就丢失了信息。

但如何对关系模式进行分解？对于同一个关系模式可能有多种分解方案。例如，对于 S-D-L(Sno,Dept,Loc)关系模式有 3 种分解方案，而且这 3 种分解方案得到的关系模式都是第三范式，那么这 3 种分解方案是否都满足分解的要求？下面对此进行分析。

假设在某一时刻，此关系模式的数据如表 4-8 所示，此关系用 $r$ 表示。

表 4-8　S-D-L 关系模式的某一时刻数据（$r$）

| Sno | Dept | Loc |
|-----|------|-----|
| S01 | $D_1$ | $L_1$ |
| S02 | $D_2$ | $L_2$ |
| S03 | $D_2$ | $L_2$ |
| S04 | $D_3$ | $L_1$ |

若按方案 1 将关系模式 S-D-L 分解为 S-L(Sno,Loc) 和 D-L(Dept,Loc)，则将 S-D-L 投影到 S-L 和 D-L 的属性上，得到关系 $r_{11}$ 和 $r_{12}$，如表 4-9 和表 4-10 所示。

表 4-9　分解所得到的结果（$r_{11}$）

| Sno | Loc |
|-----|-----|
| S01 | $L_1$ |
| S02 | $L_2$ |
| S03 | $L_2$ |
| S04 | $L_1$ |

表 4-10　分解所得到的结果（$r_{12}$）

| Dept | Loc |
|------|-----|
| $D_1$ | $L_1$ |
| $D_2$ | $L_2$ |
| $D_3$ | $L_1$ |

做自然连接 $r_{11} \bowtie r_{12}$，得到 $r'$，如表 4-11 所示。

表 4-11　$r_{11} \bowtie r_{12}$ 自然连接后得到 $r'$

| Sno | Dept | Loc |
|-----|------|-----|
| S01 | $D_1$ | $L_1$ |
| S01 | $D_3$ | $L_1$ |
| S02 | $D_2$ | $L_2$ |
| S03 | $D_2$ | $L_2$ |
| S04 | $D_1$ | $L_1$ |
| S04 | $D_3$ | $L_1$ |

$r'$ 中的元组(S01,$D_3$,$L_1$)和(S04,$D_1$,$L_1$)不是原来 $r$ 中有的元组，因此，无法知道原来的 $r$ 中到底有哪些元组，这不是我们所希望的。

将关系模式 $R<U,F>$ 分解为关系模式 $R_1<U_1,F_1>,R_2<U_2,F_2>,\cdots,R_n<U_n,F_n>$，若对于 $R$ 中的任何一个可能的 $r$，都有 $r=r_1 \bowtie r_2 \bowtie \cdots \bowtie r_n$，即 $r$ 在 $R_1,R_2,\cdots,R_n$ 上的投影的自然连接等于 $r$，则称关系模式 $R$ 的这个分解具有无损连接性。

分解方案 1 不具有无损连接性，因此不是一个正确的分解方法。

再分析方案 2。将 S-D-L 投影到 S-D，S-L 的属性上，得到关系 $r_{21}$ 和 $r_{22}$，如表 4-12 和表 4-13 所示。

表 4-12　分解所得到的结果（$r_{21}$）

| Sno | Dept |
|-----|------|
| S01 | $D_1$ |
| S02 | $D_2$ |
| S03 | $D_2$ |
| S04 | $D_3$ |

表 4-13　分解所得到的结果（$r_{22}$）

| Sno | Loc |
|-----|-----|
| S01 | $L_1$ |
| S02 | $L_2$ |
| S03 | $L_2$ |
| S04 | $L_1$ |

将 $r_{11} \bowtie r_{12}$ 做自然连接，得到 $r''$，如表 4-14 所示。

表 4-14　$r_{11} \bowtie r_{12}$ 自然连接得到 $r''$

| Sno | Dept | Loc |
|-----|------|-----|
| S01 | $D_1$ | $L_1$ |
| S02 | $D_2$ | $L_2$ |
| S03 | $D_2$ | $L_2$ |
| S04 | $D_3$ | $L_1$ |

分解后的关系模式经过自然连接后恢复成原来的关系，因此，分解方案 2 具有无损连接性。现在对这个分解做进一步的分析。假设学生 S03 从 $D_2$ 系转到了 $D_3$ 系，于是需要在 $r_{21}$ 中将元组(S03,$D_2$)改为(S03,$D_3$)，同时还需要在 $r_{22}$ 中将元组(S03,$L_2$）改为（S03,$L_1$）。如果这两个修改没有同时进行，则数据库中就会出现不一致信息。这是由于这样分解得到的两个关系模式没有保持原来的函数依赖关系造成的。原有的函数依赖 Dept→Loc 在分解后即没有投影到 S-D 中，也没有投影到 S-L 中，因此分解方案 2 没有保持原有的函数依赖关系，也不是好的分解方法。

再看分解方案 3，经过分析（读者可以自己思考）可以看出分解方案 3 既满足无损连接性，又保持了原有的函数依赖关系，因此它是一个好的分解方法。

综上可以看出，分解具有无损连接性和分解保持函数依赖是两个独立的标准。具有无损连接性的分解不一定保持函数依赖，如前边的分解方案 2；保持函数依赖的分解不一定具有无损连接性。

下面举几个例子来说明如何判断某分解是否为无损连接性分解和保持依赖性分解以及它们之间是否独立。

例 4.16　假设有关系模式 $R(U,F)$，属性集 $U$={SNO,CNO,GRADE,TNAME,TAGE,OFFICE}，函数依赖集 $F$={(SNO,CNO)→GRADE,CNO→TNAME,TNAME→TAGE,OFFICE}，现将 $R$ 按以下两种分解方案进行分解：ρ1={SC,CT,TO}，ρ2={SC,GTO}。其中，SC={SNO,

CNO,GRADE}，CT={CNO,TNAME}，TO={TNAME,TAGE,OFFICE}，GTO={GRADE,TNAME,TAGE,OFFICE}。

请分析ρ1、ρ2是否为无损分解？

解：本题只给出分析方法，证明留给读者思考。

（1）针对分解方案ρ1={SC,CT,TO}的分析。

① 首先构建一个初始化矩阵，矩阵的行数由分解的子模式的个数确定，矩阵的列数由 R 的属性个数确定，并在对应的矩阵格子上填写数据，填写的规则如下：如果该子模式 $i$ 包含了属性 $j$，则此单元格填上 "$a_j$"，如果不包含属性 $j$，则此单元格填上 "$b_{ij}$"，（这里的 $i$ 和 $j$ 分别表示子模式的下标和属性的下标）。因此ρ1的初始化矩阵如表 4-15 所示。

表 4-15　ρ1 的初始化矩阵

|      | SNO      | CNO      | GRADE    | TNAME    | TAGE     | OFFICE   |
|------|----------|----------|----------|----------|----------|----------|
| SC   | $a_1$    | $a_2$    | $a_3$    | $b_{14}$ | $b_{15}$ | $b_{16}$ |
| CT   | $b_{21}$ | $a_2$    | $b_{23}$ | $a_4$    | $b_{25}$ | $b_{26}$ |
| TO   | $b_{31}$ | $b_{32}$ | $b_{33}$ | $a_4$    | $a_5$    | $a_6$    |

② 然后根据函数依赖集 $F$ 的每个表达式，对初始化矩阵进行修改。

由(SNO,CNO)→GRADE，可知，学号和课程号分别相等时，成绩相等，但表 4-15 中没有两行 SNO 列和 CNO 列分别相同，所以，不需要修改初始化矩阵。

由 CNO→TNAME 可知，课程号相等，则教师姓名相同，表 4-15 中第二行和第三行的 CNO 都为 $a_2$，所以 TNAME 列应该相同，这时需要把初始化矩阵的 $b_{14}$ 改为 $a_4$，得到表 4-16。

表 4-16　第一次修改后的矩阵

|      | SNO      | CNO      | GRADE    | TNAME    | TAGE     | OFFICE   |
|------|----------|----------|----------|----------|----------|----------|
| SC   | $a_1$    | $a_2$    | $a_3$    | $a_4$    | $b_{15}$ | $b_{16}$ |
| CT   | $b_{21}$ | $a_2$    | $b_{23}$ | $a_4$    | $b_{25}$ | $b_{26}$ |
| TO   | $b_{31}$ | $b_{32}$ | $b_{33}$ | $a_4$    | $a_5$    | $a_6$    |

由 TNAME→(TAGE,OFFICE)可知，教师姓名相同，则教师年龄和办公室分别相等，表 4-16 中的 TNAME 列全部相同，应分别把 TAGE 列和 OFFICE 列修改成相同值，修改后的矩阵如表 4-17 所示。

表 4-17　修改完成的矩阵

|      | SNO      | CNO      | GRADE    | TNAME    | TAGE     | OFFICE   |
|------|----------|----------|----------|----------|----------|----------|
| SC   | $a_1$    | $a_2$    | $a_3$    | $a_4$    | $a_5$    | $a_6$    |
| CT   | $b_{21}$ | $a_2$    | $b_{23}$ | $a_4$    | $a_5$    | $a_6$    |
| TO   | $b_{31}$ | $b_{32}$ | $b_{33}$ | $a_4$    | $a_5$    | $a_6$    |

③ 最后根据修改后的矩阵，如果有一行全部是以 $a$ 开头，则此分解为无损连接性分解，如果没有一行全部是以 $a$ 开头，则此分解不是无损连接性分解。

在表 4-17，发现第一行全部以 $a$ 开头，所以 ρ1={SC,CT,TO} 分解为无损连接性分解。

（2）针对分解方案 ρ2={SC,GTO} 的分析。

① 首先构建一个初始化矩阵，ρ2 的初始化矩阵如表 4-18 所示。

表 4-18　ρ2 的初始化矩阵

|  | SNO | CNO | GRADE | TNAME | TAGE | OFFICE |
|---|---|---|---|---|---|---|
| SC | $a_1$ | $a_2$ | $a_3$ | $b_{14}$ | $b_{15}$ | $b_{16}$ |
| GTO | $b_{21}$ | $b_{22}$ | $a_3$ | $a_4$ | $a_5$ | $a_6$ |

② 然后根据函数依赖集 $F$ 的每个表达式，对初始化矩阵进行修改。

由 (SNO,CNO)→GRADE 可知，但表 4-18 中没有两行 SNO 列和 CNO 列分别相同，所以不需要修改初始化矩阵；

由 CNO→TNAME 可知，表 4-18 中没有两行 CNO 列相同，所以不需要修改初始化矩阵；

由 TNAME→(TAGE,OFFICE) 可知，表 4-18 中没有两行的 TNAME 列相同，所以不需要修改初始化矩阵。

③ 修改后的矩阵与初始矩阵相同，且没有一行全部是以 $a$ 开头，因此 ρ2={SC,GTO} 分解不是无损连接性分解。

**例 4.17** 假设有关系模式 R={A,B,C}，$R$ 上的 $FD$ 集合 $F$={$AB→C,C→A$}，现将 R 分解为两个子模式 $R_1$，$R_2$，其中 $R_1$={$A,C$}，$R_2$={$B,C$}。请判断此分解的性质。

**解**：先分析其是否为无损连接性分解，再分析其是否为保持依赖性分解。

（1）首先分析 $R_1$={$A,C$}，$R_2$={$B,C$} 的无损连接性。

① 首先构建一个初始化矩阵如表 4-19 所示。

表 4-19　初始化矩阵

|  | A | B | C |
|---|---|---|---|
| $R_1$ | $a_1$ | $b_{12}$ | $a_3$ |
| $R_2$ | $b_{21}$ | $a_2$ | $a_3$ |

② 然后根据函数依赖集 $F$ 的每个表达式，对初始化矩阵进行修改。

由 $AB→C$ 可知，表 4-19 中没有两行 A 列和 B 列分别相同，所以，不需要修改初始化矩阵。

由 $C→A$ 可知，表 4-19 中第二行和第三行的 $C$ 都为 $a_3$，所以 A 列应该相同，这时需要把初始化矩阵的 $b_{21}$ 改为 $a_1$，得到表 4-20。

表 4-20　修改后的矩阵

|  | A | B | C |
|---|---|---|---|
| $R_1$ | $a_1$ | $b_{12}$ | $a_3$ |
| $R_2$ | $a_1$ | $a_2$ | $a_3$ |

③ 最后，发现第二行全部是以 $a$ 开头，则此分解为保留无损连接性。

（2）然后分析 $R_1=\{A,C\}$，$R_2=\{B,C\}$ 的保持依赖性。

① 把函数依赖集 $F$ 分别在 $R_1$ 和 $R_2$ 上投影，得到 $F_1$ 和 $F_2$。

$F_1=\{C{\rightarrow}A\}$，$F_2=\{\}$

② 然后由 $F_1{\cup}F_2$ 得到 $F'$。

$F'=\{C{\rightarrow}A\}$

③ 把 $F'$ 和 $F$ 比较，发现 $F'{\neq}F$。可见该分解为不保持依赖性的分解。

虽然此分解由第一步可知是无损连接分解，但从第二步可知是不保持依赖性的分解。由此可见，某个分解的无损连接性和保持依赖性是相互独立的。

一般情况下，在进行模式分解时，应将有直接依赖关系的属性放置在一个关系模式中，这样得到的分解结果一般能具有无损连接性，并且能保持函数依赖关系不变。

# 4.5　查询处理与优化

数据查询操作是数据库中使用最多的操作，如何提高数据的查询效率、如何优化查询是数据库管理系统的一项重要工作。

本节将介绍 DBMS 通用的一些查询优化技术，主要包括代数优化和物理优化两部分，目的是让读者了解查询优化的内部实现技术和实现过程。

## 4.5.1　查询处理与优化概述

数据查询操作是数据库中使用最多的操作，也是最基本、最复杂的操作。数据库查询一般都用查询语言表示，如 SQL 语言。从查询语句出发到获得最终的查询结果，需要一个处理过程，这个过程称为查询处理。关系数据库的查询语言一般都是非过程化语言，即仅表达查询要求，而不说明查询执行过程。也就是用户不必关心查询语言的具体执行过程，而由 DBMS 来确定合理的、有效的执行策略。DBMS 在这方面的作用称为查询优化。对于执行非过程化语言的 DBMS，查询优化是查询处理中一项重要和必要的工作。

查询优化有多种途径。一种途径是对查询语句进行变换，例如改变基本操作的次序，使查询语句执行起来更有效，这种查询优化方法仅涉及查询语句本身，而不涉及存取路径，称为代数优化，或称为独立于存取路径的优化。查询优化的另一种途径是根据系统提供的存取路径，选择合理的存取策略，例如，选用顺序搜索或者是索引搜索，这称为物理优化，或称为依赖于存取路径的优化。有些查询优化仅根据启发式规则，选择执行的策略，如先做选择、投影等一元操作，后做连接操作，这称为规则优化。除根据一些基本规则外，还对可供选择的执行策略执行代价估算，并从中选出代价最小的执行策略，这称为代价估算优化。这些查询优化途径都是可行的。事实上，DBMS 往往综合运用上述优化方法，以获得最好的优化效果。

## 4.5.2　SQL 的查询处理

SQL 的查询处理就是把用户提交的查询语句转换为高效的查询执行计划。

### 1. 查询处理的步骤

SQL 的查询处理分为 4 个阶段：查询分析、查询检查、查询优化、查询执行。

1）查询分析

首先对查询语句进行扫描、词法分析和语法分析。

2）查询检查

根据数据字典对合法的查询语句进行语义检查，即检查语句中的数据库对象是否存在和是否有效。一般采用查询树或语法分析树来表示扩展的关系代数表达式。

3）查询优化

查询优化就是选择一个高效执行的查询处理策略。按照优化的层次，查询优化可分为代数优化和物理优化。

4）查询执行

依据优化器得到的执行策略生成查询计划，由代码生成器生成执行这个查询计划的代码，并执行代码，返回查询结果。

各步骤之间的关系如图 4-3 所示。

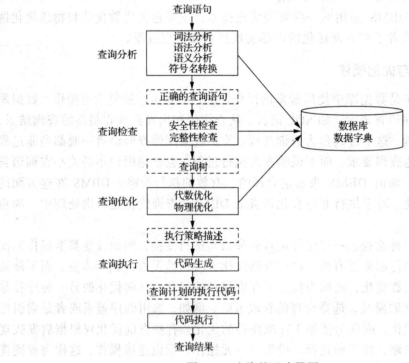

图 4-3 查询处理步骤图

### 2. 查询处理示例

下面通过一个简单的例子，查看为什么要进行查询优化。

假设要查询选修了"C001"课程的学生姓名，相应的 SQL 语句为：

```
SELECT Sname
  FROM Student S JOIN SC ON S.Sno=SC.Sno
  WHERE Cno='C001'
```

假设数据库中有 1 000 个学生记录，10 000 个选课记录，其中选了"C001"课程的记录有 50 个。

与该查询等价的关系代数表达式可以有多种形式：

$Q_1 = \pi_{Sname}(\sigma_{Student.Sno=SC.Sno \wedge Sc.Cno='C001'}(Student \times SC))$

$Q_2 = \pi_{Sname}(\sigma_{SC.Cno='C001'}(Student \bowtie SC))$

$Q_3 = \pi_{Sname}(Student \bowtie \sigma_{SCCno='C001'}(SC))$

还有其他几种形式，但这 3 种形式是典型的与该查询语句等价的代数表达式，分析这 3 种形式的表达式已足够说明问题。下面分析这 3 种查询执行策略在查询时间上的差异。

1）$Q_1$ 的执行过程

（1）进行广义笛卡儿积操作。把 Student 表的每个元组和 SC 表的每个元组连接起来。一般的连接做法是：在内存中尽可能多地装入某个表（如 Student 表）的若干块，并留出一块存放另一个表（如 SC 表）的元组。把 SC 表中的每个元组与 Student 表中的每个元组进行连接，连接后的元组装满一块后就写到中间文件上，再从 SC 表中读入一块数据，然后再和内存中的 Student 元组进行连接，直到 SC 表处理完。然后再一次读入若干块 Student 元组，再读入一块 SC 元组，重复上述处理过程，直到处理完 Student 表的所有元组。

假设一个块能装 10 个 Student 表的元组或 100 个 SC 表的元组，在内存中最多可存放 5 块 Student 表数据和 1 块 SC 表数据，则读取的总块数为：

$1000/10 + 1000/(10 \times 5) \times 10000/100 = 100 + 20 \times 100 = 2100$（块）

其中，读取 Student 表 100 块，读取 SC 表 20 遍，每遍 10000/100 = 100（块）。若每秒能读写 20 块，则该过程总共要花费 2100/20 = 105 s。

Student 和 SC 表连接后的元组数为 $1000 \times 10000 = 10^7$。若每块能装 10 个连接后的元组，则写出这些连接后的元组需要 $(10^7/10)/20 = 5 \times 10^4 s$。

（2）进行选择操作。

依次读入连接后的元组，选取满足选择条件的元组。假定忽略内存处理时间，则这一步读取存放连接结果的中间文件需花费的时间与写中间文件花费同样的时间，也是 $5 \times 10^4 s$。假设满足条件的元组只有 50 个，均可放在内存中。

（3）进行投影操作。对第 2 步得到的结果再在 Sname 列上进行投影，得到最终结果。这个步骤由于不需要读写磁盘，因此，时间忽略不计。

则 $Q_1$ 的总执行时间约为 $105 + 2 \times 5 \times 10^4 s \approx 10^5 s$。这里所有内存处理时间均忽略不计。

2）$Q_2$ 的执行过程

（1）进行自然连接操作。进行自然连接同进行笛卡儿积一样，需要读取 Student 表和 SC 表的所有元组，假设这里的读取策略同 $Q_1$，则 $Q_2$ 总的读取块数仍为 2 100 块，需要 105 s。

但自然连接的结果比 $Q_1$ 大大减少，为 10000 = $10^4$ 个（即 SC 表元组数）。因此，写出这些元组需要的时间为 $(10^4/10)/20 = 50s$。仅为 $Q_1$ 执行时间的千分之一。

（2）进行选择操作

读取中间文件块，这同写元组一样，也是 50 s。

（3）进行投影操作

对第 2 步的结果在 Sname 列上进行投影，花费时间忽略不计。则 $Q_2$ 的总执行时间约为 $105 + 50 + 50 = 205$ s。

3）$Q_3$ 的执行过程

（1）对 SC 进行选择运算

这只需读一遍 SC 表，共计 100 块数据，所花费时间为 $100/20 = 5$ s。由于满足条件的元组仅有 50 个，因此不必使用中间文件。

（2）进行自然连接操作

读取 Student 表，把读入的 Student 元组和内存中的 SC 的元组进行连接操作，只需读取一遍 Student 表共计 100 块，花费时间为 $100/20 = 5$ s。

（3）对连接的结果进行投影操作

将第 2 步的结果在 Sname 列上进行投影，花费时间忽略不计。则 $Q_3$ 的总执行时间约为 $5 + 5 = 10$ s。

对于 $Q_3$ 的执行过程，如果 SC 表的 Cno 列上建有索引，则第一步就不需要读取 SC 表的所有元组，而只需读取 Cno = 'C001' 的 50 个元组。若 Student 表在 Sno 列上也建有索引，则第二步也不必读取 Student 表的所有元组，因为满足条件的 SC 表记录仅有 50 个，因此，最多涉及 50 个 Student 记录，这也可以极大地减少读取 Student 表的块数，从而减少总体的读取时间。

从这个简单的例子可以看出查询优化的必要性，同时该例子也给出了一些查询优化的初步概念。把关系代数表达式 $Q_1$ 变换为 $Q_2$ 和 $Q_3$，即先进行选择操作，后进行连接操作，这样就可以极大地减少参加连接的元组数，这就是代数优化的含义。对于 $Q_3$ 的执行过程，对 SC 表的选择操作有全表扫描和索引扫描两种方法，经过初步估算，索引扫描方法更优。同样，对于 Student 表和 SC 表的连接操作，如果能利用 Student 表上的索引，则会提高连接操作的效率，这就是物理优化的含义。

### 4.5.3 查询优化方法

查询优化可分为代数优化和物理优化。代数优化是指关系代数表达式的优化，即按照一定的规则，改变代数表达式中操作的次序和组合，使查询执行效率更高；物理优化则是指存取路径和底层操作算法的选择。

#### 1. 代数优化

代数优化是对查询进行等价变换，以减少执行的开销。所谓等价是指变换后的关系代数表达式与变换前的关系代数表达式所得到的结果是相同的。

1）等价变换规则

查询优化器使用的转换规则是将一个关系代数表达式转换为另一个等价的能更有效执行的表达式。

最常用的变换原则是尽可能减少查询过程中产生的中间结果。由于选择、投影等一元操作分别从水平和垂直方向减少关系的大小，而连接等二元操作不但操作本身开销很大，而且还会产生大的中间结果，因此，在变换时，总是尽可能先做选择和投影操作，然后再做连接操作。在连接时，也是先做小关系之间的连接，再做大关系之间的连接。

假设有关系 $R$、$S$ 和 $T$，$R$ 的属性集为 $A = \{A_1, A_2, \cdots, A_n\}$，$S$ 的属性集为 $B = \{B_1, B_2, \cdots, B_n\}$，$c = \{c_1, c_2, \cdots, c_n\}$ 代表选择条件，$L$、$L_1$ 和 $L_2$ 代表属性集合。

下面是一些常用的等价转换规则。

（1）选择的级联规则。设 $R$ 是某个关系，则有：

$$\sigma_{c_1 \wedge c_2 \wedge \cdots \wedge c_n}(R) \equiv \sigma_{c_1}(\sigma_{c_2}(\cdots(\sigma_{c_n}(R))\cdots))$$

示例：

$$\sigma_{Sdept='计算机系' \wedge Ssex='男'}(Student) \equiv \sigma_{Sdept='计算机系'}(\sigma_{Ssex='男'}(Student))$$

（2）选择的交换规则。

$$\sigma_{c_1}(\sigma_{c_2}(R)) \equiv \sigma_{c_2}(\sigma_{c_1}(R))$$

示例：

$$\sigma_{Sdept='计算机系'}(\sigma_{Ssex='男'}(Student)) \equiv \sigma_{Ssex='男'}(\sigma_{Sdept='计算机系'}(Student))$$

（3）投影的级联规则。

$$\prod_{A_1}(\prod_{A_1, A_2}(\prod_{A_1, A_2, \cdots, A_n}(R))) \equiv \prod_{A_1}(R)$$

示例：

$$\prod_{Sname}(\prod_{Sdept, Sname}(Student)) \equiv \prod_{Sname}(Student)$$

（4）选择与投影的交换规则。

$$\sigma_c(\prod_{A_1, A_2, \cdots, A_n}(R)) \equiv \prod_{A_1, A_2, \cdots, A_n}(\sigma_c(R))$$

示例：

$$\sigma_{Sage>=20}(\prod_{Sname, sdep, Sage}(Student)) \equiv \prod_{Sname, dept, Sage}(\sigma_{Sage>=20}(Student))$$

（5）选择和连接的交换规则。

$$\sigma_c(R \bowtie S) \equiv (\sigma_c(R)) \bowtie S，假设 c 只涉及 R 中的属性。$$

同样，如果选择条件是 $(c_1 \wedge c_2)$ 这种形式的，并且 $c_1$ 只涉及 $R$ 中的属性，$c_2$ 只涉及 $S$ 中的属性，则选择和连接操作可变换成如下形式：

$$\sigma_{c_1 \wedge c_2}(R \bowtie S) \equiv \sigma_{c_1}(R) \bowtie \sigma_{c_2}(S)$$

示例：

$$\sigma_{Sdept='计算机系' \wedge Grade>=90}(Student \bowtie SC) \equiv (\sigma_{Sdept='计算机系'}(Student)) \bowtie (\sigma_{Grade>=90}(SC))$$

（6）连接和笛卡儿积的交换规则。

$$R \times S \equiv S \times R$$

$$R \bowtie S \equiv S \bowtie R$$

$$RC \bowtie S \equiv SC \bowtie R$$

示例：

$$Student \underset{Student.Sno=SC.Sno}{\bowtie} SC \equiv SC \underset{Student.Sno=SC.Sno}{\bowtie} Student$$

（7）并和交的交换规则。

$$R \cup S \equiv S \cup R$$

$$R \cap S \equiv S \cap R$$

（8）投影和连接的分配规则。设 $R$ 和 $S$ 的连接属性在 $L_1$ 和 $L_2$ 中，则

$$\prod_{L_1 \cup L_2}(R \bowtie S) \equiv \prod_{L_1}(R) \bowtie \prod_{L_2}(S)$$

示例：

$$\prod_{Sdept, Sno, Sname, Grade}(Student \bowtie SC) \equiv \prod_{Sdept, Sno, Sname}(Student) \bowtie \prod_{Sno, Grade}(SC)$$

如果 $R$ 和 $S$ 的连接属性不在 $L_1$ 和 $L_2$ 中，则在进行 $\prod_{L_1}(R)$ 和 $\prod_{L_2}(S)$ 操作时，必须保留连接属性。

示例：

$$\prod_{Sdept, Sname, Grade}(Student \bowtie SC) \equiv \prod_{Sno, Sdept, Sname}(Student) \bowtie \prod_{Sno, Grade}(SC)$$

（9）选择与集合并、交、差运算的分配规则。设 $R$ 和 $S$ 有相同的属性，则：

$$\sigma_c(R \cup S) \equiv \sigma_c(R) \cup \sigma_c(S)$$

$$\sigma_c(R \cap S) \equiv \sigma_c(R) \cap \sigma_c(S)$$

$$\sigma_c(R-S) \equiv \sigma_c(R) - \sigma_c(S)$$

（10）投影与并运算的分配规则。设 $R$ 和 $S$ 有相同的属性，则：

$$\prod_L(R \cup S) \equiv \prod_L(R) \cup \prod_L(S)$$

（11）连接和笛卡儿积的结合规则。

$$(R \times S) \times T \equiv R \times (S \times T)$$

$$(R \bowtie S) \bowtie T \equiv R \bowtie (S \bowtie T)$$

如果连接条件 $c$ 仅涉及来自关系 $R$ 和 $T$ 的属性，则连接以下列方式结合：

$$(R \underset{c_1}{\bowtie} S) \underset{c_1 \wedge c_3}{\bowtie} T \equiv R(S \underset{c_2}{\bowtie} T)$$

（12）并和交的结合规则。

$$(R \cup S) \cup T \equiv R \cup (S \cup T)$$

$$(R \cap S) \cap T \equiv R \cap (S \cap T)$$

2）启发式规则

启发式规则作为一个优化技术，用于对关系代数表达式的查询树进行优化。查询树也称关系代数树，它用形象的树的形式来表达关系代数的执行过程。

查询树包括如下几个部分：

叶结点：代表查询的基本输入关系。

非叶结点：代表在关系代数表达式中应用操作的中间关系。

根结点：代表查询的结果。

查询树的操作顺序为从叶到根。

例如，关系代数表达式：

$$Q_2 = \prod_{Sname}(\sigma_{SC.Cno='C001'}(Student \bowtie SC))$$

对应的查询树如图 4-4 所示。

从以上例子可以看出，一个 SQL 查询可以有多种不同形式的关系代数表达式，因此也会有多种不同的查询树。一般情况下，查询解析器首先产生一个与 SQL 查询对应的初始标准查询树，这个查询树

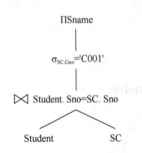

图 4-4　与 $Q_2$ 表达式对应的查询树

是没有经过任何优化的。然后运用启发式规则对查询树进行优化。典型的启发式规则有：

（1）应尽可能先做选择运算。在优化策略中这是最重要、最基本的一条，目的是减少中间结果的数据量。

（2）在执行连接前对关系适当地预处理，目的是减少中间结果的数据量。

预处理方法主要有两种：在连接属性上建立索引（索引连接方法）；按连接属性排序（排序合并连接方法）。

（3）投影运算和选择运算同时进行。如有若干投影和选择运算，并且它们都在同一个关系上进行操作，则可以在扫描此关系的同时完成所有的投影和选择运算，目的是避免重复扫描关系。

（4）将投影运算与其前或其后的双目运算（交、并、差）结合起来，目的是减少扫描关系的次数。

（5）将某些选择运算和在其前面执行的笛卡儿积转变成为连接运算，特别是等值连接运算要比同样关系上的笛卡儿积节省很多时间。

（6）提前做投影运算（但要保留用于连接的属性），目的是减少中间结果的数据量。

（7）找出公共子表达式。

如果重复出现的子表达式的结果不是很复杂的关系，并且从外存中读入这个关系比计算该子表达式的时间少得多，则先计算一次公共子表达式并把结果写入中间文件，以后的操作是在中间文件上操作。

例如，多次操作总是查询某一院系学生的学号、姓名信息，可以先建立只有学号、姓名的视图，再对视图进行操作。其中的学号、姓名就是公共子表达式。

下面通过查询示例说明代数优化的过程。

**例 4.18** 查询选修了 "2" 号课程的学生的姓名。

查询语句为：

```
SELECT Sname FROM Student JOIN SC ON Student.Sno=SC.Sno WHERE SC.Cno = '2'
```

优化过程：

（1）转换为初始关系代数表达式（未经优化的）。

$$\Pi_{Sname}(\sigma_{Student.Sno = SC.Sno \wedge SC.cno = '2'}(Student \times SC))$$

该查询的初始查询树如图 4-5 所示。

（2）利用转换规则进行优化。

① 用规则 1 将选择操作的连接操作部分分解到各个选择操作中，使其尽可能先执行选择操作，得到的查询树如图 4-6 所示。

② 用规则 5 将选择操作和乘积操作转变为连接操作，得到的查询树如图 4-7 所示。

③ 用规则 4 和规则 6 对 Student 关系进行投影操作，得到的查询树如图 4-8 所示。

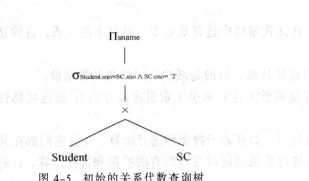

图 4-5 初始的关系代数查询树

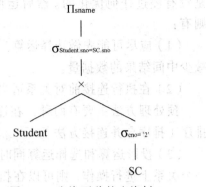

图 4-6 查询下移的查询树

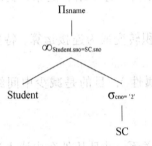

图 4-7 乘积变连接的查询树

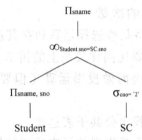

图 4-8 提前投影的查询树

### 2．物理优化

代数优化不涉及底层的存取路径，因此，对各种操作的执行策略无从选择，只能在操作次序和组合上根据启发式规则做一些变换和调整。单纯依靠代数优化是不完善的，优化的效果也是有限的。实践证明，合理地选择存取路径，往往能收到显著的优化效果，应成为优化的重点。结合存取路径，讨论各种操作执行的策略以及选择原则。

1）选择操作的优化

选择操作的执行策略与选择条件、可用存取路径以及选取的元组数在整个关系中所占的比例有关。

选择条件有等值、范围和集合条件等。等值条件即属性等于某个给定值。范围条件指属性在某个给定范围内，一般由比较运算符（>、>=、<、<=或 BETWEEN AND）构成。集合条件指用集合关系表示的条件，如用 IN、NOT IN、EXISTS、NOT EXISTS表示的条件。集合条件比较的一方往往是一些常量的集合或者是子查询块，验证这些条件一般没有专门的存取路径。复合条件由简单选择条件通过 AND、OR 连接而成。

选择操作最原始的实现方法是顺序扫描被选择的关系，即按关系存放的自然顺序读取各元组，逐个按选择条件进行检验，选取满足条件的元组。这种方法不需要特殊的存取路径，如果选择的元组较多或者是关系本身很小，则这种方法不失为一种有效的方法。在无其他存取路径时，这也是唯一可行的方法。

对于复杂的关系，顺序扫描非常费时，为此 DBMS 在技术上支持建立各式各样的存取路径，供数据库设计人员根据需要进行配置。目前使用最多的存取路径是以 B$^+$ 树或其他变种结构的各种索引。近年来，也有些 DBMS 支持动态散列及其各种变种。散列技术对于散列属性上的等值查询很有效，但对于散列属性上的范围查询、整个关系的顺序访问以及非散列属性上的查询都很慢，加之不能充分利用存取空间，因此，除特殊情况外，一般不用这种技术。

索引是使用最多的一种存取路径。从数据访问的观点看，索引可分为两大类，一类是无序索引，即非聚集索引；另一类是有序索引，即聚集索引。

非聚集索引是建立在堆文件上的。在这种存取结构中，具有相同索引值的元组被分散存放在堆文件中。每读取一个元组，一般都需要访问一个物理块。如果仅查询一个关系中的少量元组，则这种索引很有效，它比顺序扫描节省大量的 I/O 操作。但如果查询一个关系中的较多元组，则可能要访问这个关系的大部分物理块，再加上索引本身的 I/O 操作，很可能不如顺序扫描有效。

聚集索引是排序索引，即关系按某个索引属性排序，具有相同索引属性值的元组聚集（即连续）存放在一起。如果查询的是聚集索引的属性，则聚集存放在同一个物理块中的元组的索引属性值是依次相邻的。这种存放方式对按主键进行的范围查询非常有利，因为每访问一个物理块可以获得多个所需的元组，从而大大减少 I/O 次数。如果查询语句要求查询结果按主键排序，则还可以省去对结果进行排序的操作。对数据按索引属性值排序和聚集存放虽然对某些查询有利，但不利于插入新数据，因为每次插入数据时都有可能造成对其他元组的移动，并且有可能需要修改该关系上的所有索引，这项工作非常耗时。由于一个关系只能有一种物理排序或聚集方式，因此只对包含这些排序属性的查询比较有利，对其他属性的查询可能不会带来任何好处。

连接操作可按下列启发式规则选用存取路径：

（1）对于小关系，不必考虑其他存取路径，直接用顺序扫描。

（2）如果无索引或散列等存取路径可用，或估计选择的元组数在关系中占有较大的比例（如大于 15%），且有关属性无聚集索引，则用顺序扫描。

对于主键的等值条件查询，最多只有一个元组可以满足条件，因此应优先采用主键上的索引或散列。

（3）对于非主键的等值条件查询，要估计选择的元组数在关系中所占的比例。如果比例较小（如小于 15%），可用非聚集索引，否则只能用聚集索引或顺序扫描。

（4）对于范围条件查询，一般先通过索引找到范围的边界，再通过索引的有序集沿相应的方向进行搜索。例如，对于条件 Sage≥20，可先找到 Sage=20 的有序集的结点，再沿有序集向右搜索。若选择的元组数在关系中所占的比例较大，且没有有关属性的聚集索引，则宜采用顺序扫描。

（5）对于用 AND 连接的合取选择条件，若有相应的多属性索引，则应先采用多属性索引。否则，可检查各个条件中是否有多个可用的二次索引检索的，若有，则用预查找法处理。即通过二次索引找出满足条件的元组 id（用 tid 表示）集合，然后再求出这些 tid 集合的交集。最后取出交集中 tid 所对应的元组，并在获取这些元组的同时，用合取选择条件中的其余条件检查。凡能满足所有其余条件的元组即为所检索的元组。

如果上述途径都不可行，但合取选择条件中有个别条件具有规则（3）、（4）、（5）

所描述的存取路径，则可用此存取路径来选择满足条件的元组，再将这项元组用合取选择条件中的其他条件筛选。若在所有合取选择条件中，没有一个具有合适的存取路径，则只能用顺序扫描。

（6）对于用 OR 连接的析取选择条件，目前还没有好的优化方法，只能按其中各个条件分别选出一个元组集，然后再计算这些元组的并集。我们知道，并操作是开销大的操作，而且在 OR 连接的诸条件中，只要有一个条件无合适的存取路径，就必须采用顺序扫描来处理查询。因此在编写查询语句时，应尽可能避免采用 OR 运算符。

（7）有些选择操作只要访问索引就可以获得结果，例如查询索引属性的最大值、最小值、平均值等。在这种情况下，应优先利用索引，避免访问数据。

2）连接操作的优化

连接操作是开销很大的操作，一直以来是查询优化研究的重点。本部分主要讨论二元连接的优化，这也是最基本、使用最多的连接操作。多元操作也是以二元连接为基础的。

以下是选用连接方法的启发式规则：

（1）如果两个关系都已按连接属性排序，则优先选用排序归并法。如果两个关系中有一个关系已按连接属性排序，而另一个关系很小，则可以考虑对此关系按连接属性排序，然后再用排序归并法进行连接。

（2）如果两个关系中有一个关系在连接属性上有索引（特别是聚集索引）或散列，则可以将另一个关系作为外关系，顺序扫描，并利用内关系上的索引或散列寻找与之匹配的元组，以代替多遍扫描。

（3）如果应用上述两个规则的条件都不具备，且两个关系都比较小，则可以应用嵌套循环法。

（4）如果规则（1）、（2）、（3）都不适用，则可以选用散列连接法。

上述启发式规则仅在一般情况下可以选取合理的连接方法，要获得好的优化效果，还需进行代价比较等优化方法。

3）投影操作的优化

投影操作一般与选择、连接等操作同时进行，不需要附加 I/O 开销。如果投影的属性集中不包含主键，则投影结果中可能出现重复元组。消除重复元组是比较费时的操作，一般需要将投影结果按其所有属性排序，使重复元组连续存放，以便于发现重复元组。散列也是消除重复元组的一个可行的方法。将投影结果按其一个或多个属性散列成一个文件，当一个元组被散列到一个桶中时，可以检查是否与桶中已有元组重复。如果重复，则舍弃之。如果投影结果不太大，则这种散列可在内存中进行，这样可省去 I/O 开销。

# 小　结

（1）一个"好"的关系模式应该是数据冗余应尽可能少，且不会发生插入异常、删除异常、更新异常等问题。而且，当为减少冗余进行模式分解时，应考虑分解后的模式是否满足无损连接和保持函数依赖等特性。

（2）函数依赖是指关系模式中属性之间存在的一种约束关系。

（3）$X{\rightarrow}Y$ 是完全函数依赖意指 $Y$ 不依赖于 $X$ 的任何子属性（集），而部分函数依赖则是指 $Y$ 依赖于 $X$ 的部分属性（集）。

（4）$X{\rightarrow}Y$，$Y{\rightarrow}Z$，且 $Y{\nsubseteq}X$，$Z{\nsubseteq}Y$，$Y{\nrightarrow}X$，则必存在函数依赖 $X{\rightarrow}Z$，并称 $X{\rightarrow}Z$ 是传递函数依赖。

（5）如果一个关系模式 $R(U)$ 的每个属性对应的域值都是不可分的，则称 $R(U)$ 属于第一范式（1NF）。第一范式是关系模型的最基本要求。

（6）如果一个关系模式 $R(U)$ 属于第一范式，且所有非主属性都完全函数依赖于 $R(U)$ 的候选码，则称 $R(U)$ 属于第二范式（2NF），2NF 消除了由于非主属性对候选码的部分依赖引起的冗余以及各种异常，但没有排除传递依赖。

（7）如果一个关系模式 $R(U)$ 属于第二范式，且所有非主属性都直接函数依赖于 $R(U)$ 的候选码（即不存在非主属性传递依赖于候选码），则称 $R(U)$ 属于第三范式（3NF）。3NF 消除了由于非主属性对候选码的传递依赖所引起的冗余以及各种异常。

（8）在关系模式 $R(U)$ 中，如果每一个非平凡函数依赖 $X{\rightarrow}Y$ 的决定属性集 $X$ 都包含候选码，则称 $R(U)$ 属于 Boyce-Codd 范式（BCNF）。

（9）在关系模式 $R(U)$ 中，如果每一个非平凡函数依赖 $X{\rightarrow}Y$ 的决定属性集 $X$ 都包含候选码或 $Y-X$ 是候选码的一部分，则 $R(U)$ 属于第三范式。3NF 放松了 BCNF 要求，允许存在主属性对候选码的传递依赖和部分依赖。

（10）3NF 与 BCNF 的比较：

① BCNF 比 3NF 严格，若关系模式属于 BCNF 就一定属于 3NF，反之则不一定成立。

② 3NF 存在信息冗余和异常问题，而 BCNF 是基于函数依赖理论能够达到的最好关系模式。

③ BCNF 分解是无损分解但不一定是保持函数依赖，而 3NF 分解既是无损分解又保持函数依赖。

（11）函数依赖集 $F$ 逻辑蕴涵的所有函数依赖组成的集合称为 $F$ 的闭包，可运用 Armstrong 公理和推论进行推导。

（12）在函数依赖集 $F$ 下由 $X$ 函数确定的所有属性的集合为 $F$ 下属性集 $X$ 的闭包。计算属性集闭包算法可用于：

① 验证 $X{\rightarrow}Y$ 是否在 $F^{+}$ 中。

② 判断 $X$ 是否为 $R(U)$ 的超码。

③ 判断 $X$ 是否为 $R(U)$ 的候选码。

④ 计算 $F^{+}$。

（13）无损连接分解是指能够根据分解后的关系通过连接运算还原原来的关系实例。当一个关系模式 $R(U)$ 分解为两个关系 $R_1(U_1)$ 和 $R_2(U_2)$ 时，该分解为无损分解的充要条件是两个分解关系模式的公共属性包含 $R_1(U_1)$ 的一个候选码或 $R_2(U_2)$ 的一个候选码。

（14）称具有函数依赖集 $F$ 的关系模式 $R(U)$ 的分解 $R_1{<}U_1,F_1{>}$，$R_2{<}U_2,F_2{>}\cdots$，$R_n{<}U_n,F_n{>}$ 为保持函数依赖，当且仅当 $(F_1{\cup}F_2{\cup}\cdots{\cup}F_n)^{+}=F^{+}$。

（15）查询优化的目的和理论依据，查询处理的步骤，代数优化和物理优化的区别。

## 习　题

1. 名词解释：函数依赖、部分函数依赖、传递函数依赖、1NF、2NF、3NF

2. 设有关系模式 $R(A,B,C,D)$，函数依赖集 $F = \{A{\rightarrow}B,B{\rightarrow}A,AC{\rightarrow}D,BC{\rightarrow}D,AD{\rightarrow}C,BD{\rightarrow}C,A{\rightarrow}CD,B{\rightarrow}CD\}$，回答下列问题：

（1）$R$ 的主键是什么？

（2）$R$ 是否为 3NF？为什么？

3. 针对学生选课系统的 3 个关系模式，完成下列各题：

（1）写出每个关系模式的函数依赖，分析是否存在部分依赖、传递依赖？

（2）给出每个关系模式的主键、外键。

（3）每个关系模式满足什么范式？

4. 设有关系模式 $R(A,B,C,D,E)$，函数依赖集 $F=\{A{\rightarrow}B,B{\rightarrow}C,C{\rightarrow}D,D{\rightarrow}E\}$，若分解关系 $R$ 为 $R_1(A,B,C)$ 和 $R_2(C,D,E)$。回答下列问题：

（1）确定 $R_1$ 和 $R_2$ 分别是第几范式？

（2）判断此分解的无损连接性。

5. 设有关系模式 $R(A,B,C,D,E,F)$，函数依赖集 $F=\{E{\rightarrow}D,C{\rightarrow}B,CE{\rightarrow}F,B{\rightarrow}A\}$，回答下列问题：

（1）确定 $R$ 是第几范式？

（2）如何将 $R$ 无损连接并保持函数依赖地分解为 3NF。

6. 对于关系模式 $R(U)=R(A,B,C,D,E)$ 和函数依赖集 $F=\{A{\rightarrow}BC,CD{\rightarrow}E,B{\rightarrow}D,E{\rightarrow}A\}$，试计算：

（1）$A_{F^+}$，$B_{F^+}$。

（2）$R(U)$ 的候选码。

7. SQL 的查询处理分为哪几个阶段，分别完成什么工作？

8. 查询优化分为哪两种类型？它们的含义分别是什么？

9. 试举例说明启发式优化过程。

10. 简述物理优化的主要因素。

# 数据库设计 ‹‹‹

# 第 5 章

**学习目标**

本章主要讨论基于关系数据库管理系统的关系数据库设计问题。要求深入理解 E-R 模型的基本概念和约束；熟练掌握运用 E-R 模型进行数据库概念模型设计的方法和原则；能在独立分析现实世界应用需求的基础上设计出正确的 E-R 图，并能熟练运用 E-R 模型转换规则，将设计出的 E-R 图转化为关系模型。

**学习方法**

E-R 模型是一种语义模型，是现实世界到信息世界的事物及事物之间关系的抽象表示。因此，在学习过程中，能根据具体的应用需求，反复运用抽象的方法进行 E-R 模型设计。

**本章导读**

数据库设计的任务是分析数据库中必须存储哪些信息以及这些信息之间的关系，并通过一种高级数据模型来表示，使其描述的数据及处理符合用户与开发者的意图。

E-R 模型是一种使用非常广泛的数据建模工具，它是通过将现实世界中的事物及其关系建模为实体、实体的属性和实体之间的联系，并通过 E-R 图进行描述，具有很强的表达能力。

## 5.1 数据库设计概述

数据库系统的设计包括数据库设计和数据库应用系统设计两个方面。数据库设计的目的是为特定的应用环境，构造最优的数据库模式，建立数据库及其应用系统，使之能够有效地存储数据，满足各种用户的应用需求（信息要求和处理要求）。在数据库领域内，常把使用数据库的各类系统称为数据库应用系统。

数据库设计的主要内容包括：需求分析、概念模型设计、逻辑模型设计、物理模型设计、数据库的实施和数据库的运行和维护（见图 5-1）。

数据库是整个软件应用的根基，是软件设计的起点，起着决定性的质变作用。因此，必须高度重视数据库设计，培养设计良好数据库的习惯。在进行数据库设计时，应遵循以下数据库设计的原则：

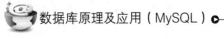

图 5-1 新奥尔良方法的数据库设计步骤

（1）数据库设计起码要占用整个项目开发的 40%以上的时间。数据库是需求的直观反应和表现，因此设计时必须切实符合用户的需求，要多次与用户沟通交流来细化需求，将需求中的要求和每一次的变化一一体现在数据库的设计当中。如果需求不明确，就要分析不确定的因素，设计表时就要事先预留出可变通的字段，正所谓"有备无患"。

（2）数据库设计不仅仅停留于页面 demo 的表面。页面内容所需要的字段，在数据库设计中只是一部分，还有系统运转、模块交互、中转数据、表之间的联系等所需要的字段，因此数据库设计绝对不是简单的基本数据存储，还有逻辑数据存储。

（3）数据库设计完成后，项目 80%的设计开发已经在脑海中完成。每个字段的设计都有它必要的意义，在设计每一个字段的同时，就应该已经想清楚程序中如何去运用这些字段，多张表的联系在程序中是如何体现的。换句话说，完成数据库设计后，程序中所有的实现思路和实现方式已经在你脑海考虑过。如果达不到这种程度，进入编码阶段后才发现要运用的技术或实现的方式数据库无法支持，这时再改动数据库就会很麻烦，会造成一系列不可预测的问题。

（4）数据库设计时就要考虑到效率和优化问题。一开始就要分析哪些表会存储较多的数据量，对于数据量较大的表的设计往往是粗粒度的，也会冗余一些必要的字段，应达到尽量用最少的表、最弱的表关系去存储海量的数据。并且在设计表时，一般都会对主键建立聚集索引，含有大数据量的表更要建立索引以提高查询性能，对于含有计算、数据交互、统计类的需求时，还要考虑是否有必要采用存储过程。

（5）添加必要的（冗余）字段。像"创建时间""修改时间""备注""操作用户IP"和一些用于其他需求（如统计）的字段等，在每张表中都必须有，不是说只有系统中用到的数据才会存到数据库中，一些冗余字段是为了便于日后维护、分析、拓展而添加的，这点是非常重要的，如黑客攻击、篡改了数据，就可以根据修改时间和操作用户 IP 来查找定位。

（6）设计合理的表关联。若多张表之间的关系复杂，建议采用第三张映射表来关联维护两张表之间的关系，以降低表之间的直接耦合度，若多张表涉及大数据量的问题，表结构应尽量简单，关联也要尽可能避免。

（7）设计表时不加主外键等约束性关联，系统编码阶段完成后再添加约束性关联，这样做的目的是有利于团队并行开发，减少编码时所遇到的问题，表之间的关系靠程序来控制，编码完成后再加关联并进行测试。不过也有一些公司的做法是不加表关联。

（8）选择合适的主键生成策略。主键生成策略大致可分 int 自增长类型（identity、sequence）、手动增长类型（建立单独的一张表来维护）、手动维护类型（如 userID）、字符串类型（uuid、guid）。int 型的优点是使用简单、效率高，但多表之间数据合并时就很容易出现问题，手动增长类型和字符串类型能很好地解决多表数据合并的问题，但同样也都有缺点：前者的缺点是增加了一次数据库访问来获取主键，并且又多维护一张主键表，增加了复杂度；后者是非常占用存储空间，且表关联查询的效率低下，索引的效率也不高，与 int 类型正好相反。

## 5.2 需 求 分 析

调查和分析用户的业务活动和数据的使用情况，弄清所用数据的种类、范围、数量以及它们在业务活动中交流的情况，确定用户对数据库系统的使用要求和各种约束条件等，形成用户需求规约。

需求分析是在用户调查的基础上，通过分析，逐步明确用户对系统的需求，包括数据需求和围绕这些数据的业务处理需求。在需求分析中，通过自顶向下，逐步分解的方法分析系统，分析的结果采用数据流图和数据字典进行描述。

### 1. 数据流图

数据流图（DataFlow Diagram，DFD）是从数据传递和加工角度，以图形方式来表达系统的逻辑功能、数据在系统内部的逻辑流向和逻辑变换过程，是结构化系统分析方法的主要表达工具。DFD 一般有 4 种符号，即外部实体、数据流、加工和存储，如图 5-2 所示。

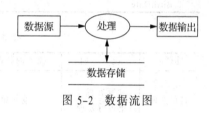

图 5-2 数据流图

（1）外部实体一般用矩形框表示，反映数据的来源和去向，可以是人、物或其他软件系统。

（2）数据流用带箭头的连线表示，反映数据的流动方向。

（3）加工一般用椭圆或圆表示（本书用椭圆表示），表示对数据的加工处理动作。

（4）存储一般用两条平行线表示，表示信息的静态存储，可以代表文件、文件的一部分、数据库的元素等表示数据的存档情况。

在绘制单张数据流图时，应注意以下原则：

（1）一个加工的输出数据流不应与输入数据流同名，即使它们的组成成分相同。

（2）保持数据守恒。也就是说，一个加工的所有输出数据流中的数据必须能从该加工的输入数据流中直接获得，或者是通过该加工能产生的数据。

（3）每个加工必须既有输入数据流，又有输出数据流。

图 5-3 数据流图示例

（4）所有的数据流必须以一个外部实体开始，并以一个外部实体结束。

（5）外部实体之间不应该存在数据流。

图 5-3 所示是一个数据流图的示例。

### 2. 数据字典

数据字典（Data Dictionary，DD）是对数据的数据项、数据结构、数据流、数据存储、处理逻辑、外部实体等进行定义和描述，其目的是对数据流图中的各个元素做出详细的说明。在数据库应用系统设计中，需求分析得到的数据字典是最原始的数据字典，以后在概念设计和逻辑设计中的数据字典都由它依次变换和修改而得到。

对于图 5-3 所示的数据流图，表 5-1 演示了描述"顾客"包含的数据项的数据字典，表 5-2 演示描述"订单处理"的数据字典。

表 5-1　顾客包含的数据项定义

| 数据项名 | 数据项含义 | 别　　名 | 数据类型 | 取值范围 |
| --- | --- | --- | --- | --- |
| CustID | 唯一标识每个顾客 | 顾客编号 | Char(10) | |
| CustName | | 顾客姓名 | VarChar(20) | |
| Tel | | 联系电话 | Char(11) | 每一位均为数字 |
| Sex | | 性别 | Nchar(1) | "男"、"女" |
| BirthDate | | 出生日期 | Date | |

表 5-2　订单处理的数据字典

| 处理名 | 说　　明 | 流入的数据流 | 流出的数据流 | 处　　理 |
| --- | --- | --- | --- | --- |
| 订单处理 | 对顾客提交的订单进行处理 | 购物单 | 发货单 | 根据客户提交的购物单，查看相应的商品信息，看是否满足顾客的购买要求，若满足，则将销售信息保存到销售记录表中，并产生发货单 |

在需求分析阶段需要注意以下问题：

1）理解客户需求

询问用户如何看待未来的需求变化，让客户解释其需求，而且随着开发的继续，还要经常询问客户保证其需求仍然在开发的目的之中。

2）了解企业业务

这可以在以后的开发阶段节约大量的时间。

3）重视输入/输出

在定义数据库表和字段需求（输入）时，首先应检查现有的或者已经设计出的报表、查询和视图（输出），以决定为了支持这些输出哪些是必要的表和字段。

举例：假如客户需要一个报表按照邮政编码排序、分段和求和，要保证其中包括单独的邮政编码字段，而不要把邮政编码包含在地址字段中。

4）创建数据字典和 E-R 图表

E-R 图表和数据字典可以让任何了解数据库的人都明确如何从数据库中获得数据。E-R 图对表明表之间的关系很有用；而数据字典则说明了每个字段的用途以及任何可能存在的别名，对 SQL 表达式的文档化来说这是完全必要的。

5）定义标准的对象命名规范

数据库各种对象的命名必须规范。

## 5.3 概念模型设计

对用户要求描述的现实世界（可能是一个工厂、一个商场或者一个学校等），通过对其中诸处的分类、聚集和概括，建立抽象的概念数据模型。这个概念模型应反映现实世界各部门的信息结构、信息流动情况、信息间的互相制约关系以及各部门对信息存储、查询和加工的要求等。所建立的模型应避开数据库在计算机上的具体实现细节，用一种抽象的形式表示出来。以扩充的实体—联系模型（E-R 模型）方法为例，第一步先明确现实世界各部门所含的各种实体及其属性、实体间的联系以及对信息的制约条件等，从而给出各部门内所用信息的局部描述（在数据库中称为用户的局部视图）。第二步再将前面得到的多个用户的局部视图集成一个全局视图，即用户要描述的现实世界的概念数据模型。可以把采用 E-R 方法的概念结构设计分为三步：设计局部 E-R 图；设计全局 E-R 图；优化全局 E-R 图。

### 1. 数据抽象与局部 E-R 图设计

1）数据抽象

概念模型是对现实世界的一种抽象。所谓抽象是对实际的人、物、事和概念进行人为处理，抽取所关心的共同特性，忽略非本质细节，并把这些特性用各种概念准确地加以描述，这些概念组成了某种模型。概念结构设计首先要根据需求分析得到的结果（数据流图和数据字典等）对现实世界进行抽象，然后设计各个局部 E-R 模型。

在系统需求分析阶段，得到了多层数据流图、数据字典和系统分析报告。建立局部 E-R 图，就是根据系统的具体情况，在多层数据流图中选择一个适当层次的数据流图，作为 E-R 图设计的出发点，让这组图中的每个部分对应一个局部应用。在选好的某一层次的数据流图中，每个局部应用都对应了一组数据流图，具体应用所涉及的数据存储在数据字典中。将这些数据从数据字典中抽取出来，参照数据流图，确定每个局部应包含的实体、实体包含的属性、实体之间的联系以及联系的类型。

设计局部 E-R 图的关键就是正确地划分实体和属性。实体和属性在形式上并没有可以明显区分的界限，通常是按照现实世界中事物的自然划分来定义实体和属性。对现实世界中的事物进行数据抽象，得到实体和属性。这里用到的数据抽象技术有两种：分类和聚集。

（1）分类（Classification）。分类定义某一类概念作为现实世界中一组对象的类型，将一组具有某些共同特征和行为的对象抽象为一个实体。对象和实体之间是 "is a member of" 的关系。

例如，如图 5-4 所示，"张三" 是学生，表示 "张三" 是 "学生"（实体）中的一员（实例），即 "张三是学生中的一个成员"，这些学生具有相同的特性和行为。

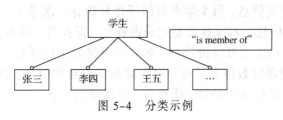

图 5-4 分类示例

（2）聚集（Aggregation）。聚集定义某类型的组成成分，将对象类型的组成成分抽象为实体的属性。组成成分与对象类型之间是"is part of"（是……的一部分）的关系。

在 E-R 模型中，若干个属性的聚集就组成了一个实体的属性。例如，学号、姓名、性别等属性可聚集为学生实体的属性。聚集的示例如图 5-5 所示。

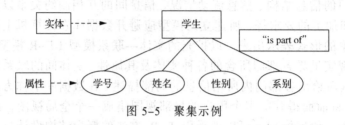

图 5-5　聚集示例

2）局部 E-R 图设计

经过数据抽象后得到了实体和属性，实体和属性是相对而言的，需要根据实际情况进行调整。对关系数据库而言，其基本原则是：实体具有描述信息，而属性没有，即属性是不可再分的数据项，不能包含其他属性。例如，学生是一个实体，具有属性：学号、姓名、性别、系别等，如果不需要对系再做更详细的分析，则"系别"作为一个属性存在就够了，但如果还需要对系别做更进一步的分析，比如，需要记录或分析系的教师人数、系的办公地点、办公电话等，则"系别"就需要作为一个实体存在。图 5-6 说明了"系别"升级为实体后，E-R 图的变化。

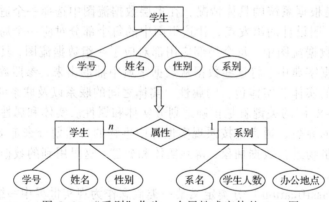

图 5-6　"系别"作为一个属性或实体的 E-R 图

下面举例说明局部 E-R 图的设计。

假设在一个简单的教务管理系统中，有如下简化的语义描述：

（1）一名学生可同时选修多门课程，一门课程也可同时被多名学生选修。对学生选课需要记录考试成绩信息。每个学生每门课程只能有一次考试。对每名学生需要记录学号、姓名、性别信息，对课程需要记录课程号、课程名、课程性质信息。

（2）一门课程可由多名教师讲授，一名教师可讲授多门课程。对每个教师讲授的每门课程需要记录授课时数信息。对每名教师需要记录教师号、教师名、性别、职称信息；对每门课程需要记录课程号、课程名、开课学期信息。

（3）一名学生只属于一个系，一个系可有多名学生。对系需要记录系名、系学生人数和办公地点信息。

（4）一名教师只属于一个部门，一个部门可有多名教师。对部门需要记录部门名、教师人数和办公电话信息。

根据上述描述可知该系统共有 5 个实体，分别是学生、课程、教师、系和部门。其中学生和课程之间是多对多联系；课程和教师之间也是多对多联系；系和学生之间是一对多联系；部门和教师之间也是一对多联系。

这 5 个实体的属性如下，其中的码属性（能够唯一标识实体中每个实例的一个属性或最小属性组，也称实体的标识属性）用下画线标识：

学生：<u>学号</u>，姓名，性别。

课程：<u>课程号</u>，课程名，开课学期，课程性质。

教师：<u>教师号</u>，教师名，性别，职称。

系：<u>系名</u>，学生人数，办公地点。

部门：<u>部门名</u>，教师人数，办公电话。

学生和课程之间的局部 E-R 图如图 5-7 所示，教师和课程之间的局部 E-R 图如图 5-8 所示。

教师和部门之间的局部 E-R 图如图 5-9 所示，学生和系之间的局部 E-R 图如图 5-10 所示。

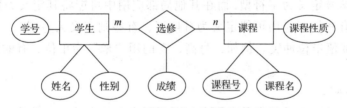

图 5-7　学生和课程之间的局部 E-R 图

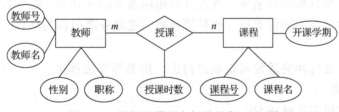

图 5-8　教师和课程之间的局部 E-R 图

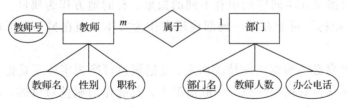

图 5-9　教师和部门之间的局部 E-R 图

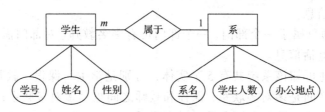

图 5-10  学生和系之间的局部 E-R 图

### 2．全局 E-R 图设计

把局部 E-R 图集成为全局 E-R 图时，可以采用一次将所有的 E-R 图集成在一起的方式，也可以用逐步集成、进行累加的方式，即一次只集成少量几个 E-R 图，这样实现起来比较容易。

当将局部 E-R 图集成为全局 E-R 图时，需要消除各 E-R 图合并时产生的冲突。解决冲突是合并 E-R 图的主要工作和关键所在。

各局部 E-R 图之间的冲突主要有 3 类：属性冲突、命名冲突和结构冲突。

1）属性冲突

属性冲突包括如下几种情况：

（1）属性域冲突。即属性的类型、取值范围和取值集合不同。例如，在有些局部应用中可能将学号定义为字符型，而在其他局部应用中可能将其定义为数值型。又如，对学生年龄，有些局部应用可能定义为日期型，有些则定义为整型。

（2）属性取值单位冲突。例如，身高，有的用"米"为单位，有的用"厘米"为单位。

2）命名冲突

命名冲突包括同名异义和异名同义，即不同意义的实体名、联系名或属性名在不同的局部应用中具有相同的名字，或者具有相同意义的实体名、联系名和属性名在不同的局部应用中具有不同的名字。如科研项目，在财务部门称为项目，在科研部门称为课题。

属性冲突和命名冲突通常可以通过讨论、协商等方法解决。

3）结构冲突

结构冲突有如下几种情况：

（1）同一数据项在不同应用中有不同的抽象，有的地方作为属性，有的地方作为实体。例如，"职称"可能在某一局部应用中作为实体，而在另一局部应用中却作为属性。

解决这种冲突必须根据实际情况而定，是把属性转换为实体还是把实体转换为属性，基本原则是保持数据项一致。一般情况下，凡能作为属性对待的，应尽可能作为属性，以简化 E-R 图。

（2）同一实体在不同的局部 E-R 图中所包含的属性个数和属性次序不完全相同。这是很常见的一类冲突，原因是不同的局部 E-R 模型关心的实体的侧面不同。

解决的方法是让该实体的属性为各局部 E-R 图中属性的并集，然后再适当调整属性次序。

（3）两个实体在不同的应用中呈现不同的联系，比如，$E_1$ 和 $E_2$ 两个实体在某个应用中可能是一对多联系，而在另一个应用中可能是多对多联系。

这种情况应该根据应用的语义对实体间的联系进行合适的调整。

下面以前面叙述的简单教务管理系统为例，说明合并局部 E-R 图的过程。

首先合并图 5-7 和图 5-10 所示的局部 E-R 图，这两个局部 E-R 图中不存在冲突，合并后的结果如图 5-11 所示。

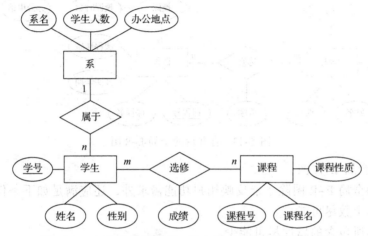

图 5-11　合并学生和课程、学生和系之间的局部 E-R 图

然后合并图 5-8 和图 5-9 所示的局部 E-R 图，这两个局部 E-R 图也不存在冲突，合并后的结果如图 5-12 所示。

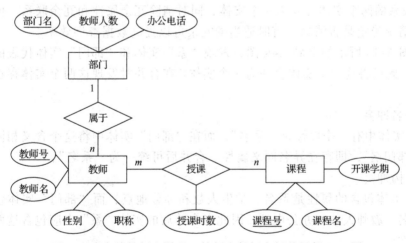

图 5-12　合并教师和课程、教师和部门之间的局部 E-R 图

最后再将合并后的两个局部 E-R 图合并为一个全局 E-R 图，在进行这个合并操作时，发现这两个局部 E-R 图中都有"课程"实体，但该实体在两个局部 E-R 图所

包含的属性不完全相同，即存在结构冲突。消除该冲突的方法是：合并后"课程"实体的属性是两个局部 E-R 图中"课程"实体属性的并集。合并后的全局 E-R 图如图 5-13 所示。

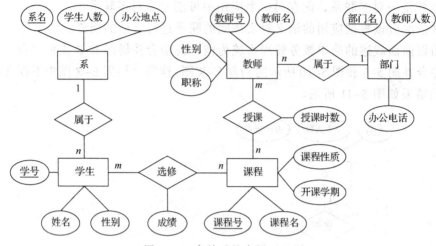

图 5-13　合并后的全局 E-R 图

### 3. 优化全局 E-R 图

一个好的全局 E-R 图除了能反映用户功能需求外，还应满足如下条件：

（1）实体个数尽可能少。

（2）实体所包含的属性尽可能少。

（3）实体间联系无冗余。

优化的目的就是使 E-R 图满足上述 3 个条件。要使实体个数尽可能少，可以进行相关实体的合并，一般是把具有相同主键的实体进行合并。另外，还可以考虑将 1∶1 联系的两个实体合并为一个实体，同时消除冗余属性和冗余联系。但也应该根据具体情况确定是否消除，有时适当的冗余可以提高数据查询效率。

分析图 5-13 所示的全局 E-R 图，发现"系"实体和"部门"实体代表的含义基本相同，因此可将这两个实体合并为一个实体。在合并时发现这两个实体存在如下两个问题：

1）命名冲突

"系"实体中有一个属性是"系名"，而在"部门"实体中将这个含义相同的属性命名为"部门名"，即存在异名同义属性。合并后可统一为"系名"。

2）结构冲突

"系"实体包含的属性是系名、学生人数和办公地点，而"部门"实体包含的属性是部门名、教师人数和办公电话。因此在合并后的实体"系"中应包含这两个实体的全部属性。

将合并后的实体命名为"系"。优化后的 E-R 图如图 5-14 所示。

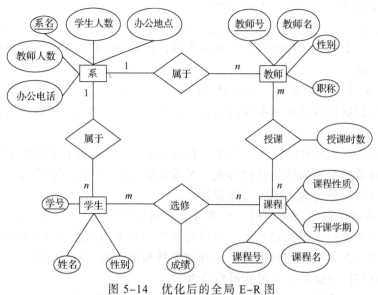

图 5-14　优化后的全局 E-R 图

# 5.4　逻辑模型设计

主要工作是将现实世界的概念数据模型设计成数据库的一种逻辑模式，即适应于某种特定数据库管理系统所支持的逻辑数据模式。与此同时，可能还需要为各种数据处理应用领域产生相应的逻辑子模式。这一步设计的结果就是所谓的"逻辑数据库"。

逻辑模型设计的任务是把在概念结构设计中设计的基本 E-R 模型转换为具体的数据库管理系统支持的组织层数据模型，也就是导出特定的 DBMS 可以处理的数据库逻辑结构（数据库的模式和外模式），这些模式在功能、性能、完整性和一致性约束方面满足应用要求。

特定 DBMS 支持的组织层数据模型包括层次模型、网状模型、关系模型和面向对象模型等。下面仅讨论从概念模型向关系模型的转换。

关系模型的逻辑设计一般包含 3 个步骤：

（1）将概念结构转换为关系数据模型。

（2）对关系数据模型进行优化。

（3）设计面向用户的外模式。

**1．E-R 模型向关系模型的转换**

E-R 模型向关系模型的转换要解决的问题，是如何将实体以及实体间的联系转换为关系模式，如何确定这些关系模式的属性和主键。

关系模型的逻辑结构是一组关系模式的集合。E-R 模型由实体、实体的属性以及实体之间的联系 3 部分组成，因此将 E-R 模型转换为关系模型实际上就是将实体、实体的属性和实体间的联系转换为关系模式，转换的一般规则如下：

（1）一个实体转换为一个关系模式。实体的属性就是关系的属性，实体的标识属性就是关系的主键。

对于实体间的联系有以下不同的情况：

① 1∶1联系。一般情况下是与任意一端所对应的关系模式合并，并且在该关系模式中加入另一个实体的标识属性和联系本身的属性，同时该实体的标识属性作为该关系模式的外键。

② 1∶n联系。一般是与n端所对应的关系模式合并，并且在该关系模式中加入一端实体的标识属性以及联系本身的属性，并将一端实体的标识属性作为该关系模式的外键。

③ m∶n联系。必须转换为一个独立的关系模式，且与该联系相连的各实体的标识属性以及联系本身的属性均转换为此关系模式的属性，且该关系模式的主键包含各实体的标识属性，外键为各实体的标识属性。

④ 3个或3个以上实体间的一个多元联系也转换为一个关系模式，与该多元联系相连的各实体的标识属性以及联系本身的属性均转换为此关系模式的属性，而此关系模式的主键包含各实体的标识属性，外键为各相关实体的标识属性。

（2）具有相同主键的关系模式可以合并。

在转换后的关系模式中，为表达实体与实体之间的关联关系，通常是通过关系模式中的外键来表达。

例如，有1∶1联系的E-R模型如图5-15所示，设每个部门只有一个经理，一个经理只负责一个部门。请将该E-R模型转换为合适的关系模式。

按照上述的转换规则，一个实体转换为一个关系模式，该E-R模型共包含两个实体：经理和部门，因此，可转换为两个关系模式，分别为经理和部门。对于"管理"联系，可将它与"经理"实体合并，或者与"部门"实体合并。

① 如果将联系与"部门"实体合并，则转换后的两个关系模式为：

部门(部门号,部门名,经理号)，其中"部门号"为主键，"经理号"为外键。

经理(经理号,经理名,电话)，其中"经理号"为主键。

② 如果将联系与"经理"实体合并，则转换后的两个关系模式为：

部门(部门号,部门名)，其中"部门号"为主键。

经理(经理号,部门号,经理名,电话)，其中"经理号"为主键，"部门号"为外键。

例如，有1∶n联系的E-R模型如图5-16所示，请将该E-R模型转换为合适的关系模式。

图5-15 1∶1联系示例

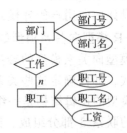

图5-16 1∶n联系示例

对 1:$n$ 联系，应将联系与 $n$ 端实体合并，因此转换后的关系模式为：

部门(部门号,部门名)，其中部门号为主键。

职工(职工号,部门号,职工名,工资)，其中"职工号"为主键，"部门号"为外键。

例如，有 $m:n$ 联系的 E-R 模型如图 5-17 所示，请将该 E-R 模型转换为合适的关系模式。

对 $m:n$ 联系，应将联系转换为一个独立的关系模式。转换后的关系模式为：

教师(教师号,教师名,职称)，其中"教师号"为主键。

课程(课程号,课程名,学分)，其中"课程号"为主键。

授课(教师号,课程号,授课时数)，其中(教师号,课程号)为主键，同时"教师号"和"课程号"均为外键。

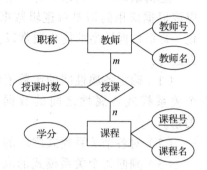

图 5-17 $m:n$ 联系示例

例如，设有图 5-18 所示的含多个实体间联系的 E-R 图，请将该 E-R 模型转换为合适的关系模式，关联多个实体的联系也是转换为一个独立的关系模式，因此转换后的关系模式为：

营业员(职工号,姓名,出生日期)，其中"职工号"为主键。

商品(商品编号,商品名称,单价)，其中"商品编号"为主键。

顾客(身份证号,姓名,性别)，其中"身份证号"为主键。

销售(职工号,商品编号,身份证号,销售数量,销售时间)，(职工号,商品编号,身份证号,销售时间)为主键，"职工号"为引用"营业员"关系模式的外键，"商品编号"为引用"商品"关系模式的外键，"身份证号"为引用"顾客"关系模式的外键。

例如，设有图 5-19 所示的一对一递归联系，该递归联系表明一个职工可以是管理者，也可以不是管理者。一个职工最多只被一个人管理。请将该 E-R 模型转换为合适的关系模式。

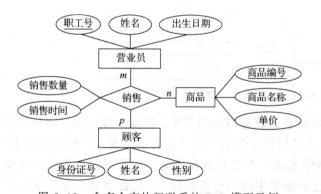

图 5-18 含多个实体间联系的 E-R 模型示例

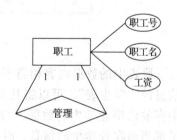

图 5-19 一对一递归联系示例

递归联系的转换规则同非递归联系是一样的，在这个示例中，只需将"管理"联系与"职工"实体合并即可，因此转换后为一个关系模式：

职工(职工号,职工名,工资,管理者职工号)

其中，"职工号"为主键，"管理者职工号"为外键，引用自身关系模式中的"职工号"。

### 2．数据模型的优化

逻辑结构设计的结果并不是唯一的，为了进一步提高数据库应用系统的性能，还应该根据应用的需要对逻辑数据模型进行适当的修改和调整，这就是数据模型的优化。关系数据模型的优化通常以关系规范化理论为指导，同时考虑系统的性能。具体方法为：

（1）确定各属性间的函数依赖关系。根据需求分析阶段得出的语义，分别写出每个关系模式各属性之间的数据依赖以及不同关系模式中各属性之间的数据依赖关系。

（2）对各个关系模式之间的数据依赖进行极小化处理，消除冗余的联系。

（3）判断每个关系模式的范式，根据实际需要确定最合适的范式。

（4）根据需求分析阶段得到的处理要求，分析这些模式对于这样的应用环境是否合适，确定是否要对某些模式进行分解或合并。

**注意**：如果应用系统的查询操作比较多，而且对查询响应速度的要求也比较高，则可以适当地降低规范化的程度，即将几个表合并为一个表，以减少查询时表的连接个数。甚至可以在表中适当增加冗余数据列，比如把一些经过计算得到的值作为表中的一个列也保存在表中。但这样做时要考虑可能引起的潜在的数据不一致的问题。

对于一个具体的应用来说，规范化到什么程度，需要权衡响应时间和潜在问题两者的利弊，做出最佳的决定。

（5）对关系模式进行必要的分解，以提高数据的操作效率和存储空间的利用率。常用的分解方法是水平分解和垂直分解。

① 水平分解是以时间、空间、类型等范畴属性取值为条件，满足相同条件的数据行为一个子表。分解的依据一般以范畴属性取值范围划分数据行。这样在操作同表数据时，时空范围相对集中，便于管理。水平分解过程如图 5-20 所示，其中 $K^{\#}$ 代表主键。

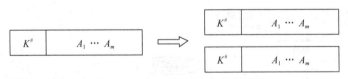

图 5-20　水平分解示意图

原表中的数据内容相当于分解后各表数据内容的并集。例如，对于保存学校学生信息的"学生表"，可以将其分解为"历史学生表"和"在册学生表"。"历史学生表"中存放已毕业学生的数据，"在册学生表"存放目前在校学生的数据。因为经常需要了解当前在校学生的信息，而对已毕业学生的信息关心较少。因此可将历年学生的信息存放在两张表中，以提高对在校学生的处理速度。当学生毕业时，可将这些学生从"在册学生表"中删除，同时插入到"历史学生表"中，这就是水平分解。

② 垂直分解是以非主属性所描述的数据特征为条件，描述一类相同特征的属性划分在一个子表中。这样在操作同表数据时属性范围相对集中，便于管理。垂直分解过程如图 5-21 所示，其中 $K^{\#}$ 代表主键。

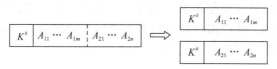

图 5-21　垂直分解示意图

垂直分解后原表中的数据内容相当于分解后各子表数据内容的连接。例如，假设"学生"关系模式的结构为：学生(学号,姓名,性别,年龄,所在系,专业,联系电话,家庭联系电话,家庭联系地址,邮政编码,父亲姓名,父亲工作单位,母亲姓名,母亲工作单位)，可将这个关系模式垂直分解为如下两个关系模式：

学生基本信息(学号,姓名,性别,年龄,所在系,专业,联系电话)

学生家庭信息(学号,家庭联系电话,家庭联系地址,邮政编码,父亲姓名,父亲工作单位,母亲姓名,母亲工作单位)

### 3．设计外模式

将概念模型转换为逻辑数据模型之后，还应该根据局部应用需求，并结合具体的数据库管理系统的特点，设计用户的外模式。

外模式概念对应关系数据库的视图，设计外模式是为了更好地满足各个用户的需求。

定义数据库的模式主要是从系统的时间效率、空间效率、易维护等角度出发。由于外模式与模式是相对独立的，因此在定义用户外模式时可以从满足每类用户的需求出发，同时考虑数据的安全和用户的操作方便。在定义外模式时应考虑如下问题：

1）使用更符合用户习惯的别名

在概念模型设计阶段，当合并各 E-R 图时，曾进行了削除命名冲突的工作，以使数据库中的同一个关系和属性具有唯一的名字。这在设计数据库的全局模式时是非常必要的。但在修改了某些属性或关系的名字之后，可能会不符合某些用户的习惯，因此在设计用户模式时，可以利用视图的功能，对某些属性重新命名。视图的名字也可以命名成符合用户习惯的名字，使用户的操作更方便。

2）对不同级别的用户定义不同的视图，以保证数据的安全

假设有关系模式：

职工(职工号,姓名,工作部门,学历,专业,职称,联系电话,基本工资,浮动工资)，在这个关系模式上建立如下两个视图：

职工 1(职工号,姓名,工作部门,专业,联系电话)

职工 2 (职工号,姓名,学历,职称,联系电话,基本工资,浮动工资)

职工 1 视图中只包含一般职工可以查看的基本信息，职工 2 视图中包含允许领导

查看的信息。这样就可以防止用户非法访问不允许他们访问的数据，从而在一定程度上保证了数据的安全。

3）简化用户对系统的使用

如果某些局部应用经常要使用某些很复杂的查询，为了方便用户，可以将这些复杂查询定义为一个视图，这样用户每次只对定义好的视图进行查询，而不必再编写复杂的查询语句，从而简化了用户的使用。

# 5.5 物理结构设计

根据特定数据库管理系统所提供的多种存储结构和存取方法等依赖于具体计算机结构的各项物理设计措施，对具体的应用任务选定最合适的物理存储结构（包括文件类型、索引结构和数据的存放次序与位逻辑等）、存取方法和存取路径等。这一步设计的结果就是所谓的"物理数据库"。

数据库的物理结构设计是对已经确定的数据库逻辑模型，利用数据库管理系统提供的方法、技术，以较优的存储结构、数据存取路径、合理的数据存储位置以及存储分配，设计出一个高效的、可实现的物理数据库结构。

由于不同的数据库管理系统提供的硬件环境和存储结构、存取方法不同，提供给数据库设计者的系统参数以及变化范围也不同，因此，物理结构设计一般没有一个通用的准则，它只能提供一个技术和方法供参考。

数据库的物理结构设计通常分为两步：

（1）确定数据库的物理结构，在关系数据库中主要指存取方法和存储结构。

（2）对物理结构进行评价，评价的重点是时间和空间效率。

如果评价结果满足原设计要求，则可以进入数据库实施阶段；否则，需要重新设计或修改物理结构，有时甚至要返回逻辑设计阶段修改数据模式。

## 1．物理结构设计的内容和方法

物理数据库设计得好，可以使各事务的响应时间短、存储空间利用率高、事务吞吐量大。因此，在设计数据库时首先要对经常用到的查询和对数据更新的事务进行详细地分析。获得物理结构设计所需的各种参数。其次，要充分了解所使用的 DBMS 的内部特征，特别是系统提供的存取方法和存储结构。

对于数据查询，需要得到如下信息：

（1）查询所涉及的关系。

（2）查询条件所涉及的属性。

（3）连接条件所涉及的属性。

（4）查询列表中涉及的属性。

对于更新数据的事务，需要得到如下信息：

（1）更新所涉及的关系。

（2）每个关系上的更新条件所涉及的属性。

（3）更新操作所涉及的属性。

除此之外，还需要了解每个查询或事务在各关系上的运行频率和性能要求。例如，假设某个查询必须在 1 s 之内完成，则数据的存储方式和存取方式就非常重要。

需要注意的是，在数据库上运行的操作和事务是不断变化的，因此需要根据这些操作的变化不断调整数据库的物理结构，以获得最佳的数据库性能。

通常关系数据库的物理结构设计主要包括如下内容：

（1）确定数据的存取方法。

（2）确定数据的存储结构。

1）确定存取方法

存取方法是快速存取数据库中数据的技术，数据库管理系统一般都提供多种存取方法。具体采取哪种存取方法由系统根据数据的存储方式决定，一般用户不能干预。

一般用户可以通过建立索引的方法来加快数据的查询效率，如果建立了索引，系统就可以利用索引查找数据。

索引方法实际上是根据应用要求确定在关系的哪个属性或哪些属性上建立索引，在哪些属性上建立复合索引以及哪些索引要设计为唯一索引，哪些索引要设计为聚集索引。聚集索引是将数据按索引列在物理上进行有序排列。

建立索引的一般原则为：

（1）如果某个（或某些）属性经常作为查询条件，则考虑在这个（或这些）属性上建立索引。

（2）如果某个（或某些）属性经常作为表的连接条件，则考虑在这个（或这些）属性上建立索引。

（3）如果某个属性经常作为分组的依据，则考虑在这个属性上建立索引。

（4）对经常进行连接操作的表建立索引。

（5）在一个表上可以建立多个索引，但只能建立一个聚集索引。

需要注意的是，索引一般可以提高数据查询性能，但会降低数据修改性能。因为在进行数据修改时，系统要同时对索引进行维护，使索引与数据保持一致。维护索引需要占用相当多的时间，而且存放索引信息也会占用空间资源。因此在决定是否建立索引时，要权衡数据库的操作。如果查询多，并且对查询的性能要求比较高，则可以考虑多建一些索引；如果数据更改多，并且对更改的效率要求比较高，则应该考虑少建一些索引。

2）确定存储结构

物理结构设计中一个重要的考虑就是确定数据记录的存储方式，一般的存储方式如下：

（1）顺序存储。这种存储方式的平均查找次数为表中记录数的1/2。

（2）散列存储。这种存储方式的平均查找次数由散列算法决定。

（3）聚集存储。为了提高某个属性（或属性组）的查询速度，可以把这个或这些属性（称为聚集码）上具有相同值的元组集中存放在连续的物理块上，这样的存储方式称为聚集存储。聚集存储可以极大地提高针对聚集码的查询效率。

一般用户可以通过建立索引的方法来改变数据的存储方式。但在其他情况下，数据是采用顺序存储还是散列存储，或其他的存储方式是由数据库管理系统根据数据的具体情况决定的，一般它都会为数据选择一种最合适的存储方式，用户不需要也不能对此进行干预。

### 2．物理结构设计的评价

物理结构设计过程中要对时间效率、空间效率、维护代价和各种用户要求进行权衡，其结果可以产生多种方案，数据库设计者必须对这些方案进行细致的评价，从中选择一个较优的方案作为数据库的物理结构。

评价物理结构设计的方法完全依赖于具体的 DBMS，主要考虑操作开销，即为使用户获得及时、准确的数据所需的开销和计算机资源的开销。具体可分为如下几类：

1）查询和响应时间

响应时间是从查询开始到查询结果开始显示之间所经历的时间。一个好的应用程序设计可以减少 CPU 时间和 I/O 时间。

2）更新事务的开销

更新事务的开销主要是修改索引、重写物理块或文件以及写校验等方面的开销。

3）生成报告的开销

生成报告的开销主要包括索引、重组、排序和结果显示的开销。

4）主存储空间的开销

主存储空间的开销包括程序和数据所占用的空间。对数据库设计者来说，一般可以对缓冲区做适当的控制，如缓冲区个数和大小。

5）辅助存储空间的开销

辅助存储空间分为数据块和索引块两种，设计者可以控制索引块的大小、索引块的充满度等。

实际上，数据库设计者只能对 I/O 和辅助空间进行有效控制，其他方面都是有限的控制或者根本就不能控制。

## 5.6　数据库的运行与维护

在数据库系统正式投入运行的过程中，必须不断地对其进行调整与修改。也可以说，数据库投入运行标志着开发工作的基本完成和维护工作的开始，数据库只要存在一天，就需要不断地对它进行评价、调整和维护。

在数据库运行阶段，对数据库的经常性维护工作主要由数据库系统管理员完成，其主要工作包括如下几个方面：

（1）数据库的备份和恢复。要对数据库进行定期的备份，一旦出现故障，要能及时地将数据库恢复到尽可能的正确状态，以减少数据库损失。

（2）数据库的安全性和完整性控制。随着数据库应用环境的变化，对数据库的安全性和完整性要求也会发生变化。比如，要收回某些用户的权限，或增加、修改某些用户的权限，增加、删除用户，或者某些数据的取值范围发生变化等，都需要系统管理员对数据库进行适当的调整，以反映这些新的变化。

（3）监视、分析、调整数据库性能。监视数据库的运行情况，并对检测数据进行分析，找出能够提高性能的可行性，并适当地对数据库进行调整。目前有些 DBMS 产品提供了性能检测工具，数据库系统管理员可以利用这些工具很方便地监视数据库。

（4）数据库的重组。数据库经过一段时间的运行后，随着数据的不断添加、删除和修改，会使数据库的存取效率降低，这时数据库管理员可以改变数据库数据的组织方式，通过增加、删除或调整部分索引等方法，改善系统的性能。注意，数据库的重组并不改变数据库的逻辑结构。

数据库的结构和应用程序设计的好坏只是相对的，它并不能保证数据库应用系统始终处于良好的性能状态。这是因为数据库中的数据随着数据库的使用而发生变化，随着这些变化的不断增加，系统的性能有可能会日趋下降，所以即使在不出现故障的情况下，也要对数据库进行维护，以便数据库始终能够获得较好的性能。总之，数据库的维护工作与一台机器的维护工作类似，花的工夫越多，它服务得就越好。因此，数据库的设计工作并非一劳永逸，一个好的数据库应用系统同样需要精心地维护才能使其保持良好的性能。

## 小　结

数据库设计是将现实世界中的数据进行合理组织，并利用已有的数据库管理系统来建立数据库系统的过程。它包括 6 个步骤：需求分析、概念模型设计、逻辑模型设计、物理设计、数据库的实施以及数据运行与维护。E-R 模型具有丰富的语义表达能力和图形化的表现形式，已成为数据库概念设计即数据建模中被广泛使用的工具。本章主要内容如下：

讨论数据库设计的方法和步骤，列举了较多的实例，详细介绍了数据库设计各阶段的目标、方法以及应注意的事项，其中重点是概念结构的设计和逻辑结构的设计，这也是数据库设计过程中最重要的两个环节。

概念结构设计着重介绍了 E-R 模型的基本概念和图示方法。应重点掌握实体型、属性和联系的概念，理解实体型之间的一对一、一对多和多对多联系。掌握 E-R 模型的设计以及把 E-R 模型转换为关系模型的方法。

## 习　题

1. 名词解释：数据字典、数据流图、聚集。

2. 数据库的设计过程一般包括几个阶段？每个阶段的主要任务是什么？

3. 简述 E-R 图转化为关系模型的转化规则。

4. 学校有若干个系，每个系有若干班级和教研室，每个教研室有若干教师，每个教师教若干门课程。每个班有若干个学生，每个学生选修若干门课程，每门课程有若干个学生选修。

（1）根据以上描述，绘制出 E-R 图。

（2）将 E-R 图转化为关系模型，只需给出每个关系模式的名称。

5. 假如银行储蓄系统的功能是：将储户填写的存款单或取款单输入系统。如果是存款，系统记录存款人姓名、住址、存款类型、存款日期和利率等信息，并打印出存款单给储户；如果是取款单，系统计算清单给用户。

（1）画出该系统的数据流图。

（2）画出该系统的模块结构图。

6. 根据下列描述，画出相应的 E-R 图，并将 E-R 图转换为满足 3NF 的关系模式，指明每个关系模式的主键和外键。

要实现一个顾客购物系统，需求描述如下：一个顾客可去多个商店购物，一个商店可有多名顾客购物；每个顾客一次可购买多种商品，但对同一种商品不能同时购买多次，但在不同时间可购买多次；每种商品可销售给不同的顾客。对顾客的每次购物都需要记录其购物的商店、购买商品的数量和购买日期。需要记录的"商店"信息包括：商店编号、商店名、地址、联系电话；需要记录的顾客信息包括：顾客号、姓名、住址、身份证号、性别。需要记录的商品信息包括：商品号、商品名、进货价格、进货日期、销售价格。

7. 某工厂生产若干产品，每种产品由不同的零件组成，有的零件可用在不同的产品上。这些零件由不同的原材料制成，不同零件所用的材料可以相同。这些零件按所属的不同产品分别放在仓库中，原材料按照类别放在若干仓库中。请用 E-R 图画出此工厂产品、零件、材料、仓库的概念模型。

# 数据库安全性 «

# 第 6 章

**学习目标**

本章从计算机系统及数据库安全性问题入手，对 RDBMS（Relations DataBase Management System，关系数据库管理系统）实现数据库系统安全性的技术和方法进行概括性讨论。因此，本章的教学目标主要有两个：着重掌握存取控制技术、视图技术和审计技术的原理及优缺点；掌握用户权限的授予与回收、角色创建与管理。

**学习方法**

用归纳法和类比法理清各种不同数据库安全控制方法的原理及各自的优缺点，同时通过列举法理解并掌握用户权限的授予与回收、角色创建与管理，从而达到学习目标。

**本章导读**

本章主要介绍计算机系统及数据库安全性问题、计算机及信息安全技术标准的发展以及数据库安全控制的技术和方法。数据库安全控制的方法主要有用户标识与鉴别、存取控制、自主存取控制方法、强制存取控制方法、视图机制、审计、数据加密等。常见的关系型数据库有 MySQL 和 Oracle，在理解 MySQL 和 Oracle 数据库的安全机制的基础上掌握用户权限的授权与回收、角色创建与管理，授权与检查机制。要求了解安全数据库的研究方向，尤其云数据库对数据库安全特性提出了新要求，补充了易用性、高可用性和同态性。

数据库中的数据是非常重要的信息资源，它是政府部门、军事部门、企业等用来管理国家机构做出重要决策、维护企业运转的依据。这些数据的丢失和泄露将给工作带来巨大损害，可能造成企业瘫痪，甚至危及国家安全。因而，数据库系统的安全保护措施是否有效是数据库系统的性能指标之一。

## 6.1 安全性问题

安全性问题不是数据库系统所独有的，所有计算机系统都有这个问题。只是在数据库系统中大量数据集中存放，而且为许多最终用户直接共享，从而使安全性问题更为突出。数据库的安全性与计算机系统的安全性存在紧密关联，甚至计算机系统安全性问题也会直接对数据库系统的安全性构成威胁。

**1．计算机系统安全性问题**

计算机系统安全性问题主要分为三大类：

- 技术安全

由于计算机系统本身存在安全漏洞或功能缺陷，黑客通过破解合法凭据并强制系统运行恶意代码，从而进行攻击与破坏。

- 管理安全

人员安全管理水平不高，可能出现操作失误等情况，或对用户设置高于使用需求的权限，一旦有不良渎职行为，必然造成严重后果，同时对一些权限最大的系统管理员用户（如 Admin 等）采用默认的名称，这样也容易被攻击者获得控制权。

- 政策法律安全

一些不法分子利用法律法规的纰漏打擦边球，触碰道德底线，因政策法律法规的不健全也会给计算机系统安全造成威胁。

**2．数据库不安全因素**

数据库的安全性是指保护数据库，以防止不合法的使用造成的数据泄密、更改或破坏。数据库不安全因素主要体现在以下三方面：

（1）在非授权的用户对数据库的恶意存取和破坏

（2）数据库中重要或敏感的数据被泄露

（3）安全环境的脆弱性

# 6.2 数据库安全控制

数据库管理系统需通过一套可信计算机及信息安全技术标准以及数据库安全控制技术来提供安全保障。

## 6.2.1 计算机及信息安全技术标准的发展

（1）1985 年美国国防部（DoD）正式颁布《DoD 可信计算机系统评估准则》（简称 TCSEC 或 DoD85）。

（2）不同国家建立在 TCSEC 概念上的评估准则如下所示：

① 1991 年欧洲的信息技术安全评估准则（ITSEC）。

② 1993 年加拿大的可信计算机产品评估准则（CTCPEC）。

③ 1993 年美国的信息技术安全联邦标准（FC）草案。

（3）1993 年，CTCPEC、FC、TCSEC 和 ITSEC 联合行动，解决原标准中概念和技术上的差异，称为 CC（Common Criteria）项目（即通用准则）。

（4）1999 年 CC V2.1 版被 ISO 采用为国际标准；2001 年 CC V2.1 版被我国采用为国家标准。

（5）目前 CC 基本取代了 TCSEC，成为评估信息产品安全性的主要标准。

## 6.2.2 数据库安全性级别

为了保护数据库，防止故意的破坏，可以在从低到高的五个级别上设置各种安全措施：

（1）环境级。计算机系统的机房和设备应加以保护，防止有人进行物理破坏。

（2）用户级。工作人员应清正廉洁，正确授予用户访问数据库的权限。

（3）操作系统级。应防止未经授权的用户从操作系统处着手访问数据库。

（4）网络级。由于大多数数据库系统都允许用户通过网络进行远程访问，网络软件内部的安全性是很重要的。

（5）数据库系统级。数据库系统的职责是检查用户的身份是否合法及使用数据库的权限是否正确。

### 6.2.3 数据库安全控制方法

在一般计算机系统中，安全措施是层层设置的，图 6-1 所示是常见的计算机系统安全模型。用户要求进入计算机系统时，系统首先根据用户输入的用户标识进行身份鉴定，只有合法的用户才准许进入计算机系统；对已进入的用户，DBMS 还要进行存取控制，只允许用户执行合法操作；操作系统也会提供相应的保护措施；数据最后还可以密码形式存储到数据库中。

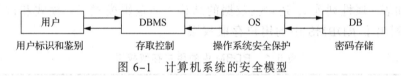

图 6-1 计算机系统的安全模型

数据库安全控制的方法主要有用户标识与鉴别、存取控制、自主存取控制方法、强制存取控制方法、视图机制、审计、数据加密等。

#### 1．用户标识与鉴别

用户标识与鉴别是系统提供的最外层安全保护措施。当用户要求进入系统时，都要输入用户标识，系统进行核对后，对于合法的用户才提供机器使用权。获得了机器使用权的用户不一定具有数据库的使用权，数据库管理系统还要进一步进行用户标识和鉴定，以拒绝没有数据库使用权的用户（非法用户）进行数据库的存取操作。用户标识和鉴定的方法有很多种，而且在一个系统中往往是多种方法并举，以获得更强的安全性。通常使用用户名和口令标识鉴定用户，用户标识与鉴别可以重复多次。

#### 2．存取控制

数据库安全最重要的一点就是确保只授权给合法的用户访问数据库，同时令所有未被授权的人员无法接近数据库，这主要通过数据库系统的存取控制机制实现。存取控制机制主要包括两部分：

· 定义用户权限，并将用户权限登记到数据字典中

用户权限是指不同的用户对于不同的数据对象允许执行的操作权限，这些定义经过编译后存放在数据字典中，被称作安全规则或授权规则。

· 合法权限检查

每当用户发出存取数据库的操作请求之后（请求一般应包括操作类型、操作对象和操作用户等信息），DBMS 首先查找数据字典，根据安全规则进行合法权限检查，

若用户的操作请求超出了定义的权限，系统将拒绝执行此操作。

当前的 DBMS 一般支持两种类型的存取控制机制：自主存取控制和强制存取控制。

（1）自主存取控制

大型数据库管理系统几乎都支持自主存取控制。自主存取控制定义了各个用户对于不同的数据对象的存取权限。不同的用户对同一对象也有不同的权限，而且用户还可将其拥有的存取权限转授给其他用户，因此自主存取控制非常灵活。目前的 SQL 标准也对自主存取控制提供支持，主要通过 SQL 的 GRANT 语句和 REVOKE 语句来实现。

① 用户权限

用户权限是由两个要素组成的：数据对象和操作类型，定义一个用户的存取权限就是要定义这个用户可以在哪些数据对象上进行哪些类型的操作。

在关系数据库管理系统（简称 RDBMS）中，数据库管理员可以把建立基本表和修改基本表的权限授予用户，用户一旦获得此权限，就可以建立和修改基本表，同时还可以创建所建表的索引和视图。关系系统中，RDBM 中存取控制的数据对象不仅包括数据（如表、属性列等），还包括数据的结构（如逻辑模式、外模式和内模式等）。表 6-1 中列出了 RDBMS 中的用户存取权限。

表 6-1　RDBM 中的用户存取权限

| 类型 | 数据对象 | 操作类型 |
| --- | --- | --- |
| 关系模式 | 逻辑模式 | 建立、修改、检索 |
| | 外模式 | 建立、修改、检索 |
| | 模式 | 建立、修改、检索 |
| 数据 | 基本表 | 查找、插入、修改、删除 |
| | 属性 | 查找、插入、修改、删除 |

② 授权机制

在数据库系统中定义存取权限称为授权。用户权限定义中数据对象范围越小，授权子系统就越灵活。例如授权定义可精细到字段级，而有的系统只能对关系授权，授权粒度越细，授权子系统就越灵活，但系统定义与检查权限的开销也会相应地增大。

衡量授权子系统精巧程度的另一个尺度是能否提供与数据值有关的授权，若授权依赖于数据对象的内容，则称为是与数据值有关的授权。有的系统还允许存取谓词中引用系统变量，如一天中的某个时刻、某台终端设备号，这就是与时间和地点有关的存取权限，这样用户只能在某段时间内、某台终端上存取有关数据。

③ 自主存取控制的优缺点

自主存取控制能够通过授权机制有效地控制其他用户对敏感数据的存取，但是由于用户对数据的存取权限是"自主"的，用户可以自由地决定将数据的存取权限授予何人、决定是否也将"授权"的权限授予别人，在这种授权机制下，仍可能存在数据的"无意泄露"。

（2）强制存取控制

在强制存取控制中，每一个数据对象被标以一定的密级，每一个用户也被授予某一个级别的许可证，对于任意一个对象，只有具有合法许可证的用户才可以存取。强制存取控制因此相对比较严格。

① 密级和许可证级别

有些数据库的数据具有很高的保密性，通常具有静态的严格的分层结构，强制存取控制对于存放这种数据的数据库非常适用。这个方法的基本思想在于为每个数据对象（文件、记录或字段等）赋予一定的密级，级别从高到低有绝密级、机密级、秘密级和公用级。每个用户也具有相应的级别，称为许可证级别。密级和许可证级别都是严格有序的，如绝密>机密>秘密>公用。

② 存取规则

在系统运行时，采用如下两条简单规则：

（1）用户只能查看比他级别低或同级的数据。

（2）用户只能修改和他同级的数据。

显然，用户不能修改比他级别高的数据，但也不能修改比他级别低的数据，主要是为了防止具有较高级别的用户将该级别的数据复制到较低级别的文件中。

③ 强制存取控制的优缺点

强制存取控制是一种独立于值的一种简单的控制方法。它的优点是系统能执行"信息流控制"，允许有权查看保密数据的用户可以把这种数据复制到非保密的文件中，造成无权用户也可接触保密数据；而强制存取控制可以避免这种非法的信息流动。这种方法在通用数据库系统中不是非常有用，只是在某些专用系统中才有用。

**3．视图机制**

视图是从一个或多个基本表导出的虚表，进行存取权限控制时可以为不同的用户定义不同的视图，把数据对象限制在一定的范围内。也就是说，通过视图机制把要保密的数据对无权存取的用户隐藏起来，从而自动地对数据提供一定程度的安全保护。

视图机制间接地实现了支持存取谓词的用户权限定义，在不直接支持存取谓词的系统中，可以先建立视图，然后在视图上进一步定义存取权限。例如，学生张三只能浏览计算机系学生的信息，这就要求系统提供具有存取谓词的授权语句。在不直接支持存取谓词的系统中，可以先建立计算机系学生的视图，然后再在视图上定义存取权限。

视图机制使系统具有3个优点：数据安全性、逻辑数据独立性和操作简便性。

**4．审计**

因为任何系统的安全保护措施都不是完美无缺的，蓄意盗窃、破坏数据的人总是想方设法打破控制。所谓审计是把用户对数据库的所有操作自动记录下来放入审计日志中。如果怀疑数据库被篡改了，如哪个用户执行了更新和什么时候执行的更新等，那么就开始执行DBMS的审计软件。该软件将扫描审计追踪中某一时间段内的日志，以检查所有作用于数据库的存取动作和操作，当发现一个非法的或未授权的操作时，DBA（DataBase Administrator，数据库管理员）就可以确定执行这个操作的账号。

审计通常是很费时间和空间的，所以DBMS往往都将其作为可选特征，允许DBA

根据应用对安全性的要求，灵活地打开或关闭审计功能，审计功能一般主要用于安全性要求较高的部门。

**5．数据加密**

对于高度敏感性数据，如财务数据、军事数据、国家机密，除以上安全性措施外，还可以采用数据加密技术。数据加密是防止数据库中数据在存储和传输中失密的有效手段。加密的基本思想是根据一定的算法将原始数据（明文）变换为不可直接识别的格式（密文），从而使不知道解密算法的人无法获知数据的内容。

加密方法主要有两种：对称密钥加密法和非对称密钥加密法。

（1）对称密钥加密又称专用密钥加密或共享密钥加密，即发送和接收数据的双方必使用相同的密钥对明文进行加密和解密运算。对称密钥加密算法主要包括 DES、3DES、IDEA、RC5、RC6 等。

（2）非对称密钥加密法也称公开密钥加密法，每个人都有一对唯一对应的密钥：公开密钥（简称公钥）和私人密钥（简称私钥），公钥对外公开，私钥由个人秘密保存。因为公钥是公开对外发布的，所以想给私钥持有者发送信息的人都可以取得公钥，用公钥加密后，发送给私钥持有者，即使被拦截或窃取，没有私钥的攻击者也无法获得加密后的信息，可以保证信息的安全传输。私钥持有者先用私钥解密，获取原文信息；私钥持有者先用私钥加密，再用公钥解密，可以完成对私钥持有者的身份认证，因为公钥只能解开用私钥加密后的信息。非对称密钥加密算法的典型代表是 RSA。

目前有些数据库产品提供了数据加密例行程序，可根据用户的要求自动对存储和传输的数据进行加密处理。另一些数据库产品虽然本身未提供加密程序，但提供了接口，允许用户用其他厂商的加密程序对数据加密。

由于数据加密与解密也是比较费时的操作，而且数据加密与解密程序会占用大量的系统资源，因此数据加密功能通常也作为可选特征，允许用户自由选择，只对高度机密的数据加密。

# 6.3　MySQL 的安全机制

MySQL 是众多网站技术栈中的标准配置，是广受欢迎的开源数据库。为了保证数据库的安全性和完整性，MySQL 提供了一整套安全管理机制。尤其 MySQL8 功能极其强大，相对 MySQL5.7，MySQL8 新增了角色功能、哈希连接、克隆插件、在 JSON 函数中使用多值索引、Innodb Cluster、MGR 在复制上的提升等近 300 项特性。MySQL8 新增的角色功能，使账号权限的管理，更加灵活方便。对于普通用户，MySQL 的安全管理机制主要体现在用户管理、角色管理与权限管理。

## 6.3.1　MySQL 用户管理

MySQL 中主要包括两种用户：root 用户和普通用户。前者为超级管理员，拥有 MySQL 提供的一切权限；而后者则只能拥有创建用户时赋予它的权限。用户管理机制包括登录和退出 MySQL 服务器、创建用户、删除用户、修改用户密码和为用户赋权限等内容。

## 1. 用户登录 MySQL

完整语法形式如下:

```
mysql -h 主机名|主机IP -P 端口号 -u 用户账号名 -p密码 数据库名 -e "SQL 语句"
```

参数说明:

–h:用来指定所连接的 MySQL 服务器的地址,可以用主机名或主机 IP 地址两种方式来表示。

–P:用来指定所连接的 MySQL 服务器的端口号。

–u:用来指定哪个用户要连接 MySQL 服务器。

–p:表示将提示输入密码,如果想在具体连接中直接设置密码,而不是在输入密码提示中进行设置,该密码需要直接加在参数–p 后面,中间不能有空格。

数据库名:用来指定连接到 MySQL 服务器后,登录到哪一个数据库中。如果没有指定,默认为系统数据库 MySQL。

–e:用来指定所执行的 SQL 语句。

例 6.1 通过用户账户 root 登录到 MySQL 服务器的数据库 student 中。命令如下:

```
mysql -h 127.0.0.1 -u root -p student
```

如果需要在具体连接中直接设置密码,则更改命令如下:

```
mysql -h 127.0.0.1 -u root -p123456 student
```

## 2. 退出 MySQL

语法形式:

```
EXIT|QUIT
```

## 3. 创建用户账号

1)执行 CREATE USER 语句来创建用户账户

语法形式:

```
CREATE USER 用户名 IDENTIFIED BY [PASSWORD] '密码'
```

例 6.2 添加一个账号为 wangwei,密码为 123456 的普通用户。命令如下:

```
CREATE USER 'wangwei'@'localhost' IDENTIFIED BY '123456'
```

2)执行 INSERT 语句来创建用户

当向系统表 mysql.user 中插入数据时,一般只需插入 HOST、USER 和 PASSWORD 这 3 个字段。

语法形式:

```
INSERT INTO USER (HOST,USER,PASSWORD) VALUES
            ('hostname','username', PASSWORD ('password'))
```

例 6.3 同样添加一个账号为 wangwei,密码为 123456 的普通用户。命令如下:

```
INSERT INTO USER (HOST,USER,PASSWORD) VALUES
('localhost','wangwei', PASSWORD ('123456'));
```

### 4. 修改用户/用户密码

（1）修改用户

语法形式：RENAME USER '用户名'@'IP 地址' TO '新用户名'@'IP 地址'

**例 6.4** 将用户名 wangwei 修改为 wangming，且把本机 IP 地址修改为任何主机。

RENAME USER 'wangwei'@'localhost ' TO 'wangming'@' % '

（2）修改用户密码

语法形式：

```
SET PASSWORD FOR 'username'@'hostname'= PASSWORD ("新密码")
```

**例 6.5** 将用户 wangming 的密码修改为 123。命令如下：

```
SET PASSWORD FOR 'wangming'@'localhost'=PASSWORD("123");
```

### 5. 删除用户

语法形式：

```
DROP USER user1 [,user2]...
```

**例 6.6** 删除用户 wangming。命令如下：

```
DROP USER 'wangming'@'localhost';
```

## 6.3.2 角色与权限管理

MySQL 数据库拥有多个相同权限集合的用户，向多个用户授予和撤销权限的唯一方法是单独更改每个用户的权限，用户数量比较多时，这是非常耗时的。

在数据库中，为便于对用户及权限进行管理，可以将一组具有相同权限的用户组织在一起，这一组具有相同权限的用户就称为角色（Role）。

假设开发了一个使用 student 数据库的应用程序，要与 student 数据库进行交互，需要分别为访问数据库的开发人员、仅需读取权限的普通用户、需读/写权限的普通用户这 3 种使用者创建用户账户。为避免单独为每个用户账户授予权限，可以创建一组角色，并为每个用户账户授予相应的角色。

为了用户权限管理更容易，MySQL 提供了一个名为 ROLE 的新对象，它是一个命名的特权集合。如果要向多个用户授予相同的权限集，则应如下所示：

首先，创建新的角色。

第二，授予角色权限。

第三，为用户分配角色。

如果要更改用户的权限，则需要仅更改授权角色的权限。这些更改角色的权限将对授予角色的所有用户生效。

### 1. 创建角色

语法形式：

```
CREATE ROLE '角色名 1', '角色名 2', '角色名 n';
```

**例 6.7** 创建一组角色，分别为 app_developer、app_read、app_write。命令如下：

```
CREATE ROLE 'app_developer', 'app_read', 'app_write'
```

角色名称命名类似于由用户和主机部分组成的用户账户：role_name@host_name。如果省略主机部分，则默认为%，表示任何主机。

**2. 授予角色权限**

SQL 提供了非常灵活的授权机制，用户对自己建立的基本表和视图拥有全部的操作权限，并且可以用 GRANT 语句把其中某些权限授予其他用户或角色，被授权的用户如果有"继续授权"的许可，还可以把获得的权限再授予其他用户，DBA 拥有对数据库中所有对象的所有权限，并可以根据应用的需要将不同的权限授予不同的用户，而所有授予出去的权力在必要时又都可以用 REVOKE 语句收回。

（1）MySQL 常用的权限如表 6-2 所示。

表 6-2　MySQL 常用的权限

| 角色权限 | 语　句 | 说　　明 |
| --- | --- | --- |
| Admin | create user | 建立新的用户的权限 |
| | grant option | 为其他用户授权的权限 |
| | super | 管理服务器的权限 |
| DDL（数据库定义语言） | create | 新建数据库，表的权限 |
| | alter | 修改表结构的权限 |
| | drop | 删除数据库和表的权限 |
| | index | 建立和删除索引的权限 |
| DML（数据操纵语言） | select | 查询表中数据的权限 |
| | insert | 向表中插入数据的权限 |
| | update | 更新表中数据的权限 |
| | delete | 删除表中数据的权限 |
| | execute | 执行存储过程的权限 |

（2）授予权限。

语法形式：

```
GRANT 权限列表 ON 关系 TO 角色
```

或

```
GRANT 权限列表 ON 关系 TO 用户 [WITH GRANT OPTIONS]
```

**例 6.8** 授予 app_developer 角色对数据库 student 中的 course 表拥有插入和删除权限。

命令如下：

```
GRANT INSERT,DELETE ON student.course TO app_developer
```

如果是对用户进行授权，那么被授权的用户还可以将权限再授权给其他用户。比如，wangwei 对数据库 student 中的 score 表拥有查询权限，并可将权限转授他人。命令如下：

```
GRANT SELETE ON student.score TO wangwei WITH GRANT OPTIONS
```

（3）查看权限。

语法形式：

```
SHOW GRANTS FOR 用户/角色
```

**例 6.9** 查看 app_developer 角色的权限。命令如下：

```
show grants for app_developer
```

（4）回收权限。

语法形式：

```
REVOKE 权限列表 ON 关系 from 用户/角色
```

**例 6.10** 回收 app_developer 角色对数据库 student 中的 score 表的所有权限。命令如下：

```
REVOKE ALL PRIVILEGES ON student.score FROM app_developer
```

**ALL PRIVILEGES** 为所有权限；REVOKE 仅删除权限并不删除用户，在用户下次登录后生效。默认是级联回收，即会将该用户的该权限以及该用户授予给其他用户的该权限全部回收。如果要防止级联回收，需使用 RESTRICT。

其语法形式如下：

```
REVOKE 权限 ON 关系 FROM 用户/角色 RESTRICT
```

### 3．为用户分配角色

语法形式：

```
GRANT 角色名 TO 用户名
```

**例 6.11** 将角色 app_developer 的权限分配给用户 wangwei。命令如下：

```
GRANT app_developer TO wangwei
```

## 6.4　安全数据库的研究方向

数据库安全面临的威胁大致可分为以下几类：

（1）数据泄露，数据库环境本身和数据库管理方面存在漏洞，导致数据通过各种渠道被人窃取。

（2）数据篡改，由于数据位置或传播途径已被人获取，通过已知信息将数据进行恶意修改或删除，致使数据不准确，或是不可使用。

（3）数据灾难，由于自然原因或人为因素导致数据库环境故障，库内数据无法使用。

数据库安全机制的一个重要的出发点是保证系统可用的前提下实现敏感数据与技术人员的隔离。在当前云计算的复杂环境下，对数据库安全性提出了更高要求，补充了易用性，高可用性和同态性，其中同态性指的是授权用户对已加密的原数据处理后得到的结果与采用相同处理作用的原数据再加密结果一致。未来数据管理发展趋势是：各类技术的相互借鉴融合、发展。

数据库的高安全性研究主要包含以下几个方向：

（1）自定义数据类型的数据库加密算法的开发，传统的数据类型虽然具有通用性，便于迁移处理，基于这一点，开发出具有加密定制化的数据库加密类型，既满足了加密算法特定的操作要求，又能保证密文数据难以被解析出来。

（2）加密数据使用的性能优化，安全机制的实现前提是要保证数据库整体可用，要满足这一点，就必须研究密文数据在数据库中的使用性能，比如查询时对 I/O 的影响，SQL 执行计划的响应时间，相对于明文数据多出的冗余空间对磁盘空间的影响。而这方面的研究有助于推动加密算法在数据库方面的应用。

（3）基于逻辑图的秘钥管理技术，要实现密文数据应用在多用户交互访问的环境下，必须对来访用户提供授权属性，同时也能动态扩展访问用户控制节点，而这种技术刚好满足这两个条件，同时也支持半可信代理重加密手段，定时更新加密秘钥，保证数据安全。

（4）基于混沌理论的伪随机技术，由于混沌系统非周期性、类随机性和非重复性，能够生成性能较好的伪随机数，逐渐被学者们重视，用来研究为其他数学过程提供更好的随机辅助。

（5）基于容错学习和属性加密的全同态加密体制。现有全同态加密体制普遍存在密钥、密文尺寸偏大的弊端，严重制约其实用性，利用容错学习问题和属性加密构造的全同态加密体制在云数据库安全领域具有重要的潜在应用价值，成为当前研究的热点。

## 小 结

（1）数据库的不安全因素：非法恶意破坏、数据泄露以及安全环境的脆弱性。

（2）数据库安全性级别：环境级、用户级、操作系统级、网络级、数据库系统级。

（3）数据库安全控制方法：用户标识与鉴别、存取控制、自主存取控制方法、强制存取控制方法、视图机制、审计、数据加密等。

（4）用户与角色创建，权限授予与回收。

（5）安全数据库的研究方向。

## 习 题

1. 什么是数据的安全性控制？
2. 数据库安全问题主要体现在哪些方面？
3. 数据库安全性级别有哪几种？
4. 试述实现数据库安全性控制的常用方法和技术。
5. MySQL 的安全性机制中用户、角色与权限如何进行有效管理？
6. 安全数据库有哪些研究方向？

# 数据库完整性 ≪≪

### 学习目标

本章从数据库的完整性和完整性约束条件的基本概念入手，引出数据库完整性约束的分类、定义、检查与违约处理及其相关问题的讨论。因此，本章的教学目标主要有三个：一是了解数据库完整性约束条件的基本概念及分类；二是掌握实体完整性、参照完整性和用户定义的完整性的基本特征和定义。三是数据库完整性约束的检查与违约处理机制。

### 学习方法

通过一系列实例的理解，加深对数据库完整性约束基本概念的区分，掌握实体完整性、参照完整性和用户定义完整性的定义，以达到学习目标。

### 本章导读

本章主要介绍数据库完整性机制的基本概念，如数据库的完整性、完整性检查、静态约束、动态约束等。数据库完整性根据作用对象的不同可分为实体完整性、参照完整性、域完整性和用户定义的完整性。数据库完整性控制的三大功能包含定义、检查与违约处理。数据库的完整性机制是关系型数据库系统的核心功能，要求掌握实体完整性、参照完整性、域完整性和用户定义的完整性的基本特征和定义，尤其是实现参照完整性要考虑的几个问题。

## 📚 7.1 数据库完整性概述

数据库的完整性是指数据的正确性、有效性和相容性。所谓正确性是指数据的合法性。例如，数值型数据中只能包含数字而不能包含字母。所谓有效性是指数据是否属于所定义的有效范围。例如，性别只能是男或女，学生成绩的取值范围为 0~100 的整数。所谓相容性是指表示同一事实的两个数据应相同，不一致就是不相容，数据库是否具备完整性关系到数据库系统能否真实地反映现实世界。因此，维护数据库的完整性是非常重要的。

为维护数据库的完整性，DBMS 必须提供一种机制来保证数据库中的数据是正确的，避免非法的不符合语义的错误数据的输入和输出所造成的无效操作和错误结果。这些加在数据库数据之上的语义约束条件称为"数据库完整性约束条件"，有时也称完整性规则。它们作为模式的一部分存入数据库中，而 DBMS 中检查数据库中的数据是否满足语义规定的条件称为"完整性检查"。

# 7.2 完整性约束条件

完整性检查是围绕完整性约束条件进行的，因此完整性约束条件是完整性控制机制的核心。数据完整性约束可分为表级约束、元组约束和属性级约束，其作用的对象分别为关系、元组、列 3 种。其中关系的约束是若干元组间、关系集合上以及关系之间的联系的约束；元组的约束是元组中各个字段间的联系的约束；列约束主要是列的类型、取值范围、精度、排序等约束条件。

完整性约束条件涉及的这 3 类对象，其状态可以是静态的，也可以是动态的。所谓静态约束是指数据库每一确定状态时的数据对象所应满足的约束条件，它是反映数据库状态合理性的约束，这是最重要的一类完整性约束。动态约束是指数据库从一种状态转变为另一种状态时，新、旧值之间所应满足的约束条件。它是反映数据库状态变迁的约束。

**1. 静态级约束**

1）静态列级约束

静态列级约束是对一个列的取值域的说明。这是最常用也最容易实现的一类完整性约束，其包括以下几方面：

（1）对数据类型的约束。对数据类型的约束，包括数据的类型、长度、单位、精度等。例如，学生信息表中学生姓名的数据类型规定为字符型，长度为 8；学生年龄的数据类型为整型。

（2）对数据格式的约束。例如，规定居民身份证号码的前六位表示居民户口所在地，中间 8 位数字表示居民出生日期，后 3 位为顺序编号，其中出生日期的格式为 YYMMDD。

（3）对取值范围或取值集合的约束。例如，规定学生成绩的取值范围为 0 ~ 100，性别的取值集合为[男，女]。

（4）对空值的约束。空值表示未定义或未知的值，它与零值和空格不同。有的列允许空值，有的列则不允许空值。例如，学生信息表中学号不能取空值，但联系电话可以为空值。

（5）其他约束。例如，关于列的排序说明、组合列等。

2）静态元组级约束

一个元组是由若干个列值组成的。静态元组级约束就是规定元组的各个列之间的值或结构的相互约束关系。例如，订货关系中包含发货量、订货量等列，规定发货量不得超过订货量。

3）静态表级约束

在一个关系的各个元组之间或者若干关系之间常常存在各种联系或约束。常见的静态关系约束有实体完整性约束、参照完整性约束、函数依赖约束和统计约束。

实体完整性约束：在关系模式中定义主键，一个基本表中只能有一个主键。

参照完整性约束：在关系模式中定义外键。

函数依赖约束：大部分函数依赖约束都在关系模式中定义。

统计约束：字段值与关系中多个元组的统计值之间的约束关系。例如，规定职工平均年龄不能大于 50 岁，职工的平均年龄是一个统计值。

### 2．动态级约束

**1）动态列级约束**

动态列级约束是修改列定义或列值时应满足的约束条件，包括两方面：

（1）修改列定义时的约束。例如，将允许空值的列改为不允许空值时，如果该列目前已存在空值，则拒绝这种修改。

（2）修改列值时的约束。修改列值有时需要参照其旧值，并且新旧值之间需要满足某种约束条件。例如，职工工资调整不得低于其原来工资、学生年龄只能增长等。

**2）动态元组级约束**

动态元组级约束是指修改元组中各个字段间需要满足某种约束条件。例如，职工工资调整时新工资不得低于原工资＋工龄×2 等。

**3）动态表级约束**

动态表级约束是加在关系变化前后状态上的限制条件。例如，事务一致性、原子性等约束条件属于动态表级约束。

## 7.3 完整性控制与实现

### 1．完整性控制机制的功能及执行约束

**1）完整性控制机制的功能**

DBMS 的完整性控制机制应具有以下 3 个方面的功能：

（1）定义功能，即提供定义完整性约束条件的机制。

（2）检查功能，即检查用户发出的操作请求是否违背了完整性约束条件。

（3）违约处理，即监视数据操作的整个过程，如果发现有违背了完整约束条件的情况，则采取恰当的操作来保证数据的完整性。例如，拒绝操作、报告违反情况、改正错误等方法来保证数据的完整性。

**2）执行约束**

根据完整性检查的时间不同，可分为立即执行约束和延迟执行约束。立即执行约束是指在有关数据操作语句执行完后，立即对数据应满足的约束条件进行完整性检查。延迟执行约束是指在整个事务执行结束后才对数据应满足的约束条件进行完整性检查，检查正确方可提交。例如，银行数据库中"借贷总金额应平衡"的约束就应该是延迟执行的约束，从账号 A 转一笔资金到账号 B 为一个事务，从账号 A 转出去资金后账就不平了，必须等转入账号 B 后账才能重新平衡，这时才能进行完整性检查。

对于立即执行约束，如果发现用户操作请求违背了完整性约束条件，系统将拒绝该操作，但对于延迟执行的约束，系统将拒绝整个事务，把数据库恢复到该事务执行前的状态。

### 2．完整性约束的定义、检查与违约处理

在关系模型中有 4 类完整性约束：实体完整性、参照完整性、域完整和用户定义

的完整性，其中实体完整性和参照完整性约束条件为最重要的完整性约束，称为关系的两个不变性。

1）实体完整性

实体完整性为元组级完整性，规定表的每一个元组都应该有一个唯一的标识符，一般通过在表中定义的主键约束来体现，且其值不能为空。如果一个关系的主键是由多个属性构成的，那么每个属性都不能取空值。除了 PRIMARY KEY、NOT NULL 约束之外，还可以通过索引、UNIQUE 约束或者 IDENTITY 属性等实现数据的实体完整性。

例 7.1 建立"学生"表，包含学号、姓名、性别、年龄和所在系属性，定义其实体完整性。

```
CREATE TABLE 学生
(学号 CHAR(2) PRIMARY KEY NOT NULL UNIQUE,
 姓名 CHAR(4),
 性别 CHAR(2),
 年龄 INT,
 所在系 CHAR(8)
)
```

实体完整性的检查和违约处理：

（1）检查主键值是否唯一，如果不唯一则拒绝插入或更新。

（2）检查主键的各个属性是否为空，只要有一个为空就拒绝插入或更新。

2）参照完整性

参照完整性是表级完整性，它维护参照表中的外键与被参照表中的主键的相容关系，确保外键中的每一个值与某个主键值相匹配，即保证表之间数据的一致性。如果在被参照表中的某一元组被外键参照，那么这一行既不能被删除，也不能更改其主键。

例 7.2 建立"选课"表，包含学号、课程号、成绩属性，定义该表的主键以及与"学生"表中学号的参照关系。

```
CREATE TABLE 选课
(学号 CHAR(2),
 课程号 CHAR(4),
 成绩  SMALLINT,
 PRIMARY KEY(学号,课程号),
 FOREIGN KEY(学号) REFERENCES 学生(学号)
)
```

当不一致发生时，参照完整性的检查和违约处理：

（1）级联操作。

（2）拒绝执行。

（3）设置为空值。

3）域完整性

域完整性为列级完整性。它为列或列组制定一个有效的数据集，并确定该列是否允许为空，通过 check 约束和规则来限制可能的取值范围（CKECK、DEFAULT、NOT

NULL 等）。

**例 7.3** 限制"学生"表中学生年龄域的取值在 18 ~ 24 岁之间。

```
CREATE  TABLE 学生
(学号 CHAR(2) UNIQUE,
 姓名 CHAR(4) NOT NULL,
 性别 CHAR(2),
 年龄 INT CHECK(年龄 IN(18,24)),
 所在系 CHAR(8),
 PRIMARY KEY(学号)
)
```

域完整性的检查和违约处理：

（1）拒绝执行。

（2）设置为空值。

4）用户定义的完整性

用户定义的完整性是针对某个特定关系数据库的约束条件，它反映某一具体应用所涉及的数据必须满足的语义要求，通过 CKECK、DEFAULT、NOT NULL、UNIQUE、IDENTITY 属性约束。

**例 7.4** 建立"教师"表，该表包含教师号、姓名、性别、职称和所在系属性，要求进行实体完整性声明，同时根据用户需求显式为"教师号"字段设置自动编号（起始值：1000，增量：1），并为"职称"字段提供默认值"未知"。

```
CREATE  TABLE Teacher
(教师号 CHAR(4) IDENTITY(1000,1)NOT NULL,
 姓名 CHAR(4) NOT NULL,
 性别 CHAR(2),
 职称 CHAR(8) DEFAULT("未知"),
 所在系 CHAR(8),
 PRIMARY KEY(教师号)
)
```

其中，IDENTITY(1000,1)表示该列为标识列，编号自动从 1000 开始，每插入一行，这一列值就增 1，DEFAULT("未知")表示当没有为该列设置值时，为该列提供默认值"未知"。

用户自定义完整性的检查和违约处理：插入元组或修改属性的值时，DBMS 检查属性上的约束条件是否被满足，如果不满足则操作被拒绝执行。

**3．实现参照完整性要考虑的几个问题**

1）外键能否接受空值的问题

在实现参照完整性时，除了应该定义外键以外，还应该根据应用环境确定外键列是否允许取空值。

2）在被参照关系中删除元组的问题

如果要删除被参照表的某个元组（即要删除一个主键值），而参照关系存在若干元组，其外键值与被参照关系删除元组的主键值相同，该参照完整性可能会受到破坏，要保持关系的参照完整性，就需要对参照表的相应元组进行处理，其处理策略有 3 种：

（1）级联删除（CASCADES）。将参照关系中所有外键值与被参照关系中要删除元组主键值相同的元组一起删除。如果参照关系同时又是另一个关系的被参照关系，则这种删除操作会继续级联下去。例如，采用级联删除方法删除学生关系中的"学号=16001"的元组，则选课关系中3个"学号=16001"的元组将被一起删除。

（2）受限删除（RESTRICT）。只有当参照关系中没有任何元组的外键值与要删除的被参照关系中元组的主键值相同时，系统才能执行删除操作，否则拒绝此删除操作。例如，采用受限删除方法删除学生关系中的"学号=16001"的元组，就要求选课关系中没有与"学号=16001"的元组相关的元组。否则，系统将拒绝删除学生关系中"学号=16001"的元组。

（3）置空值删除（SETNULL）。删除被参照关系的元组，并将参照关系中所有相应元组的外键值置为空值。例如，采用置空值删除方法删除学生关系中的"学号=16001"的元组，系统就将选课关系中所有"学号=16001"的元组的学号值置为空值。

3）在参照关系中插入元组时的问题

当向参照关系插入某个元组，而被参照表不存在主键值与参照表外键值相同的元组时，可采用首先插入或递归插入的两种处理策略。例如，向参照关系选课表中插入（"17001",C1,90）元组，而被参照关系学生表中没有"学号=17001"的元组，系统有以下两种解决方法：

（1）受限插入。仅当被参照关系中存在相应的元组，其主键值与参照关系插入元组的外键值相同时，系统才执行插入操作，否则拒绝此操作。例如，对于上面的情况，如果采用受限插入策略，系统将拒绝向选课关系插入（"17001",C1,90）元组。

（2）递归插入。该策略首先向被参照关系中插入相应的元组，其主键值等于参照关系插入元组的外键值，然后向参照关系插入元组。例如，对于上面的情况，如果采用递归插入策略，系统将首先向学生关系插入"学号=17001"的元组，然后向选课关系插入（"17001",C1,90）元组。

4）修改关系中主键的问题

（1）不允许修改主键。在有些关系数据库系统中，修改关系主键的操作是不允许的。例如不能用UPDATE语句将学号'16001'改为'17001'，如果需要修改主键值，只能先删除该元组，然后再把具有新主键值的元组插入到关系中。

（2）允许修改主键。在有些关系数据库系统中，允许修改关系主键，但必须保证主键的唯一性和非空，否则拒绝修改。

5）修改表是被参照关系的问题

当修改被参照关系的某个元组时，如果参照关系存在若干个元组，其外键值与被参照关系修改元组的主键值相同，这时有以下3种处理策略：

（1）级联修改。如果要修改被参照关系中某个元组的主键值，则参照关系中相应的外键值也做相应的修改。例如，如果采用级联修改策略，若将学生关系中的学号"16001"修改为"17001"，则选课关系中所有的"16001"都修改为"17001"。

（2）拒绝修改。如果参照关系中，有外键值与被参照关系中要修改的主键值相同元组时，拒绝修改。

（3）置空值修改。修改被参照关系的元组，并将参照关系中所有相应元组的外键值置为空值。

# 小 结

（1）基本概念：数据库的完整性、完整性检查、静态约束、动态约束、实体完整性、参照完整性、用户自定义完整性。

（2）数据完整性约束根据作用的对象不同可分为4类：实体完整性、参照完整性、域完整和用户定义的完整性。

（3）DBMS的完整性控制机制的三大功能：定义、检查、违约处理。

（4）完整性约束的属性约束：PRIMARY KEY、NOT NULL、FOREIGN KEY、REFERENCES、CHECK、DEFAULT等。

（5）数据完整性约束可分为表级约束、元组约束和属性级约束。

# 习 题

1. 什么是数据的完整性控制？
2. 什么是数据库的完整性约束条件？可分为哪几类？
3. DBMS的完整性控制应具有哪些功能？
4. RDBMS在实现参照完整性时需要考虑哪些方面？
5. 试述实体完整性的定义。其属性约束包含哪些内容？
6. 用户自定义完整性指的是什么？如何进行完整性检查和违约处理。

# 数据库恢复技术 ‹‹‹

# 第 8 章

**学习目标**

本章从事务的基本概念和 ACID 性质入手，引出数据库运行中可能发生的故障类型并讨论不同故障的恢复策略。因此，本章的教学目标主要有 3 个：一是了解事务的基本概念及特性；二是区别不同故障具有的特点；三是掌握不同故障的恢复策略。

**学习方法**

通过图解法或列表法归纳总结不同故障具有的特性以及适合采用何种恢复策略，能够更加直观明了地区别它们的不同。

**本章导读**

本章主要介绍数据库恢复技术。事务是数据库操作的基本单位，首先介绍事务的基本概念、ACID 性质和调度形式；其次，介绍数据库运行中可能发生的故障类型，如事务故障、系统故障和介质故障。接着，讲解数据库恢复中最常用的恢复实现技术——数据转储和登录日志文件；再者，阐明针对不同故障采用的恢复策略和具有检查点的恢复技术；最后，介绍数据库镜像的概念以及 Navicat 中的数据备份和还原过程。

任何系统都会产生故障，数据库系统也不例外，产生故障的原因有多种，包括计算机系统崩溃、硬件故障、程序故障、人为错误等。 这些故障轻则造成运行事务非正常中断，影响数据库中数据的正确性，重则破坏数据库，使数据库中全部或部分数据丢失。因此，数据库系统必须采取某种措施，以保证即使发生故障，也可以保持事务的原子性和持久性。在 DBMS 中，这项任务是由恢复子系统来完成的。

## 8.1 事 务 概 述

### 8.1.1 事务的概念

所谓事务是用户定义的一个数据库操作序列，这些操作要么全做，要么全不做，是一个不可分割的逻辑单元。例如，客户认为银行转账（将一笔资金从一个账户 A 转到另一个账户 B）是一个独立的操作，但在数据库系统中这是由转出和转入等几个操作组成的。显然，这些操作要么全都发生，要么由于出错（可能账户 A 已透支）而全不发生。

在关系数据库中，一个事务可以是一条 SQL 语句、一组 SQL 语句或整个程序。事务和程序是两个概念，一般来讲，一个程序中包含多个事务。

### 8.1.2 事务的特性

从保证数据库完整性出发，要求数据库管理系统维护事务的几个性质：原子性（Atomicity）、一致性（Consistency）、隔离性（Isolation）、持久性（Durability），将这四个特性简称 ACID 特性。

**1. 原子性**

一个事务对数据库的所有操作，是一个不可分割的逻辑工作单元，事务的原子性是指事务中包含的所有操作要么全做，要么一个也不做。

假如用户在一个事务内完成了对数据库的更新，这时所有的更新对外部必须是可见的，或者完全没有更新。前者称事务已提交，后者称事务撤消。DBMS 必须确保由成功提交的事务完成的所有操纵在数据库内有完全的反映，而失败的事务对数据库完全没有影响。

**2. 一致性**

所谓一致性就是定义在数据库上的各种完整性约束。在系统运行时，由 DBMS 的完整性子系统执行测试任务，确保单个事务的一致性是对该事务编码的应用程序员的责任，事务应该把数据库从一个一致性状态转换到另外一个一致性状态。

事务的隔离执行（在没有其他事务并发执行的情况下）必须保证数据库的一致性，即数据不会因事务的执行而遭受破坏。

**3. 隔离性**

即使每个事务都能确保一致性和原子性，但当几个事务并发执行时，它们的操作指令会以某种人们所不希望的方式交叉执行，这也可能会导致不一致的状态。

隔离性要求系统必须保证事务不受其他并发执行的事务的影响，也即要达到这样一种效果：对于任何一对事务 T1 和 T2，在 T1 看来，T2 要么在 T1 开始之前已经结束，要么在 T1 完成之后再开始执行。这样，每个事务都感觉不到系统中有其他事务在并发地执行。

**4. 持久性**

一个事务一旦成功完成，它对数据库的改变必须是永久的，即使是在系统遇到故障的情况下也不会丢失，数据的重要性决定了事务持久性的重要性，确保持久性是 DBMS 恢复子系统的责任。

保证事务 ACID 特性是事物处理的重要任务，事务 ACID 特性可能遭到破坏的因素有：

（1）多个事务并发执行，不同事务的操作交叉执行。

（2）事务在运行过程中被强行停止。

在第一种情况下，数据库管理系统必须保证多个事务的交叉运行不影响这些事务的原子性；在第二种情况下，数据库管理系统必须保证被强行终止的事务对数据库和其他事务没有任何影响。

### 8.1.3　事务的状态

应用程序必须用命令 begin transaction、commit 或 redo 来标记事务逻辑的边界。begin transaction 表示事务开始。

commit 表示提交，即提交事务的所有操作，具体地说就是将事务中所有对数据库的更新写回到磁盘上的物理数据库中，事务正常结束。

rollback 表示回滚，即在事务运行的过程中发生了某种故障，事务不能继续执行，系统将事务中对数据库的所有已完成的更新操作全部撤销，回滚到事务开始时的状态。对于不同的 DBMS 产品，这些命令的形式有所不同。

### 8.1.4　事务调度

一般来讲，在一个大型的 DBMS 中，可能会同时存在多个事务处理请求，系统需要确定这组事务的执行次序，即每个事务的指令在系统中执行的时间顺序，称为事务的调度。

任何一组事务的调度必须保证两点：第一，调度必须包含所有事务的指令；第二，一个事务中指令的顺序在调度中必须保持不变，只有满足这两点才称得上是一个合法的调度。

事务调度有两种基本的调度形式：串行和并行。

串行调度是在前一个事务完成之后，再开始做另外一个事务，类似于操作系统中的单道批处理作业。串行调度要求属于同一事务的指令紧挨在一起。如果有 $n$ 个事务串行调度，可以有 $n!$ 个不同的有效调度，而在并行调度中，来自不同事务的指令可以交叉执行，类似于操作系统中的多道批处理作业。如果有 $n$ 个事务并行调度，可能的并发调度数远远大于 $n!$ 个。

## 📚 8.2　数据库恢复概述

数据库恢复是保障数据库安全性的一个重要机制。所谓数据库恢复，就是负责将数据库从故障所造成的错误状态中恢复到某一已知的正确状态。

### 8.2.1　数据库恢复的基本原理

当系统运行过程中发生故障，利用数据库后备副本、日志文件以及数据库事务的两个必要操作（撤销和重做），可以将数据库恢复到故障前的某个一致性状态，且在提交事务之前，必然要先提交日志。如果先提交事务，若在提交一半时突然断电，则这个事务只执行了一半，由于没有日志记录，所以根本无法获取这个事务的执行情况，比如执行了哪些操作，哪些操作还未执行，也就无法恢复事务。

### 8.2.2　数据库恢复的约束条件

恢复能够及时还原和重建数据库，但不是所有的情况下都能实现恢复操作。当系统出现了以下情况时，恢复操作是不能进行的：

（1）用与被恢复的数据库名称不同的数据库名去恢复。

（2）服务器上数据库文件组与备份中的数据库文件组不一致。

（3）需恢复的数据名或文件名与备份的数据名或文件名不同。

## 8.3 故障的种类

系统可能发生的故障有很多种，每种故障需要不同的方法来处理。一般来讲，数据库系统主要会遇到 3 种故障：事务故障、系统故障和介质故障。

### 1．事务故障

事务故障指事务的运行没有到达预期的终点就被终止，有两种错误可能造成事务执行失败：

（1）非预期故障：指不能由应用程序处理的故障。例如，运算溢出、与其他事务形成死锁而被选中撤销事务、违反了某些完整性限制等，但该事务可以在以后的某个时间重新执行。

（2）可预期故障：指应用程序可以发现的事务故障，并且应用程序可以控制让事务回滚。例如，转账时发现账面金额不足。

可预期故障由应用程序处理，非预期故障不能由应用程序处理，所以事务故障仅指这类非预期的故障。

### 2．系统故障

系统故障又称软故障，指在硬件故障、软件错误（如 CPU 故障、突然停电、DBMS、操作系统或应用程序等异常终止）的影响下，导致内存中数据丢失，并使事务处理终止，但未破坏外存中的数据库。这种由于硬件错误和软件漏洞致使系统终止，而不破坏外存内容的假设又称故障–停止假设。

### 3．介质故障

介质故障又称硬故障，指由于磁盘的磁头碰撞、瞬时的强磁场干扰等造成磁盘的损坏，破坏外存上的数据库，并影响正在存取这部分数据的所有事务。

计算机病毒可以繁殖和传播并造成计算机系统的危害，已成为计算机系统包括数据库的重要威胁。它也会造成介质故障同样的后果，破坏外存上的数据库，并影响正在存取这部分数据的所有事务。

总结各类故障，对数据库的影响有两种可能性：一是数据库本身被破坏；二是数据库没有被破坏，但数据可能不正确，这是因为事务的运行被非正常终止造成的。

## 8.4 恢复的实现技术

数据库一旦被破坏仍要用恢复技术把数据库加以恢复，恢复的基本原理是冗余，即数据库中任一部分的数据可以根据存储在系统别处的冗余数据来重建。恢复机制涉及两个关键问题：第一，如何建立冗余数据；第二，如何利用这些冗余数据实施数据库恢复。建立冗余数据最常用的技术是数据转储和登记日志文件，通常在一个数据库系统中，这两种方法是一起使用的。

### 1. 数据转储

数据转储是数据库恢复中采用的基本技术。所谓转储，即 DBA 定期地将整个数据库复制到磁带或另一个磁盘上保存起来的过程，这些备用的数据文本称为后备副本或后援副本。

当数据库遭到破坏后可以将后备副本重新装入，但重装后备副本只能将数据库恢复到转储时的状态。要想恢复到故障发生时的状态，必须重新运行转储以后的所有更新事务。

转储是十分耗费时间和资源的，不能频繁进行，DBA 应该根据数据库的使用情况确定一个适当的转储周期。转储可分为静态转储和动态转储。

1）静态转储

静态转储是在系统中无运行事务时进行的转储操作，即转储操作开始的时刻，数据库处于一致性状态，而转储期间不允许（或不存在）对数据库进行任何存取、修改活动。显然，静态转储得到的一定是一个数据一致性的副本。

静态转储简单，但转储必须等待正运行的用户事务结束才能进行，同样，新的事务必须等待转储结束才能执行。显然，这会降低数据库的可用性。

2）动态转储

动态转储是指转储期间允许对数据库进行存取或修改，即转储和用户事务可以并发执行。动态转储可克服静态转储的缺点，它不用等待正在运行的用户事务结束，也不会影响新事务的运行。但是，转储结束时后援副本上的数据并不能保证正确有效。为此，必须把转储期间各事务对数据库的修改活动登记下来，建立日志文件。这样，后援副本加上日志文件就能把数据库恢复到某一时刻的正确状态。

转储还可分为海量转储和增量转储两种方式。海量转储是指每次转储全部数据库；增量转储则指每次只转储上一次转储后更新过的数据。从恢复角度看，使用海量转储得到的后备副本进行恢复一般说来会方便些，但如果数据库很大，事务处理又十分频繁，则增量转储方式更实用更有效。

数据转储有两种方式，分别可以在两种状态下进行，因此数据转储方法可分为 4 类：动态海量转储、动态增量转储、静态海量转储和静态增量转储。

### 2. 登记日志文件

使用最为广泛的用于记录数据库更新的结构就是日志，日志是以事务为单位记录数据库的每一次更新活动的文件，由系统自动记录。

为保证数据库是可恢复的，登记日志文件时必须遵循两条原则：

（1）登记的次序严格按并发事务执行的时间次序。

（2）必须先写日志文件，后写数据库。

把对数据的修改写到数据库中和把表示这个修改的日志记录写到日志文件中是两个不同的操作，有可能在这两个操作之间发生故障，即这两个写操作只完成了一个。如果先写了数据库修改，而在运行记录中没有登记这个修改，则以后就无法恢复这个修改。如果先写日志，但没有修改数据库，按日志文件恢复时只不过是多执行一次不必要的撤销操作，并不会影响数据库的正确性。所以，为了安全，一定要先写日志文件。

日志文件在数据库恢复中起着重要作用，可用来进行事务故障恢复和系统故障恢复，并协助后备副本进行介质故障恢复。在故障发生后，可通过重做和撤销恢复数据库（见图 8-1），重做是通过后备副本恢复数据库，并且重做应用保存后的所有有效事务。撤销是撤销错误地执行或者未完成的事务对数据库所做的修改，以此来纠正错误，要撤销事务，日志中必须包含数据库发生变化前的所有记录的备份，这些记录称为前像，可以通过将事务的前像应用到数据库来撤销事务。为了恢复事务，日志中必须包含数据库改变之后的所有记录的备份，这些记录称为后像，通过将事务的后像应用到数据库可以恢复事务。

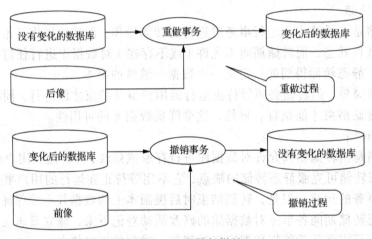

图 8-1　重做与撤销

### 3．基本日志结构

日志是日志记录的序列，一般会包含以下几种形式的记录：

（1）事务开始标识，如<Tistart>。

（2）更新日志记录，描述一次数据库写操作，如$<T_i, X_i, V_1, V_2>$，各字段的含义如下：

① 事务标识 $T_i$ 是执行 write 操作的事务的唯一标识。

② 数据项标识 $X_i$ 是所写数据项的唯一标识，通常是数据项在磁盘上的位置。

③ 更新前数据的旧值 $V_1$（对插入操作而言，此项为空值）。

④ 更新后数据的新值 $V_2$（对删除操作而言，此项值）。

（3）事务结束标识。

① <Ticommit>表示事务 $T_i$ 提交。

② <Tiabort>表示事务 $T_i$ 中止。

如图 8-2 所示，随着 $T_0$ 和 $T_1$ 事务活动的进行，日志中记录变化的情况。A、B、C 的初值分别为 1000、2000 和 700，$T_0$ 表示已提交，$T_1$ 表示完成但未提交，$T_1$ 表示已提交，3 个阶段表示日志中记录变化的情况。

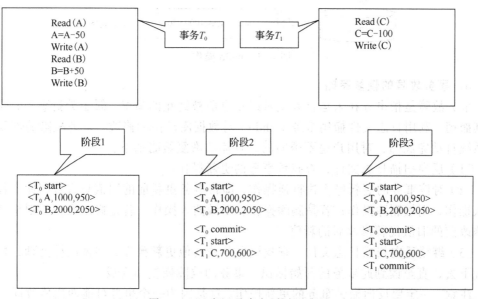

图 8-2    日志记录事务活动示意图

# 8.5  恢 复 策 略

当系统运行过程中发生故障时，利用数据库后备副本和日志文件就可以将数据库恢复到故障前的某个一致性状态，不同的故障其恢复策略和方法也不一样。

## 8.5.1  事务故障的恢复策略

### 1．事务分类

根据日志中记录事务的结束状态，可以将事务分为圆满事务和夭折事务。

圆满事务：指日志文件中记录了事务的 commit 标识，说明日志中已经完整地记录下事务所有的更新活动，可根据日志重现整个事务，即根据日志就能把事务重新执行一遍。

夭折事务：指日志文件中只有事务的开始标识，而无 commit 标识，说明对事务更新活动的记录是不完整的，无法根据日志来重现事务。为保证事务的原子性，应撤销这样的事务。

### 2．事务的恢复操作

redo：对圆满事务所做过的修改操作应执行 redo 操作，即重新执行该操作，修改对象赋予其新记录值，这种方法又称重做，如图 8-3 所示。

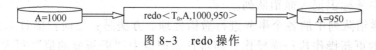

图 8-3    redo 操作

undo：对夭折事务所做过的修改操作应执行 undo 操作，即撤销该操作，修改对象赋予其旧记录值，这种方法又称撤销，如图 8-4 所示。

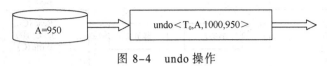

图 8-4　undo 操作

### 3．事务故障的恢复策略

事务故障是指事务在未运行到正常终止点前被终止的情况，属于夭折事务，应该将其撤销，利用日志文件撤销事务（undo）对数据库已做的修改。事务故障的恢复是由系统自动完成的，对用户是不透明的，具体的恢复策略如下：

（1）反向扫描日志文件，查找该事务的更新操作。

（2）对该事务的更新操作执行逆操作，即将事务更新前的旧值写入数据库。若是插入操作，则做删除操作；若是删除操作，则做插入操作。若是修改操作，则相当于用修改前的旧值代替修改后的新值。

（3）继续反向扫描日志文件，查找该事务的其他更新操作，并做同样处理，如此处理下去，直至读到此事务的开始标识，事务的故障恢复即完成。

注意，一定要反向撤销事务的更新操作。这是因为一个事务可能两次修改同一数据项，后面的修改基于前面的修改结果。如果正向撤销事务的操作，那么最终数据库反映出来的是第一次修改后的结果，而非第一次修改前的结果，即事务开始前的状态。

假定发生故障时日志文件和数据库内容如图 8-5 所示。

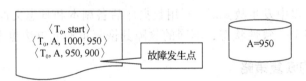

图 8-5　发生故障时日志文件和数据库内容

反向和正向撤销事务操作的结果分别为 A=1000 和 A=950。

## 8.5.2　系统故障的恢复策略

对于系统故障，有两种情况会造成数据库的不一致：

（1）未完成事务对数据库的更新可能已写入数据库。

（2）已提交事务对数据库的更新可能还留在缓冲区没来得及写入数据库。

因此，恢复操作就是要撤销故障发生时未完成的事务，重做已完成的事务，系统故障的恢复是由系统在重新启动时自动完成的，不需要用户干预。

系统故障的恢复策略如下：

（1）正向扫描日志文件，找出圆满事务，将其事务标识记入重做队列，找出夭折事务，将其事务标识记入撤销队列。

（2）对撤销队列中的各个事务进行撤销处理。方法是：反向扫描日志文件，对每个撤销事务的更新操作执行逆操作，即将日志记录中"更新前的值"写入数据库。

（3）对重做队列中的各个事务进行重做处理。方法是：正向扫描日志文件，对每个重做事务重新执行日志文件登记的操作，即将日志记录中"更新后的值"写入数据库。

### 8.5.3 介质故障的恢复策略

发生介质故障时，磁盘上的数据文件和日志文件都有可能遭到破坏，恢复方法是重装数据库，然后重做已完成的事务，具体恢复过程如图 8-6 所示。

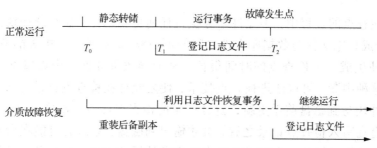

图 8-6 采用静态转储介质故障恢复

（1）装入最新的数据库后备副本，将数据库恢复到最近一次转储时的一致性状态。

（2）装入相应的日志文件副本，重做已完成的事务，即首先扫描日志文件，找出故障发生时已提交的事务的标识，将其记入重做队列；然后正向扫描日志文件，对重做队列中的所有事务进行重做处理，即将日志记录中"更新后的值"写入数据库。

介质故障的恢复需要 DBA 介入，但 DBA 只需要重装最近转储的数据库副本和有关的各日志文件副本，然后执行系统提供的恢复命令即可，具体的恢复操作仍由DBMS 完成。

利用日志技术进行数据库恢复时，恢复子系统必须搜索所有的日志，确定哪些事务需要重做。一般来说，需要检查所有的日志记录。这样做会产生两个问题：一是搜索整个日志将耗费大量的时间；二是很多需要重做处理的事务实际上已经将它们的更新操作结果写到数据库中，然而恢复子系统又重新执行了这些操作，浪费了大量时间。为解决这些问题，又发展了具有检查点的恢复技术。

## 8.6 具有检查点的恢复技术

具有检查点的技术在日志文件中增加了"检查点记录"和一个"重新开始"文件，并让子系统在登录日志文件期间动态地维护日志。它的主要作用是保证在检查点时刻外存上的日志文件和数据库文件的内容是完全一致的。

#### 1. 建立检查点

在数据库系统运行时，DBMS 定期或不定期地建立检查点，在检查点时刻保证所有已完成事务对数据库的修改写到外存，并在日志文件中写入一条检查点记录。当数据库需要恢复时，只有检查点后面的事务需要恢复。这种检查点机制大大提高了恢复过程的效率，一般 DBMS 自动检查点操作，无须人工干预。

建立检查点的具体步骤如下：

（1）将当前日志缓冲中的所有日志记录写入磁盘的日志文件中。

（2）在日志文件中写入一个检查点记录。

（3）将当前数据缓冲的所有数据记录写入磁盘的数据库中。

（4）把检查点记录在日志文件中的地址写入一个重新开始文件中。

### 2. 改进的检查点（模糊检查点）

在建立检查点的过程中，不允许事务执行任何更新动作，如写缓冲块或写日志记录，以避免造成日志文件与数据库文件之间的不一致。但如果缓存中页的数量非常大，这种限制会使生成一个检查点的时间很长，从而导致事务处理中难以忍受的中断。

为避免这种中断，可以改进检查点技术，使之允许在检查点记录写入日志，但是修改过的缓冲块写到磁盘前做更新，这样产生的检查点称为模糊检查点。

由于只有在写入检查点记录之后，页才输出到磁盘，系统有可能在所有页写完之前崩溃。即使使用模糊检查点，正在输出到磁盘的缓冲页也不能更新，虽然其他缓冲页可以被并发地更新。

### 3. 使用检查点进行数据恢复的策略

当系统出现故障发生时，对于检查点前后各种状态事务的不同处理情况采取相应的恢复策略，如图 8-7 所示。

$T_1$：在检查点之前提交，无须重做（redo）。

$T_2$：在检查点之前开始执行，在检查点之后、故障点之前提交，要重做（redo）。

$T_3$：在检查点之前开始执行，在故障点时还未完成，所以予以撤销（undo）。

$T_4$：在检查点之后开始执行，在故障点之前提交，要重做（redo）。

$T_5$：在检查点之后开始执行，在故障点时还未完成，所以予以撤销（undo）。

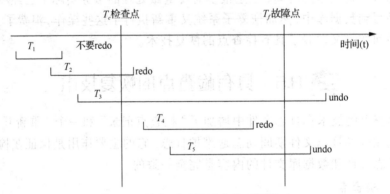

图 8-7　恢复子系统采取的不同策略

## 8.7　数据库镜像

### 1. 数据库镜像

数据库镜像是由 DBMS 根据 DBA 的要求，自动把整个数据库或其中的关键数据复制到另一个磁盘上，每当主数据库更新时，DBMS 会自动把更新后的数据复制过去，即 DBMS 自动保证镜像数据与主数据的一致性。

　　当出现介质故障时，可由镜像磁盘继续提供数据库的可用性，同时 DBMS 自动利用镜像磁盘进行数据库的修复，不需要关闭系统和重装数据库副本。数据库镜像是通过复制数据实现的，频繁地复制自然会降低系统运行效率，因此在实际应用中用户往往只选择对关键数据镜像，如对日志文件镜像，而不是对整个数据库进行镜像。

### 2. Navicat 的数据备份和还原

　　在 Navicat 数据库的管理中，Navicat 具有的还原和备份功能将大大方便用户的使用。Navicat for MySQL 备份数据的操作步骤如下：

　　（1）在 Navicat 界面的功能区中单击"备份"按钮，如图 8-8 所示。

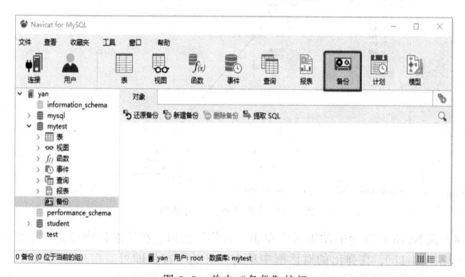

图 8-8　单击"备份"按钮

（2）在导航栏中单击"新建备份"按钮，如图 8-9 所示。

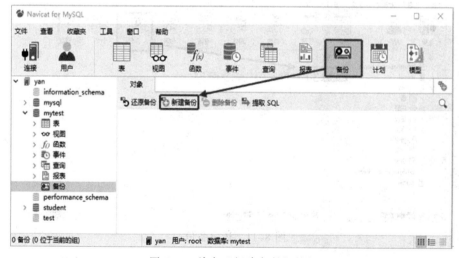

图 8-9　单击"新建备份"按钮

（3）在弹出的"新建备份"对话框中单击"开始"按钮，执行备份的命令，如图 8-10 所示。备份完成后，在导航栏中就可以看到关于备份数据的信息。在备份时间上右击，在弹出的快捷菜单中选择"常规"命令，即可查看备份文件的存储位置、文件大小和创建时间。

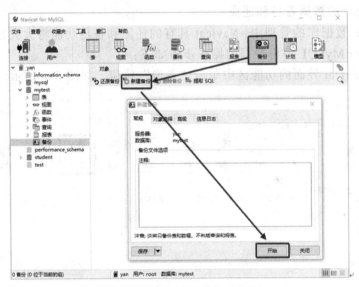

图 8-10 "新建备份"对话框

（4）在 Navicat 界面的功能区中单击"备份"按钮，在导航栏中单击"还原备份"按钮（见图 8-11），在弹出的对话框中单击"开始"按钮即可。

提示：如果出现警告提示对话框，单击"确定"按钮即可。

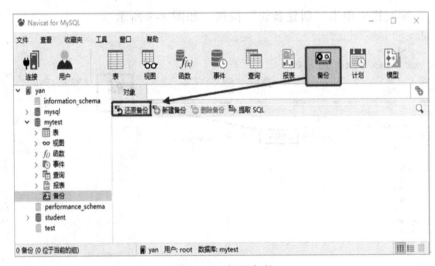

图 8-11 还原备份

（5）数据还原完成之后，依然会给出友好的消息提示窗口，方便用户进行信息核对，如图 8-12 所示。

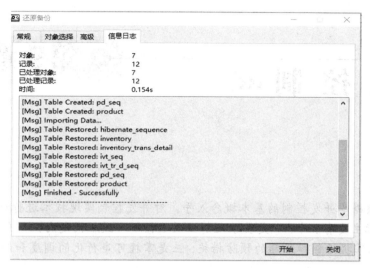

图 8-12 "还原备份"窗口

## 小 结

（1）基本概念：事务、数据库恢复、重做、撤销、数据库镜像。

（2）事务的 ACID 特性：原子性、一致性、隔离性、持久性。

（3）事务的状态：开始（begin transaction）、提交（commit）、重做（redo）。

（4）事务调度的形式：串行和并行。

（5）数据库系统主要包含 3 种故障：事务故障、系统故障、介质故障。

（6）数据库恢复实现技术：数据转储和登录日志文件。

（7）具有检查点的技术在日志文件中增加了"检查点记录"和一个"重新开始"文件。

（8）Navicat 数据备份和还原。

## 习 题

1. 什么是事务？事务的基本性质是什么？

2. 简述事务中的提交和重做，如何表示？

3. 什么是事务调度？什么是可串行化？

4. 简述数据库恢复的基本原理。

5. 试分析具有检查点的数据库恢复策略。

6. 数据库系统主要包含哪几种故障？

7. 为什么要进行数据库转储，比较各种数据的转储方法。

8. 简述事务故障恢复策略。

# 第9章

# 并 发 控 制 ‹‹‹

**学习目标**

本章从数据库并发控制的基本概念入手，对并发控制实现技术进行讨论。因此，本章教学目标主要有 3 个：一是要求理解三类数据不一致性问题与三级封锁协议的关联；二是要求掌握活锁和死锁的预防措施；三是掌握可串行化的调度和两段锁的基本应用。

**学习方法**

通过类比法归纳 3 类数据不一致问题的特征及并发控制的多种解决措施，以便加深理解，达到学习目标。

**本章导读**

本章主要介绍数据库并发控制的基本概念和实现技术机制，如涉及的基本概念（并发控制、封锁、封锁协议、活锁、死锁、可串行化的调度、封锁粒度、意向锁）。并发控制带来的数据不一致问题有丢失数据、不可重复读和读"脏"数据。封锁机制是并发控制的重要手段，三级封锁协议可以在不同程度上予以解决 3 类数据不一致性问题。事务使用封锁机制后，会产生活锁、死锁等问题，使用一次封锁法和顺序封锁法可以有效避免这些问题。可串行性是并发事务正确性的准则，DBMS 的并发控制机制必须提供一定的手段来保证调度是可串行化的。两段锁协议就是保证并发调度可串行性的封锁协议。封锁粒度与系统的并发度和并发控制的开销密切相关，封锁的粒度越小，并发度较高，系统开销也越大。

数据库是可供多个用户共享的信息资源。当多个用户并发地存取数据库时就会产生多个事务同时存取同一数据的情况。若对并发操作不加控制可能会存取不正确的数据，破坏数据库的一致性，所以数据库管理系统必须提供并发控制机制。

## 9.1 并发控制概述

### 9.1.1 并发控制的概念

事务是并发控制的基本单位，事务最基本的特性之一是隔离性，当数据库中有多个事务并发执行时，由于事务之间操作的相互干扰，事务的隔离性不一定能保持，从而导致对数据库一致性潜在的破坏。为保持事务的隔离性，系统必须对并发事务之间的相互作用加以控制，这称为并发控制。

并发控制的目的是保证一个用户的工作不会对另一个用户的工作产生不合理的影响。在某些情况下，这些措施保证了当一个用户和其他用户一起操作时，所得结果和他单独操作的结果是一样的。在另一些情况下，这表示用户的工作按预定的方式受其他用户的影响。

### 9.1.2 数据不一致问题

并发操作带来的数据不一致性主要包括 3 类：丢失修改（Lost Update）、不可重复读（Non-Repeatable Read）和读"脏"数据（Dirty Read）。以火车订票系统为例，列出了 3 种数据不一致问题的情况，如图 9-1 所示。

| $T_1$ | $T_2$ | $T_1$ | $T_2$ | $T_1$ | $T_2$ |
|---|---|---|---|---|---|
| 1)读A=20 | | 1)读A=50<br>读B=100<br>求和=150 | | 1)读<br>C=100<br>C←C*2<br>写回C | |
| 2) | 读A=20 | | | | |
| 3)A←A-1<br>写回A=19 | | 2) | 读B=100<br>B←B*2<br>写回B=200 | 2) | 读C=200 |
| 4) | A←A-1<br>写回A=19<br>（A少减一次） | 3)读A=50<br>读B=200<br>和=250<br>（验算不对） | | 3)<br>ROLLBACK<br>C恢复100 | （错误的<br>C值已读<br>出） |

(a) 丢失修改        (b) 不可重复读        (c) 读"脏"数据

图 9-1   3 种数据不一致问题的实例

#### 1. 丢失修改

两个事务 $T_1$ 和 $T_2$ 读入同一数据并修改，$T_2$ 提交的结果破坏了 $T_1$ 提交的结果，导致 $T_1$ 的修改被丢失，丢失修改又称作写–写错误，如图 9-1（a）所示。

（1）甲售票点（$T_1$ 事务）读出某车次的车票余额 A，设 A=20。

（2）乙售票点（$T_2$ 事务）读出同一车次的车票余额 A，也为 20。

（3）甲售票点卖出一张车票，修改余额 A←A-1，所以 A 为 19，把 A 写回数据库。

（4）乙售票点也卖出一张车票，修改余额 A←A-1，所以 A 为 19，把 A 写回数据库。

这时就出现了一个问题，明明卖出了两张车票，而数据库中车票的余额却只减少了一次，这是由并发操作引起的。在并发操作情况下，对 $T_1$、$T_2$ 事务的操作序列的调度是随机的，$T_2$ 事务修改 A 并写回后覆盖了 $T_1$ 事务的修改，所以 $T_1$ 事务的修改被丢失。

#### 2. 不可重复读

事务 $T_1$ 读取某一数据后，事务 $T_2$ 对其做了修改，当 $T_1$ 再次读取该数据时，得到与前次不同的值，不可重复读又称读–写错误，如图 9-1（b）所示。

$T_1$ 读取 A=50 和 B=100 进行运算后，$T_2$ 读取同一数据 B，并对 B 修改为 200，写回数据库。$T_1$ 为了对数据取值进行校对，重读 B，此时 B 已为 200，与第一次读取的值不一致，即不可重复读 B。

此外，事务 $T_2$ 按一定条件读取了某些数据后，事务 $T_1$ 插入（删除）了一些满足这些条件的数据，当 $T_2$ 再次按相同条件读取数据时，发现多（少）了一些记录，该不可重复读问题也称幻象读。

### 3. 读"脏"数据

事务 $T_1$ 修改某一数据，并将其写回磁盘，事务 $T_2$ 读取同一数据后，$T_1$ 由于某种原因被撤销，这时 $T_1$ 已修改过的数据恢复原值，$T_2$ 读到的数据就与数据库中的数据不一致，则 $T_2$ 读到的数据就为"脏"数据，即不正确的数据，脏读又称写-读错误，如图 9-1（c）所示。

$T_1$ 将 C 值修改为 200 并写回数据库，$T_2$ 读到 C 为 200，而 $T_1$ 由于某种原因撤销其修改，C 就恢复原值 100。这种变化不影响 $T_2$，其 C 值还为 200，与数据库内容不一致，这就是"脏"数据。

产生上述 3 类数据不一致的主要原因是并发操作并没有保证事务的隔离性。并发控制就是要用正确的方式调度并发操作，使一个用户事务的执行不受其他事务的干扰，从而避免造成数据的不一致性。

## 9.2 封 锁

封锁机制是并发控制的重要手段。所谓封锁是使事务对它要操作的数据有一定的控制权。封锁通常包含申请加锁、获得锁以及释放锁 3 个环节：

（1）事务 $T$ 在对某个数据对象操作之前，先向系统发出加锁请求。

（2）加锁后事务 $T$ 就获得对该数据对象的控制权。

（3）只有事务 $T$ 释放该锁，其他的事务才能更新此数据对象。

为了达到封锁的目的，事务在使用时应选择合适的锁，并遵循一定的封锁协议。

### 9.2.1 封锁类型

最基本的封锁类型有两种：排它锁（Exclusive Locks，X 锁）和共享锁（Share Locks，S 锁）。

#### 1. 排他锁

排他锁又称写锁，若事务 $T$ 对数据对象 $A$ 加上 X 锁，则只允许 $T$ 读取和修改 $A$，其他任何事务既不能读取和修改 $A$，也不能再对 A 加任何类型的锁，直到 $T$ 释放 $A$ 上的锁。申请对 $A$ 的排他锁，可表示为 Xlock(A)。

#### 2. 共享锁

共享锁又称读锁，若事务 $T$ 对数据对象 $A$ 加上 S 锁，则事务 $T$ 可以读 $A$ 但不能修改 $A$，其他事务只能再对 $A$ 加 S 锁，而不能加 X 锁，直到 $T$ 释放 $A$ 上的 S 锁。这就保证了其他事务可以读 $A$，但在 T 释放 $A$ 上的 S 锁之前不能对 $A$ 做任何修改。申请对 $A$ 的共享锁，可表示为 Slock(A)。

### 9.2.2 封锁协议

只对数据对象加锁，并不能保证事务的一致性，还需要约定一些规则。例如，何时申请 X 锁或 S 锁、持锁时间、何时释放等，这些规则称为封锁协议（Locking

Protocol）。对封锁方式规定不同的规则，就形成了各种不同的封锁协议。封锁协议分三级，各级封锁协议对并发操作带来的丢失修改、不可重复读和读"脏"数据等不一致问题，可以在不同程度上予以解决，如图 9-2 所示。

| $T_1$ | $T_2$ | $T_1$ | $T_2$ | $T_1$ | $T_2$ |
|---|---|---|---|---|---|
| 1）Xlock A<br>获得 | | 1）Slock A<br>Slock B<br>读A=50<br>读B=100<br>A+B=150 | | 1）Xlock C<br>读C=100<br>C←C*2<br>写回C=200 | |
| 2）读A=20 | Xlock A<br>等待 | 2） | Xlock B<br>等待<br>等待 | 2） | Slock C<br>等待<br>等待 |
| 3）A←A-1<br>写回A=19<br>Commit<br>Unlock A | 等待<br>等待<br>等待 | 3）读A=50<br>读B=100<br>A+B=150<br>Commit<br>Unlock A<br>Unlock B | 等待 | 3）ROLLBACK<br>（C恢复为100）<br>Unlock C | 等待<br>等待 |
| 4） | 获得Xlock A<br>读A=19<br>A←A-1<br>写回A=18<br>Commit<br>Unlock | 4） | 获得Xlock<br>读B=100<br>B←B*2<br>写回B=200<br>Commit<br>Unlock B | 4） | 获得Slock C<br>读C=100<br>Commit C<br>Unlock C |

(a) 没有丢失修改　　　　　(b) 可重复读　　　　　(c) 不读"脏"数据

图 9-2　用封锁机制解决 3 种数据不一致问题的实例

### 1. 一级封锁协议

一级封锁协议是事务 T 在修改数据 R 之前必须先对其加 X 锁，直到事务结束才释放。事务结束包括正常结束（COMMIT）和非正常结束（ROLLBACK）。一级封锁协议可以有效地防止丢失修改，并能保证事务 T 的可恢复性。使用一级封锁协议可以解决丢失修改问题，但不能保证可重复读和不读"脏"数据，因为一级封锁协议没有对读数据进行加锁。

例如，图 9-2（a）中使用一级封锁协议解决了图 9-1（a）中的丢失修改问题。图 9-2（a）中，事务 $T_1$ 对数据对象 A 进行修改之前，先对 A 加 X 锁，当 $T_2$ 再请求对 A 加 X 锁时被拒绝，$T_2$ 只能等待 $T_1$ 释放 A 上的锁后才能获得对 A 加 X 锁，此时 $T_2$ 读到的 A 已经是 $T_1$ 更新过的值 19，再按新的 A 值进行运算，并将结果值 A=18 写回数据库，这样就避免丢失 $T_1$ 的更新。

### 2. 二级封锁协议

二级封锁协议是事务 T 在修改数据之前必须先对其加 X 锁，直到事务结束才释放 X 锁；事务 T 在读取数据之前必须先对其加 S 锁，读完后即可释放 S 锁。二级封锁协议不仅防止了丢失修改，而且也可进一步防止读"脏"数据。但在二级封锁协议中，由于读完数据后即可释放 S 锁，所以它不能保证可重复读。

例如，图 9-2（c）中使用二级封锁协议解决了图 9-1（c）中读"脏"数据的问题。事务 $T_1$ 在对 C 进行修改之前，先对 C 加上 X 锁，修改其值后写回数据库。此时，$T_2$ 请求对 C 加 S 锁，因 $T_1$ 还未释放锁，所以 $T_2$ 只能等待。$T_1$ 因某种原因撤销了修改后的 C 值，C 就恢复为原值 100。$T_1$ 释放 C 上的 X 锁后 $T_2$ 获得对 C 加 S 锁，读到 C=100，这就避免了 $T_2$ 读"脏"数据。

### 3. 三级封锁协议

三级封锁协议是事务 $T$ 在读取数据之前必须先对其加 S 锁，在要修改数据之前必须先对其加 X 锁，直到事务结束后才释放所有锁。由于三级封锁协议强调即使事务 T 读完数据之后也不释放 S 锁，从而使得其他事务无法加 X 锁更改数据。因而，三级封锁协议除防止丢失修改和不读"脏"数据外，还进一步防止了不可重复读。

例如，图 9-2（b）中使用三级封锁协议解决了图 9-1（b）中的不可重复读问题。在图 9-2（b）中，事务 $T_1$ 在读 $A$、$B$ 之前，先对 $A$、$B$ 加 S 锁，这样，其他事务智能对 $A$、$B$ 加 S 锁，而不能加 X 锁，即其他事务只能读 $A$、$B$，而不能修改它们。所以，当 $T_2$ 修改 $B$ 而申请对 $B$ 加 X 锁时被拒绝，只能等待 $T_1$ 释放 $A$、$B$ 上的锁。$T_1$ 为验算再读 $A$、$B$，这时读出的 $A$、$B$ 的值以及求和结果仍为原值，即可重复读。$T_1$ 结束后释放 $A$、$B$ 上的 S 锁，$T_2$ 才获得对 $B$ 的 X 锁，修改 $B$ 的值为 200 写回数据库并释放 X 锁。

## 9.3 活锁和死锁

事务使用封锁机制后，会产生活锁、死锁等问题，使用一次封锁法和顺序封锁法可以有效避免这些问题。

### 1. 活锁

如果事务 $T_1$ 封锁了数据 $R$，事务 $T_2$ 又请求封锁 $R$，于是 $T_2$ 等待，$T_3$ 也请求封锁 $R$，当 $T_1$ 释放了 $R$ 上的封锁之后系统首先批准了 $T_3$ 的请求，$T_2$ 仍然等待，然后 $T_4$ 又请求封锁 $R$，当 $T_3$ 释放了 $R$ 上的封锁之后系统又批准了 $T_4$ 的请求……$T_2$ 有可能永远等待。这种在多个事务请求对统一数据封锁时，总是使某一用户等待的情况称为活锁。

避免活锁的简单方法是采用先来先服务的策略，即对要求封锁数据的事务排队，使前面的事务先获得数据的封锁权。

### 2. 死锁

如果事务 $T_1$ 封锁了数据 $R_1$，$T_2$ 封锁了数据 $R_2$，然后 $T_1$ 又请求封锁 $R_2$，因 $T_2$ 已封锁 $R_2$，于是 $T_1$ 等待 $T_2$ 释放 $R_2$ 上的锁，接着 $T_2$ 又申请封锁 $R_1$，因 $T_1$ 已封锁了 $R_1$，$T_2$ 也只能等待 $T_1$ 释放 $R_1$ 上的锁，这样就出现了 $T_1$ 在等待 $T_2$，而 $T_2$ 又在等待 $T_1$ 的局面。这种多事务交错等待的僵持局面称为死锁，如图 9-3 所示。

在数据库中解决死锁问题主要有两类方法：一类方法是采取一定措施来预防死锁的发生；另一类方法是允许发生死锁，采用一定手段定期诊断系统中有无死锁，若有则解除之。

#### 1）死锁的预防

预防死锁通常有两种方法：

第一种方法是要求每个事务必须一次将所有要使用的数据全部加锁，否则就不能继续执行，这种方法称为一次封锁法。一次封锁法虽然可以有效地防止死锁的发生，但降低了系统的并发度。

第二种方法是预先对数据对象规定一个封锁顺序，所有事务都按这个顺序实行封锁，这种方法称为顺序封锁法。顺序封锁法可以有效地防止死锁，但维护这样的资源的封锁顺序非常困难，成本很高，实现复杂。

因此 DBMS 在解决死锁的问题上普遍采用的是诊断并解除死锁的方法。

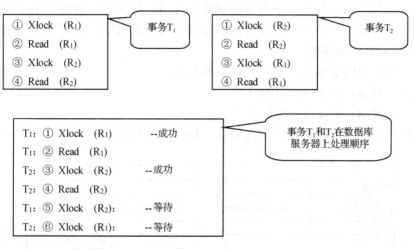

图 9-3　死锁示例

**2）死锁的诊断与解除**

数据库系统中诊断死锁的方法与操作系统类似，一般使用超时法或事务等待图法。如果一个事务的等待时间超过了规定的时限，就认为发生了死锁，此方法称为超时法。超时法实现简单，但其不足也很明显，一是有可能误判死锁，事务因为其他原因使等待时间超过时限，系统会误认为发生了死锁。二是时限若设置得太长，死锁发生后不能及时发现，事务等待图是一个有向图 $G=(T,U)$，$T$ 为结点的集合，每个结点表示正运行的事务，$U$ 为边的集合，每条边表示事务等待的情况，事务等待图动态地反映了所有事务的等待情况，并发控制子系统周期性地检测事务等待图。如果发现图中存在回路，则表示系统中出现了死锁，如图 9-4 所示。

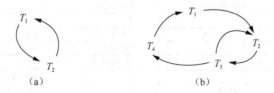

图 9-4　事务等待图

DBMS 的并发控制子系统一旦检测到系统中存在死锁，就要设法解除，通常采用的方法是选择一个处理死锁代价最小的事务，将其撤销，释放此事务持有的所有的锁，使其他事务得以继续运行下去。当然，对撤销的事务所执行的数据修改操作必须加以恢复。

# 9.4　并发调度的可串行性

计算机系统对并发事务中并发操作的调度是随机的，而不同的调度可能会产生不同的结果，那么哪个结果是正确的？

如果一个事务运行过程中没有其他事务同时运行，也就是说它没有受到其他事务的干扰，那么就可以认为该事务的运行结果是正常的，或者是预想的。因此，将所有事务串行起来的调度策略一定是正确的调度策略。虽然以不同的顺序串行执行事务可能会产生不同的结果，但由于不会将数据库置于不一致状态，所以都是正确的。

如果多个事务的并发执行结果与按串行执行的结果相同，这种调度策略称为可串行化（Serializable）的调度。

例如，现在有两个事务，分别包含下列操作：

事务 $T_1$：读 $B$；$A=B+1$；写回 $A$。

事务 $T_2$：读 $A$；$B=A+1$；写回 $B$。

现给出对这两个事务不同的调度策略，如图 9-5 所示。

| $T_1$ | $T_2$ |
|---|---|
| Slock B | |
| Y=R(B)=2 | |
| Unlock B | |
| Xlock A | |
| A=Y+1=3 | |
| W(A) | |
| Unlock A | |
| | Slock A |
| | X=R(A)=3 |
| | Unlock A |
| | Xlock B |
| | B=X+1=4 |
| | W(B) |
| | Unlock B |

（a）串行调度

| $T_1$ | $T_2$ |
|---|---|
| | Slock A |
| | X=R(A)=2 |
| | Unlock A |
| | Xlock B |
| | B=X+1=3 |
| | W(B) |
| | Unlock B |
| Slock B | |
| Y=R(B)=3 | |
| Unlock B | |
| Xlock A | |
| A=Y+1=4 | |
| W(A) | |
| Unlock A | |

（b）串行调度

| $T_1$ | $T_2$ |
|---|---|
| Slock B | |
| Y=R(B)=2 | |
| | Slock A |
| | X=R(A)=2 |
| Unlock B | |
| | Unlock A |
| Xlock A | |
| A=Y+1=3 | |
| W(A) | |
| | Xlock B |
| | B=X+1=3 |
| | W(B) |
| Unlock A | |
| | Unlock B |

（c）不可串行化

| $T_1$ | $T_2$ |
|---|---|
| Slock B | |
| Y=R(B)=2 | |
| Unlock B | |
| Xlock A | |
| A=Y+1=3 | Slock A |
| W(A) | 等待 |
| Unlock A | 等待 |
| | 等待 |
| | X=R(A)=3 |
| | Unlock A |
| | Xlock B |
| | B=X+1=4 |
| | W(B) |
| | Unlock B |

（d）可串行化

图 9-5　不同并发调度策略

假设 $A$、$B$ 的初值均为 2。

图 9-5（a）按 $T_1 \rightarrow T_2$ 次序执行结果为 $A=3$，$B=4$。

图 9-5（b）按 $T_2 \rightarrow T_1$ 次序执行结果为 $B=3$，$A=4$。

图 9-5（a）和 9-5（b）为两种不同的串行调度策略，虽然执行结果不同，但都是正确的调度。

图 9-5（c）是两个事务是交错执行的，执行结果为 $A=3$，$B=3$，由于其执行结果

与图 9-5（a），和图 9-5（b）的结果都不同，所以是错误的调度。

图 9-5（d）中两个事务也是交错执行的，其执行结果为 $A=3$，$B=4$，由于其执行结果与串行调度图 9-5（a）执行结果相同，所以是正确的调度。

可串行性（Serializability）是并发事务正确性的准则。DBMS 的并发控制机制必须提供一定的手段来保证调度是可串行化的。两段锁（Two-Phase Locking）协议就是保证并发调度可串行性的封锁协议。

## 9.5 两段锁协议

所谓两段锁协议是指所有事务必须分两个阶段提出加锁和解锁申请。

（1）在任何数据进行读、写操作之前，首先要申请并获得对该数据的封锁。

（2）在释放一个封锁之后，事务不再申请和获得任何其他封锁。

所谓"两段"锁的含义是很明显的，即事务分为两个阶段：第一个阶段是申请和获得封锁，也称为扩展阶段。在这个阶段，事务可以申请获得任何数据项上的任何类型的锁，但是不能释放任何锁。第二个阶段是释放阶段，也称为收缩阶段。在这个阶段，事务可以释放任何数据项上的任何类型的锁，但不能再申请任何锁。

例如，事务 $T_1$ 遵守两段锁协议，其封锁序列是：

SlockA　　SlockB　　XlockC　　UnlockA　　UnlockB　　UnlockC

又如事务 $T_1$ 不遵守两段锁协议，其封锁序列是：

SlockA　　UnlockA　　SlockB　　XlockC　　UnlockC　　UnlockB

可以证明，若并发执行的所有事务均遵守两段锁协议，则对这些事务的任何并发调度策略都是可串行化的。

需要说明的是，事务遵守两段锁协议是可串行化调度的充分条件，而不是必要条件。若并发事务都遵守两段锁协议，则对这些事务的任何并发调度策略都是可串行化的。并发事务的一个调度是可串行化的，但所有事务未必都符合两段锁协议。

注意：在两段锁协议下，也可能发生读"脏"数据的情况。如果事务的排它锁在事务结束之前就释放掉，那么其他事务就可能读取到未提交数据，这可以通过将两段锁修改为严格两段锁协议加以避免，严格两段锁协议除了要求封锁是两阶段之外，还要求事务持有的所有排它锁必须在事务提交后方可释放。这个要求保证在事务提交之前它所写的任何数据均以排它方式加锁，从而防止了其他事务读这些数据。

严格两段锁协议不能保证可重复读，因为它只要求排它锁保持到事务结束，而共享锁可以立即释放。这样当一个事务读完数据之后，如果马上释放共享锁，那么其他事务就可以对其进行修改。当事务重新再读时，得到与前次读取不一样的结果。为此可以将两阶段封锁协议修改为强两段锁协议，它要求事务提交之前不得释放任何锁，很容易验证在强两段锁条件下，事务可以按其提交的顺序串行化。

另外要注意两段锁协议和防止死锁的一次封锁法的异同之处，一次封锁法要求每个事务都必须一次将所有要使用的数据全部加锁，否则就不能继续执行。因此，一次封锁法遵守两段协议，但是两段锁协议并不要求事务必须一次将所有要使用的数据全部加锁，遵守两段锁协议的事务可能发生死锁。

# 9.6 封锁的粒度

## 1．封锁粒度

封锁对象的大小称为封锁粒度（Granularity）。封锁对象可以是逻辑单元，也可以是物理单元。在关系数据库中，封锁对象可以是这样一些逻辑单元：属性值、属性值的集合、元组、关系、索引项、整个索引直至整个数据库，也可以是这样一些物理单元：页（数据页或索引页）、块等。

封锁粒度与系统的并发度和并发控制的开销密切相关。封锁的粒度越小，并发度较高，系统开销也越大；封锁的粒度越大，并发度较低，系统开销也越小。

## 2．多粒度封锁

一个系统中能同时支持多种封锁粒度供不同的事务选择是比较理想的，这种封锁方法称为多粒度封锁（Multiple Granularity Locking）。选择封锁粒度时，应该同时考虑封锁开销和并发度两个因素，适当选择封锁粒度以求得最佳的效果。一般来说，需要处理大量元组的事务以关系为封锁粒度；需要处理多个关系的大量元组的事务可以数据库为粒度；而对于一个处理少量元组的用户事务，以元组为封锁粒度则比较合适，如图 9-6 所示。

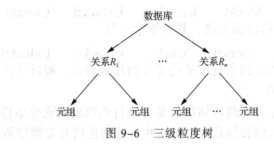

图 9-6 三级粒度树

数据库中被封锁的资源，按粒度大小会呈现出一种层次关系，元组隶属于关系，关系隶属于数据库，称为多粒度树。

多粒度协议允许多粒度层次中的每个结点被独立的加锁，对一个结点加锁意味着这个结点的所有后裔结点也被加以同样类型的锁。如果将它们作为不同的对象直接封锁，有可能产生潜在的冲突。因此，系统检查封锁冲突时必须考虑这种情况。例如事务 $T$ 要对 $R_1$ 关系加 X 锁，系统必须搜索其上级结点数据库、关系 $R_1$ 以及 $R_1$ 中的每一个元组。如果其中某一个数据对象已经加了不相容锁，则 $T$ 必须等待。

## 3．意向锁

一般对某个数据对象加锁，系统要检查该数据对象上有无封锁与之冲突，还要检查其所有上级结点，看本事务的封锁是否与该数据对象上的封锁冲突，还要检查其所有下级结点，看上面的封锁是否与本事务的封锁冲突。显然，这样的检查方法效率很低，为此可以引入意向锁（Intendlock，简称 I 锁）以解决这种冲突。

如果对某个结点加上意向锁，则表明该结点的下层结点正在被加锁，即如果对任一元组加锁，必须先对它的上层结点加意向锁。锁的实施是从封锁层次的根开始自上而下依次进行；释放封锁时则应按自下向上的次序进行。具有意向锁的多粒度封锁方法提高了系统的并发度，减少了加锁和解锁的开销，得到了广泛应用。

## 小　结

（1）基本概念：并发控制、封锁、封锁协议、活锁、死锁、可串行化的调度、封锁粒度、意向锁。

（2）数据不一致性问题主要包括3类：丢失数据、不可重复读和读"脏"数据。

（3）封锁通常包含申请加锁、获得锁以及释放锁3个环节。

（4）最基本的封锁类型有两种：排它锁（X锁）和共享锁（S锁）。

（5）三级封锁协议可以在不同程度上予以解决3类数据不一致性问题。

（6）避免活锁的简单方法是采用先来先服务的策略，而使用一次封锁法和顺序封锁法可以有效避免死锁。

（7）两段锁协议：首先要申请并获得对该数据的封锁；在释放一个封锁之后，事务不再申请和获得任何其他封锁。

## 习　题

1. 并发操作会带来哪几类数据不一致问题？用什么方法能避免各种不一致的情况？

2. 数据库并发控制的主要技术是什么？

3. 基本的封锁类型有几种？试述它们的特征。

4. 什么是死锁？什么是活锁？如何预防产生死锁与活锁？

5. 不同封锁协议与系统一致性级别的关系是什么？

6. 什么样的并发调度是正确的调度？

7. 什么是两段锁协议？其作用是什么？

# 第 10 章

# 数据管理技术前沿 <<<

**学习目标**

本章从传统数据库的局限性和大数据基本概念入手，引出大数据处理模式和数据处理框架并对数据库新技术进行概括讨论。因此，本章的教学目标主要有 3 个：理解传统数据库和大数据之间的差异；了解常见的数据库处理框架；了解非关系型数据库的新技术。

**学习方法**

通过归纳法和类比法了解传统数据库与大数据之间的差异和大数据时代数据库的新技术，以便加深理解，达到学习目标。

**本章导读**

本章概要介绍传统数据库系统的局限性以及大数据时代数据库的新技术。从大数据概念入手，进一步了解大数据处理模式和数据处理框架。大数据处理模式包含：数据采集、数据导入和预处理、数据统计与分析以及数据挖掘应用。数据处理框架可以分为三类：批处理系统（Hadoop）、流处理系统（Storm）和混合型系统（Spark）。传统关系型数据库在数据模型和扩展性上受到很大挑战，而 NoSQL 在架构和数据模型方面做了"减法"，而在扩展性和并发性等方面做了"加法"，具有灵活的数据模型、高可扩展性。NoSQL 数据库主要分为 4 类：键值数据库（Redis）、文档数据库（MongoDB）、列数据库（HBase）、图数据库（Neo4j）。NewSQL 是不仅具有 NoSQL 对海量数据的存储管理能力，还保持了传统数据库支持 ACID 和 SQL 等特性。NewSQL 的典型代表有 VoltDB 和 NuoDB。

数据管理是指对各种类型的数据进行采集、存储、分类、计算、加工、检索和传输的过程。随着大数据时代的到来，数据管理技术也成为近年来计算机领域非常活跃的领域。

## 10.1 大数据的兴起

随着计算机和信息技术的迅猛发展和普及应用，行业应用系统的规模迅速扩大，行业应用所产生的数据呈爆炸性增长。互联网（社交、搜索、电商）、移动互联网（微博、微信）、物联网（传感器、智慧地球）、车联网、GPS、医学影像、安全监控、金融（银行、股市、保险）、电信（通话、短信）等都在疯狂地产生数据。这些行业/企业大数据已远远超出了现有传统的计算技术和信息系统的处理能力，因此，寻求有效的大数据处理技术、方法和手段已经成为现实世界的迫切需求，因此，"大数据"时代接踵而来。

现今大数据已被列为国家重大产业发展战略。工信部印发《大数据产业发展规划》（2016—2020年），特别提出加快推进大数据产业应用能力，到2020年，技术先进、应用繁荣、保障有力的大数据产业体系基本形成。大数据相关产品和服务业务收入突破1万亿元，加快建设数据强国，为实现制造强国和网络强国提供强大的产业支撑。

### 10.1.1 大数据的概念

关于大数据，难以有一个非常定量的定义。

最早提出"大数据"时代到来的是全球知名咨询公司麦肯锡，麦肯锡对大数据的定义是：大数据指的是那些大小超过标准数据库工具软件，能够收集、存储、管理和分析的数据集。

维基百科给出的大数据概念是：在信息技术中，"大数据"是指一些使用目前现有数据库管理工具或者传统数据处理应用很难处理的大型而复杂的数据集。其挑战在于数据的采集、管理、存储、搜索、共享、分析和可视化。

"大数据"研究机构 Gartner 给出了这样的定义。"大数据"是需要新处理模式才能具有更强的决策力、洞察发现力和流程优化能力的海量、高增长率和多样化的信息资产。从数据类别上看，"大数据"指的是无法使用传统流程或工具进行处理或分析的信息。它定义了那些超出正常处理范围和大小、迫使用户采用非传统处理方法的数据。

复旦大学朱扬勇教授提出，大数据本质上是数据交叉、方法交叉、知识交叉、领域交叉、学科交叉，从而产生新的科学研究方法、新的管理决策方法、新的经济增长方式、新的社会发展方式等。

### 10.1.2 从数据库到大数据

数据库，传统上是指关系型数据库，如 MySQL 和 Oracle 等，这种数据侧重于事务的处理。大数据一般用于分析数据，一般只做查询，不修改数据，现在比较流行的框架有 Hadoop 和 Spark。从数据库到大数据的转变可以用"池塘捕鱼"到"大海捕鱼"做类比。"池塘捕鱼"代表着传统数据库时代的数据管理方式，而"大海捕鱼"则是大数据时代的数据管理方式。这些差异主要体现在如下几个方面：

#### 1. 数据规模

传统数据库和大数据最明显的区别是规模。数据库规模相对较小，即便是先前认为比较大的数据库，如 VLDB( Very Large Database )，与大数据 XLDB( Extremely Large Database ) 比起来还是差很远。数据库的处理对象一般以 MB 为基本单位，而大数据则是以 GB、TB、PB 为基本处理单位。

#### 2. 数据类型

传统数据库数据种类单一，往往仅仅有一种或少数几种，这些数据又以结构化数据为主。大数据的种类数以亿计，这些数据既包括结构化、半结构化以及非结构化的数据，重要的是半结构化和非结构化数据所占份额越来越大。

**3. 模式和数据的关系**

传统的数据库都是先有模式，然后才会产生数据。而大数据很多情况下难以预先确定模式，模式只有在数据出现之后才能确定，且模式随着数据量的增长处于不断的演变之中。

**4. 处理对象**

传统数据库数据是其处理的对象，而大数据的处理对象除了是数据以外，还能通过这些数据预测其他数据出现的可能性，将收集到的数据作为一种资源来辅助解决其他诸多领域的问题。

### 10.1.3 大数据处理模式

一般来讲，大数据处理模式包含 4 步，分别是：数据采集、数据导入和预处理、数据统计与分析以及数据挖掘应用。这 4 个步骤看起来与现在数据处理分析没有太大区别，但实际上大数据的数据集更多更大，相互之间的关联也就越多。

**1. 数据的采集**

数据的采集，在大数据处理中一直都是第一步。在大数据的采集过程中，其主要特点和挑战是并发数高，比如每年的双十一，淘宝都会有上百万的用户同时访问，如何保证访问顺利，这就需要大量的数据库支撑，依靠合理的分流、公有云等架构方法，保证每一个数据的准确有用。

**2. 数据的导入和预处理**

数据的导入和预处理，常常是与第一步数据的采集合在一起进行，通过数据库对数据进行集中存储。可以存储结构性数据和非结构性数据，数据导入过程中，最重要的特点是每秒导入的数据量比较大。

**3. 数据的统计与分析**

数据的统计与分析已经成为近年来的一种新兴职业，受到很多企业的青睐。尤其在可视化分析领域，通过对数据的计算将计算结果用图片等形式进行呈现，得出一个直观的结论。这样的分析方法与用户的交互性较强，数据的显示体现多维性，同时能够最直观地得出数据特点。

**4. 数据挖掘的应用**

数据挖掘往往是已经设定好一个主体，为了找到某个答案而进行分析和计算，从而达到预测的效果。数据挖掘的定义是从海量数据中找到有意义的模式或知识，数据挖掘也成为数据的终极目的。

## 10.2 大数据处理平台和框架

大数据处理平台和框架负责对大数据系统中的数据进行计算。数据包括从持久存储中读取的数据或通过消息队列等方式接入到系统中的数据，而计算则是从数据中提取信息的过程。按照对所处理的数据形式和得到结果的时效性分类，数据处理框架可以分为3类：

（1）批处理系统

批处理是一种用来计算大规模数据集的方法。批处理的过程包括将任务分解为较小的任务，分别在集群中的每个计算机上进行计算，根据中间结果重新组合数据，然后计算和组合最终结果。当处理非常巨大的数据集时，批处理系统是最有效的。对于仅需要批处理的工作负载，如果对时间不敏感，比其他解决方案实现成本更低的Hadoop将会是一个好的选择。

（2）流处理系统

流处理则对由连续不断的单条数据项组成的数据流进行操作，注重数据处理结果的时效性。对于仅需要流处理的工作负载，Storm可支持更广泛的语言并实现极低延迟的处理，但默认配置可能产生重复结果并且无法保证顺序。

（3）混合型系统

对于混合型工作负载，Spark可提供高速批处理和微批处理模式的流处理。该技术的支持更完善，具备各种集成库和工具，可实现灵活的集成。

## 10.2.1 Apache Hadoop

Apache Hadoop是一种专用于批处理，在由通用硬件构建的大型集群上运行应用程序的框架。它实现了Map/Reduce编程范型，计算任务会被分割成小块（多次）运行在不同的结点上。除此之外，它还提供了一款分布式文件系统（HDFS），数据被存储在计算结点上以提供极高的跨数据中心聚合带宽。

### 1. Hadoop 架构

Hadoop1.0版本，两个核心：HDFS+MapReduce。

Hadoop2.0版本，引入了Yarn。核心：HDFS+Yarn+MapReduce。

HDFS是分布式文件存储系统，MapReduce是Hadoop的原生批处理引擎、并行计算框架（可以自定义计算逻辑的部分），Yarn是资源调度框架，能够细粒度的管理和调度任务。Yarn还能支持其他计算框架，如Spark等，Yarn的引入为集群在利用率、资源统一管理和数据共享等方面带来了巨大好处。

### 2. Hadoop 批处理模式

Hadoop的处理功能来自MapReduce引擎。MapReduce的处理技术符合使用键值对的map、shuffle、reduce算法要求。基本处理过程包括：

（1）从HDFS文件系统读取数据集。

（2）将数据集拆分成小块并分配给所有可用结点。

（3）针对每个结点上的数据子集进行计算(计算的中间态结果会重新写入HDFS)。

（4）重新分配中间态结果并按照键进行分组。

（5）通过对每个结点计算的结果进行汇总和组合，对每个键的值进行"Reducing"。

（6）将计算而来的最终结果重新写入HDFS。

Apache Hadoop及其MapReduce处理引擎提供了一套久经考验的批处理模型，最适合处理对时间要求不高的非常大规模数据集。通过非常低成本的组件即可搭建完整功能的 Hadoop 集群，使得这一廉价且高效的处理技术可以灵活应用在很多案例中。与其他框架和引擎的兼容与集成能力使得 Hadoop 可以成为使用不同技术的多种工作负载处理平台的底层基础。

### 10.2.2 Apache Storm

Apache Storm 是一种侧重于极低延迟的流处理框架，是近实时处理的工作负载的最佳选择。该技术可处理非常大量的数据，通过比其他解决方案更低的延迟提供结果。

#### 1．流处理模式

Storm 的流处理可对框架中名为 Topology（拓扑）的 DAG（Directed Acyclic Graph，有向无环图）进行编排。这些拓扑描述了当数据片段进入系统后，需要对每个传入的片段执行的不同转换或步骤。

拓扑包含：

（1）Stream：普通的数据流，这是一种会持续抵达系统的无边界数据。

（2）Spout：位于拓扑边缘的数据流来源，例如可以是 API 或查询等，从这里可以产生待处理的数据。

（3）Bolt：代表需要消耗流数据，对其应用操作，并将结果以流的形式进行输出的处理步骤。Bolt 需要与每个 Spout 建立连接，随后相互连接以组成所有必要的处理。在拓扑的尾部，可以使用最终的 Bolt 输出作为相互连接的其他系统的输入。

默认情况下 Storm 提供了"至少一次"的处理保证，这意味着可以确保每条消息至少可以被处理一次，但某些情况下如果遇到失败可能会被处理多次，Storm 无法确保可以按照特定顺序处理消息。为了实现严格的一次处理，即有状态处理，可以使用一种名为 Trident 的抽象。严格来说不使用 Trident 的 Storm 通常可称为 Core Storm。Trident 会对 Storm 的处理能力产生极大影响，会增加延迟，为处理提供状态，使用微批模式代替逐项处理的纯粹流处理模式，Trident 提高了 Storm 的灵活性。

Trident 拓扑包含：

（1）流批（Stream batch）：这是指流数据的微批，可通过分块提供批处理语义。

（2）操作（Operation）：是指可以对数据执行的批处理过程。

#### 2．优势和局限

（1）Storm 可能是用于极低延迟处理数据的最佳解决方案。

（2）Storm 与 Trident 配合使得用户可以用微批代替纯粹的流处理，但同时这种做法会削弱该技术相比其他解决方案最大的优势。

（3）Core Storm 无法保证消息的处理顺序，Trident 提供了严格的一次处理保证，可以在不同批之间提供顺序处理，但无法在一个批内部实现顺序处理。

（4）在互操作性方面，Storm 可与 Hadoop 的 Yarn 资源管理器进行集成，因此可以很方便地融入现有 Hadoop 部署。除了支持大部分处理框架，Storm 还可支持多种语言，为用户的拓扑定义提供了更多选择。

### 10.2.3 Apache Spark

Apache Spark 是一种包含流处理能力的下一代批处理框架。与 Hadoop 的

MapReduce 引擎基于各种相同原则开发而来的 Spark 主要侧重于通过完善的内存计算和处理优化机制加快批处理工作负载的运行速度。Spark 可作为独立集群部署（需要相应存储层的配合），或可与 Hadoop 集成并取代 MapReduce 引擎。

### 1. 批处理模式

与 MapReduce 不同，Spark 的数据处理工作全部在内存中进行，只在一开始将数据读入内存，以及将最终结果持久存储时需要与存储层交互。

虽然内存中的处理方式可大幅改善性能，Spark 在处理与磁盘有关的任务时速度也有很大提升，因为通过提前对整个任务集进行分析可以实现更完善的整体式优化。为此 Spark 可创建代表所需执行的全部操作、所需要操作的数据、操作和数据之间的 Directed Acyclic Graph（有向无环图），借此处理器可以对任务进行更智能的协调。

为了实现内存中的批计算，Spark 会使用一种名为 Resilient Distributed Dataset（弹性分布式数据集），即 RDD 的模型来处理数据。这是一种代表数据集，只位于内存中。针对 RDD 执行的操作可生成新的 RDD。每个 RDD 可通过世系（Lineage）回溯至父级 RDD，并最终回溯至磁盘上的数据。Spark 可通过 RDD 在无须将每个操作的结果写回磁盘的前提下实现容错。

### 2. 流处理模式

流处理能力是由 Spark Streaming 实现的。Spark 本身在设计上主要面向批处理工作负载，为了弥补引擎设计和流处理工作负载特征方面的差异，Spark 实现了一种称为微批（Micro-batch）的概念。在具体策略方面该技术可以将数据流视作一系列非常小的"批"，借此即可通过批处理引擎的原生语义进行处理。

Spark Streaming 会以亚秒级增量对流进行缓冲，随后这些缓冲会作为小规模的固定数据集进行批处理。这种方式的实际效果非常好，但相比真正的流处理框架，在性能方面依然存在不足。

Spark 继承了其分布式并行计算的优点并改进了 MapReduce 明显的缺陷，Spark 与 Hadoop 的差异在于：Spark 把中间数据放到内存中，迭代运算效率高；Spark 引进了弹性分布式数据集，容错性更高；Spark 提供的数据集操作类型有很多，比 Hadoop 更加通用。

## 10.3 数据库面临的挑战

### 10.3.1 MySpace 数据库构架变化

MySpace.com 成立于 2003 年 9 月，是目前全球最大的社交网站。它为全球用户提供了一个集交友、个人信息分享、即时通信等多种功能于一体的互动平台，同时它也是.NET 应用最出色的网站之一。MySpace 因没有前瞻思想，未能尽早发现系统的瓶颈，随着用户量提升的性能问题而受指责，从而被动式做仓促的产品升级。5 个里程碑式的经历如下：

### 1. 50 万用户

MySpace 网站最早由一台数据库服务器和两台 Web 服务器构成，此后一段时间又加了几台 Web 服务器。但在 2004 年早期，用户增加到 50 万时一台数据库服务器就显得力不从心。

他们设计了第一代架构，在此架构中他们运行 3 个 SQL Server 2000 服务器，一个为主服务器，所有的新数据都提交给它，然后再复制给其他两个数据库服务器。另外两台服务器用来给用户提供信息浏览，也就是只做数据读取。在一段时间内效果不错，只需要增加数据库服务器，扩大硬盘，即可应对用户数和访问量的增加。

**2．100 万～200 万用户**

MySpace 数据库服务器遇到了 I/O 瓶颈，即他们存取数据的速度跟不上了，而这时据他们第一个架构只有 5 个月。

新的架构被快速提出来，这一次他们把数据库架构按照垂直分割模式设计，以网站功能分出多种，如登录、显示用户资料、博客信息等分门别类地存储在不同的数据库服务器中。这种垂直分割策略有利于多个数据库分担访问压力。后来 MySpace 用高带宽和专门设计的网络将大量磁盘存储设备链接在一起，而数据库链接到 SAN。

**3．300 万用户**

当用户继续增加到 3 百万后，垂直分割策略也开始难以为继。因为每个数据库都必须有每个用户表副本，这就意味着一个用户注册后，他的信息会分别存在每个数据库中，但这种做法有可能使某台数据库服务器出现故障，用户不能使用一些服务。另一个问题是如博客信息增长太快，专门为它服务的数据库的压力过大，而其他一些功能很少被使用而处于闲置。

于是第三代架构出现分布式计算架构。他们分布众多服务器，但从逻辑上看是一台服务器。然后他们开始把用户按每百万一组分割，每一组的用户访问指定的数据库服务器。另外一个特殊服务器保存所有用户的账号和密码。

**4．900 万～1 700 万用户**

MySpace 在这个时候把网站代码全部改为 .net 语言，事实证明访问网站的速率比以前快了很多，执行用户的请求消耗的资源也很少，MySpace 开始大规模迁移到 ASP.NET，但用户到 1 000 万时又出现了问题。

用户注册量太快，按每 100 万分割数据库的策略不是那么完美，比如他们的第 7 台数据库服务器上线仅仅 7 天就被塞满。这个时候 MySpace 购买了 3PAdata 设备，真正把所有的数据库看成一个整体，它会根据情况把负荷平均分配出去，比如当用户提交一个信息，它会分配给它空闲的数据区域，然后会在其他多处地方留有副本，不会出现一台数据库服务器崩溃，而这台数据库中的信息没有办法读取的情况。

另外他们增加了缓存层，以前用户查询一个信息，就请求一次数据库。现在当一个用户请求数据库后，缓存层会保留下来一个副本，当其他用户再访问时就不需要再请求数据库，直接请求缓存即可。

**5．2 600 万用户**

他们把服务器更换到运行 64 位的服务器，这样服务器上可最多挂上 32 GB 内存，这无疑又提升了网站性能，但一个新问题意外出现了。他们存放数据库服务中心的洛杉矶全市停电，导致整个系统停止运行长达 12 个小时。

这时他们实现了在地理上分布多个数据中心以防止洛杉矶事件再次出现，在几个重要城市的数据中心的部署可以防止某一处出现故障，整个系统照样提供服务，如果几个地方都出现故障，就意味着国家出现了重大灾难，这种机率是非常低的。

### 10.3.2 数据库可扩展性问题的解决方法

数据库的扩展性一直是数据库厂商和用户最关注的问题。扩展性主要采用向上扩展的方式，通过增加 CPU、内存、磁盘等方式提高处理能力。这种集中式数据库的架构，使得数据库成为整个系统的瓶颈，已经越来越不适应海量数据对计算能力的巨大需求。分布式系统成为一种趋势，用廉价的设备堆叠出具备高可用性和高扩展性的计算集群，从而摆脱对大型设备的依赖。每种产品和架构都是有缺陷的，其实架构就是有所取舍的过程，目标是用最小的代价去解决问题。

#### 1. Oracle RAC

几乎每个数据库产品都有集群解决方案，Oracle RAC 是业界最流行的产品。但是，RAC 的扩展能力有限，首先因为整个集群都依赖于底层的共享存储，在 Oracle 的 MAA（Maximum Availability Architecture）架构中，采用 ASM 来整合多个存储设备的能力，使得 RAC 底层的共享存储也具备线性扩展的能力，整个集群不再依赖于大型存储的处理能力和可用性。

RAC 的另外一个问题是，随着结点数的不断增加，结点间通信的成本也会随之增加，当到达某个限度时，增加结点可能不会再带来性能上的提高，甚至可能造成性能下降。Oracle RAC 有两个建议：结点间通信使用高速互联网络；尽可能将不同的应用分布在不同的结点上。基于这个原因，Oracle RAC 通常在 DSS 环境中可以做到很好的扩展性，因为 DSS 环境很容易将不同的任务分布在不同的计算结点上，而对于 OLTP 应用，Oracle RAC 更多情况下是用来提高可用性，而不是为了提高扩展性。

#### 2. MySQL Cluster

MySQL Cluster 和 Oracle RAC 完全不同，它采用 Shared-nothing 架构。MySQL cluster 主要利用了 NDB 存储引擎来实现，NDB 存储引擎是一个内存式存储引擎，要求数据必须全部加载到内存中。MySQL Cluster 的优点在于其是一个分布式的数据库集群，处理结点和存储结点都可以线性增加，整个集群没有单点故障，可用性和扩展性都可以做到很高，更适合 OLTP 应用。但是它的问题在于：①NDB 存储引擎必须要求数据全部加载到内存中，限制比较大，但是 NDB 新版本对此做了改进，允许只在内存中加载索引数据，数据可以保存在磁盘上。②目前的 MySQL Cluster 的性能还不理想，因为数据是按照主键 hash 分布到不同的存储结点上，如果应用不是通过主键去获取数据，必须在所有的存储结点上扫描，返回结果到处理结点上去处理。而且，写操作需要同时写多份数据到不同的存储结点上，对结点间的网络要求很高。

目前，除了数据库厂商的集群产品以外，解决数据库扩展能力的方法主要有两个：数据分片和读写分离。数据分片（Sharding）的原理是将数据做水平切分，类似于 hash 分区的原理，通过应用架构解决访问路由和数据合并的问题。但并不是所有的应用都适合做 Sharding，它可能会造成应用架构复杂或者限制系统的功能，这也是它的缺陷所在。

### 10.3.3　数据库的发展

虽然关系型数据库已经在业界的数据存储方面占据不可动摇的地位，但其存在天生的几个限制：

（1）扩展困难：由于存在类似 Join 这样的多表查询机制，使得数据库在扩展方面很艰难。

（2）读写慢：这种情况主要发生在数据量达到一定规模时由于关系型数据库的系统逻辑非常复杂，使得其非常容易发生死锁等并发问题，所以导致其读写速度下滑非常严重。

（3）成本高：企业级数据库的 License 价格很惊人，并且随着系统的规模而不断上升。

（4）有限的支撑容量：现有关系型解决方案还无法支撑 Google 这样海量的数据存储。

业界为了解决上面提到的几个需求，推出了多款新类型的数据库，并且由于它们在设计上和传统的 SQL 数据库相比有很大的不同，所以被统称为"NoSQL"系列数据库。

总的来说，在设计上，它们非常关注对数据高并发的读写和对海量数据的存储等，与关系型数据库相比，它们在架构和数据模型方量面做了"减法"，而在扩展和并发等方面做了"加法"。NoSQL 数据库具有灵活的数据模型、高可扩展性和美好的发展前景。

## 10.4　NoSQL 数据库

对于 NoSQL 技术，有两种不同认识：第一种指的是"Non-Relational"，也就是非关系型数据库；第二种指的是"No only SQL"。第二种得到更广泛的认可。NoSQL 数据库主要分为 4 类：键值数据库、文档数据库、列数据库、图数据库。

### 10.4.1　键值数据库

键值数据库（Redis）是用 C 语言开发的一个开源的高性能键值对数据库。提供 5 种键值数据类型来应对不同场景下的存储需求。目前 Redis 的主要应用场景有：数据缓存、在线列表、任务队列、访问记录、数据过期处理、session 分离。

Redis 的高性能是由于其将所有数据存储在内存中，为了使 Redis 在重启之后仍能保证数据不丢失，需要将数据从内存中同步到硬盘中，这一过程就是持久化。

Redis 支持两种方式的持久化，一种是 RDB，一种是 AOF。可以单独使用一种也可以结合使用。RDB 机制是指在指定时间间隔内将内存中的数据集快照写入磁盘。AOF 机制将以日志的形式记录服务器所处理的每一个写操作，在 Redis 服务器启动之初会读取该文件来重新构建数据库。Redis 的类型、特性及持久化描述如图 10-1 所示。

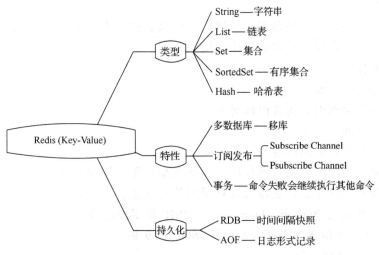

图 10-1　Redis 的类型、特性及持久化

### 10.4.2　文档数据库

　　文档数据库（MongoDB）是一种非关系型数据库，是为了摆脱关系型数据库的约束而出现的文档数据库。MongoDB 支持的数据结构非常松散，类似 JSON 的结构，在 MongoDB 中称为"BSON"，可以用于存储比较复杂的数据类型。MongoDB 最大的特点是它支持的查询语言非常强大，其语法有点类似于面向对象的查询语言，几乎可以实现类似关系数据库单表查询的绝大部分功能，而且还支持对数据建立索引。

#### 1．整体架构

　　MongoDB 的整体架构如图 10-2 所示。

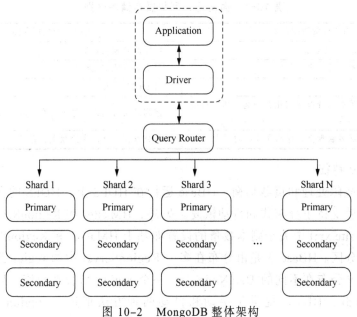

图 10-2　MongoDB 整体架构

## 2．特性

它的特点是高性能、易部署、易使用，存储数据非常方便。主要功能特性有：

（1）面向集合存储，易存储对象类型的数据。

（2）模式自由。

（3）支持动态查询。

（4）支持完全索引，包含内部对象。

（5）支持查询。

（6）支持复制和故障恢复。

（7）使用高效的二进制数据存储，包括大型对象（如视频等）。

（8）自动处理碎片，以支持云计算层次的扩展性。

（9）支持 Ruby、Python、Java、C++、PHP 等多种语言。

（10）文件存储格式为 BSON（一种 JSON 的扩展）。

（11）可通过网络访问。

### 10.4.3　列数据库

列数据库（HBase）是一个分布式的、面向列的开源数据库。HBase 是 Apache 的 Hadoop 项目的子项目，HBase 不同于一般的关系数据库，Hbase 同 BigTable 一样，都是 NoSQL 数据库，即非关系型数据库，此外，HBase 和 BigTable 一样，是基于列的而不是基于行的模式。HBase 利用 Hadoop HDFS 作为其文件存储系统，利用 Hadoop 的 MapReduce 来处理 HBase 中的海量数据，利用 Zookeeper 作为协调工具。

#### 1．面向行、列数据存储的区别

面向行、列数据存储的区别如表 10-1 所示。

表 10-1　面向行、列数据存储的区别

| 面向行的数据存储 | 面向列的数据存储 |
| --- | --- |
| 可以高效地添加/修改记录 | 可以高效地读数据 |
| 需要读取包含整个行的页 | 只需要读取需要的列 |
| 适合 OLTP | 对 OLTP 不太优化 |
| 把在一行内的所有值连续序列化在一起，然后再进行下一行，依此类推 | 把列的所有值连续序列化在一起，依此类推 |
| 行数据在内存或者磁盘上，存储在连续的页中 | 列数据在内存或者磁盘上，存储在连续的页中 |

#### 2．HBase 特征

（1）自动故障处理和负载均衡。HBase 运行在 HDFS 上，HDFS 的多副本存储让 HBase 在内部就支持了分布式和自动恢复。另外，HMaster 和 RegionServer 也是多副本的（Hbase-site.xml 中关于副本数量的设置即基于 HMaster 和 RegionServer）。

（2）自动分区。HBase 表是由分布在多个 RegionServer 中的 region 组成的，这些 RegionServer 又分布在不同的 DataNode 上。一个 region 增长到阈值以后，为了降低 I/O 时间和负载，HBase 提供了手动和自动两种方法把这些 region 切分成小的 subregion。

（3）实时随机的大数据访问。HBase 采用 LSM（log_structured merge-tree）树作为内部数据存储架构，这种架构会周期性地将较小文件合并成大文件以减少对磁盘的访问。

（4）MapReduce。HBase 内建支持了 Hadoop 的 MapReduce，以便并行处理。

（5）Thrift 和 RESTful Web 服务。

（6）支持通过 Hadoop metrics 子系统标准导出系统指标：HBase 支持 Java Mannagement Extensions（JMX），通过它导出系统当前状态给 Ganglia 和 Nagions 这样的监控工具。

（7）集成 HDFS、分布式、列存储。

（8）稀疏的、多维的、有序映射数据库，同时也支持记录多版本。

（9）快照支持。HBase 支持通过元数据快照获取当前或之前的数据信息。

### 10.4.4 图数据库

图数据库（Neo4j）是一个有商业支持的开源图数据库，是基于数学中的图论实现的一种数据库。Neo4j 被用于拿下数据不断高速成长的数据存储，用高效的图数据结构代替传统的表设计。图数据库将数据和数据之间的关系存在节点和边中，在图数据库中这被称为"结点"和"关系"。它的优点是快速解决复杂的关系问题。

**1．Neo4j 的特点**

（1）支持完整的 ACID（原子性、一致性、隔离性和持久性）。

（2）支持常数级时间复杂度的图遍历。

（3）支持查询的数据导出为 JSON 和 XLS 格式。

（4）支持通过浏览器图形化界面形式访问。

（5）可以通过多种语言进行访问管理（Java、Python、Ruby、PHP、C#、Js）。

**2．Neo4j 的存储结构**

Neo4j 的存储结构如图 10-3 所示。

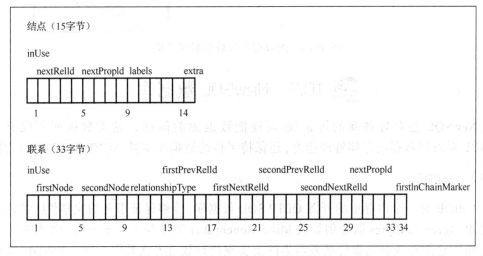

图 10-3　Neo4j 的存储结构

图中的结点和联系的存储文件都是固定大小的，每个记录长度为 9 字节，因此可以可以在 O(1) 的时间复杂度下计算位置。

（1）结点（指向联系和属性的单向链表，*neostore.nodestore.db*）。第一个字节，表示是否被使用的标志位，后面 4 个字节，代表关联到这个结点的第一个关系的 ID；再接着的 4 个字符，代表第一个属性 ID；后面紧接着的 5 个字符是代表当前结点的标签，指向该结点的标签存储；最后一个字符作为保留位。

（2）联系（双向链表，*neostore.relationshipstore.db*）。第一个字节，表示是否被使用的标志位；后面 4 个字节，代表起始结点的 ID；再接着的 4 个字符，代表结束结点的 ID；然后是关系类型占用 5 个字节；然后依次接着是起始结点的上下联系和结束结点的上下结点，以及一个指示当前记录是否位于联系链的最前面。

**3．图数据库的数据展现效果**

相对于关系数据库中的各种关联表，图形数据库中的关系可以通过关系能够包含属性这一功能来提供更为丰富的关系展现方式。因此相较于关系型数据库，图形数据库的用户在对事务进行抽象时将拥有一个额外的武器，那就是丰富的关系。图数据库的数据展现效果如图 10-4 所示。

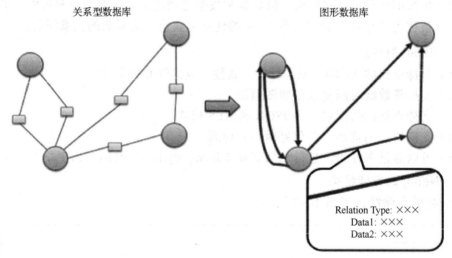

图 10-4　图数据库的数据展现效果

# 10.5　NewSQL 数据库

NewSQL 是对各种新的可扩展/高性能数据库的简称，这类数据库不仅具有 NoSQL 对海量数据的存储管理能力，还保持了传统数据库支持 ACID 和 SQL 等特性。

## 10.5.1　VoltDB

VoltDB 是一个内存中的开源 OLTP SQL 数据库，能够保证事务的完整性（ACID）。它是 Postgres 和 Ingres 联合创始人 Mike Stonebraker 领导开发的下一代开源数据库管理系统。它能在现有的廉价服务器集群上实现每秒数百万次数据处理。VoltDB 大幅降低了服务器资源开销，单结点每秒数据处理远远高于其他数据库管理系统。

为了获得最大化吞吐量，数据保存在内存中（而不是在硬盘），这样可以有效消除缓冲区管理。VoltDB通过SQL引擎把数据分发给集群服务器的每个CPU进行处理。每个单线程分区自主执行，消除锁定和闩锁的需求。VoltDB可以通过简单地在集群中增加附加结点的方式实现性能的线性增加。

### 10.5.2 NuoDB

NuoDB并不是技术演变渐进的成果，而是一个具有革命性的产品，是未来数据库的范本。NuoDB重新定义了关系型数据库技术，它是针对弹性云系统而非单机系统设计的，因此可以将其看作是一个多用户、弹性、按需的分布式关系型数据库管理系统。NuoDB的特点包括：拥有任意增减廉价主机的功能，能够实现按需共享资源，提供不同的业务连续性、性能以及配置方法，极大程度地降低数据库运维成本。

NuoDB创始人兼首席执行官Barry Morris在VentureBeat采访时表示："我们将把Dassault打造的更具云计算范，而且使它具有和Salesforce.com一样的用户体验，在这里用户可以登录一个账户并开始设计一栋房子、一双跑步鞋，不管它是什么都可以让它直接连接到3D打印机……。"

## 小 结

（1）基本概念：大数据、MapReduce、Storm、Spark、NoSQL、NewSQL。

（2）传统数据库与大数据的差异：数据规模、数据类型、模式（Schema）和数据的关系、处理对象。

（3）大数据处理模式包含4步：数据采集、数据导入和预处理、数据统计与分析以及数据挖掘应用。

（4）数据处理框架可分为3类：批处理系统（Hadoop）、流处理系统（Storm）和混合型系统（Spark）。

（5）NoSQL数据库主要分为4类：键值数据库（Redis）、文档数据库（MongoDB）、列数据库（HBase）、图数据库（Neo4j）。

## 习 题

1. 什么是大数据？
2. 试述数据库与大数据的差异。
3. 阐述大数据处理的流程。
4. 数据处理框架可分为哪几类，各自具有什么特征？
5. NoSQL指的是什么？NoSQL比起关系数据库具有什么优势？
6. 试述NoSQL有哪几种类型，各自具有什么特点？
7. 什么是NewSQL？

# 实 践 篇

◀ **第11章**

# 案 例 ‹‹‹

### 学习目标

本章以电商系统的用户充值模块为例，将模块功能分解成 12 个小案例，由浅入深，循序渐进地引出相关知识点。要求熟练掌握基本数据库应用技术，能准确进行电商系统的需求分析、表设计以及功能实现。

### 学习方法

本章将实战项目进行任务分解，通过案例分析法引出相关知识，结合具体应用操作剖析其基本用法。通过多思考、理解理论知识，多动手实践掌握其应用，触类旁通，从而达到能够独立完成电商系统的其他模块功能的水平。

### 本章导读

本章主要介绍电商系统的用户充值模块的实现过程。从用户数据的初始化着手，介绍存储引擎 InnoDB 和 MyISAM 的差别、存储过程的创建方法以及索引的使用。用户登录判断的存储过程中关于变量的定义和使用，整合不相关的字段。创建日志表用于记录每一次用户登录的数据。通常设计表时表中字段要满足第三范式以避免冗余字段，而在数据量较大的情况下，冗余字段能有效提高查询效率。日点击量统计的日志表过大可通过修改日志表中的 timestamp 类型为 date 类型来达到目的，主表中的总点击量的更新则通过游标和事件实现。通过事务和异常的处理实现电商系统中用户充值功能，而对用户充值的数据冲突问题分别利用表级锁的读锁和写锁、行级锁的共享锁和排他锁加以解决。

前面学习了基础知识以及相关的理论和技术，这一章进入系统的实战阶段。

对于电商系统来说，首先要有用户，然后有商品，才能进行买与卖的商业行为。

准备工作：

MySQL 软件的下载，网址：https://www.mysql.com。

Navicat 的下载与安装，网址：http://www.navicat.com.cn/products。

## 📚 案例 1　用户数据的初始化

知识点：

（1）了解有哪些存储引擎，掌握 innodb 和 myisam 的使用。

（2）了解 InnoDB 和 MyISAM 的差别。

（3）介绍索引的使用。

知识介绍：

对于 MySQL 数据库管理系统来说，默认的存储引擎有 9 种，通过 show ENGINES 命令可查看到这 9 种引擎，但常用的引擎是 InnoDB 和 MyISAM。下面讲一下二者的区别和使用。

InnoDB：支持外键和事务。所以对于事务性表（如用户付款、用户权限）应该使用 InnoDB 作为存储引擎。

MyISAM：不支持外键和事务。所以对于频繁读取操作（如 select 操作频繁）应该使用 MyISAM 作为存储引擎。

操作：

安装完 Navicat 后将其打开，单击"连接"按钮，弹出图 11-1 所示的对话框，在"密码"文本框中输入当时安装 MySQL 的密码，然后单击"连接测试"按钮，弹出"连接成功"提示框，单击"确定"按钮即可。因为没有写连接名，系统会自动用主机名加端口号的方法生成一个连接名，如 localhost_3306。

连接成功后在该连接下创建一个数据库，如取名为 mysql_2019。具体操作为：在 localhost_3306 连接处右击，在弹出的快捷菜单中选择"新建数据库"命令，弹出图 11-2 所示的对话框。

图 11-1 "新建连接"对话框

图 11-2 "新建数据库"对话框

在此对话框中的 3 个框中均需填入对应内容，在"数据库名"文本框中输入数据库名，在"字符集"下拉列表中选择 utf8 -- UTF-8 Unicode，在"排序规则"下拉列表中选择 utf8_general_ci，单击"确定"按钮即可。

环境配置完成后，单击"查询"按钮，新建一个查询窗口，在此窗口输入 show ENGINES;可查看当前系统支持哪些存储引擎，其中能看到当前的 MySQL 版本默认支持哪一个存储引擎，即在查询结果中看到 DEFAULT 字样的那个存储引擎即为默认支持的存储引擎。在不同版本下默认引擎是不一样的。

在这里介绍另外一个命令：show table status from 数据库名；此命令可查看数据库下各表的详细信息，其中包括存储引擎。

说明：对于一个数据库来说，数据库中各表的存储引擎可以是 MyISAM 和 InnoDB 混合的，根据需要选择对应的引擎。

基本工作已搭建完成，下面讲解这两个常用的存储引擎在增、删、改、查上面的区别。

首先新建一张表 user1，表设计如图 11-3 所示。

| 名 | 类型 | 长度 | 小数点 | 不是 null | |
| --- | --- | --- | --- | --- | --- |
| id | int | 11 | 0 | ☑ | 🔑1 |
| username | varchar | 30 | 0 | ☐ | |
| userpwd | varchar | 255 | 0 | ☐ | |
| user_regdate | timestamp | 0 | 0 | ☐ | |

图 11-3　user1 表设计

此表中要勾选 id 字段下面的"自动递增"复选框。

然后，复制这张表，改名为 user2。这两张表存储引擎不同，设置 user1 的存储引擎为 myisam，user2 的存储引擎为 innodb。

首先看一下两种存储引擎在增加数据上是否有差别。

通过存储过程 sp_init 往两张表中存入 10 万条数据，查看两张表在插入相同数据量时在时间上的差别。

存储过程的创建方法：单击工具栏中的"函数"按钮，再单击"新建函数"按钮，弹出图 11-4 所示的对话框，直接单击"完成"按钮即可。

在新打开的窗口中输入图 11-5 所示的代码。

```
1  BEGIN
2    #Routine body goes here...
3    set @num=1;
4    while @num<100000 do
5      if t=1 THEN
6        insert into user1(username,userpwd)
7  values(CONCAT('user',@num),'123');
8      ELSE
9        insert into user2(username,userpwd)
10 values(CONCAT('user',@num),'123');
11     end if;
12     set @num=@num+1;
13   end while;
14 END
```

图 11-4　"函数向导"对话框　　　　　　　图 11-5　输入代码

注意：不要忘记框中标注的参数。

先大致解释存储过程中的代码。第 3 行设置了一个会话变量 num，并设置它的初值为 1。第 4 行到第 13 行是一个循环，指当 num 不到十万条时根据调用存储过程时输入的参数决定是对 user1 表插入数据还是对 user2 表插入数据。实现分别为 user1

表和 user2 表的用户名字段和密码字段赋值。

写完存储过程后运行存储过程，运行存储过程的方法是新开一个查询窗口，在查询窗口中输入"call 存储过程名()"即可。比如这里输入 call sp_init()，因为存储过程有参数，所以在调用时需要在括号中写明参数值。通过阅读上面的程序可知，当参数是 1 时会对 user1 插入 10 万条数据，当参数是不等于 1 的其他任何整数时均会对 user2 插入 10 万条数据。

结果：

CALL sp_init(1); user1　　　　用时：5.894s

CALL sp_init(2);user2　　　　用时：250.87s

说明：上述时间与机器硬件配置有一定关系。

结论：对于 MyISAM 存储引擎的表插入大量数据所用的时间远远小于 InnoDB 引擎插入的表的数据所用的时间。所以，对于需要频繁插入操作或大量数据一次性插入的表，建议设置为 MyISAM，如果必须设置为 InnoDB，可以先设置为 MyISAM 存储引擎，操作完数据后再改回为 InnoDB。

下面再来看一下两种存储引擎在查询上是否有差别。

首先新开一个查询窗口，在新开的查询窗口中输入如下语句看一下运行时间：

Select count(*) from user1;(myisam)　　时间：0.008s

Select count(*) from user2;（innodb）　　时间：0.063s

结论：通过上述相同语句作用于相同数据量的表，由时间差别得出结论，即 MyISAM 存储引擎的表查询大量数据所用时间远远小于 InnoDB 引擎的表查询数据所用的时间。

综合以上操作，可以得出对大量数据进行操作时，MyISAM 存储引擎的表在增、删、改、查上所用时间都远远小于 Innodb 引擎的表

对于 InnoDB 引擎的表来说效率会低很多，可是又不得不用，那有没有什么方法可以来提高效率呢？答案是肯定的。下面单独对 Innodb 引擎的表进行操作，找到提高效率的方法。

在操作之前先来介绍"索引"的概念。引用百度百科的说法：在关系数据库中，索引是一种单独的、物理的对数据库表中一列或多列的值进行排序的一种存储结构，它是某个表中一列或若干列值的集合和相应的指向表中物理标识这些值的数据页的逻辑指针清单。索引的作用相当于图书的目录，可以根据目录中的页码快速找到所需的内容。从中可以看到索引相当于书的目录，有了目录可以很快地找到需要的内容。同样，对于大量的数据来说，如果有了目录指引，可以加快查询速度。下面来看一下对于 InnoDB 引擎的表来说加索引和不加索引的效率差别。

操作：

（1）不加索引。在查询窗口中输入如下语句：

select * from user2 where username='user234'

执行时间为：0.237 s

（2）加索引。选中 user2 表，然后右击"设计表"，选择"索引"选项卡，对要设置索引的字段进行设置。因为 id 是主键，主键默认是索引，所以这里设置用户名为

索引。设置"栏位"为 username 字段，设置索引类型时点开下拉列表可看到三种索引分别为普通索引、唯一索引、全文索引，这里先选择普通索引（Normal）。其他选项暂不设置，系统会自动分配。最终各项设置如图 11-6 所示。

图 11-6　索引设置

设置完索引后回到刚才的查询窗口，仍然执行刚才的查询代码，时间为 0.001 s。通过数据可得出结论：加了索引之后速度提升是非常大的。

知识延伸：在设置索引类型时用了普通索引，另外还有两个索引。对于全文索引，用得比较少。而唯一索引，它和普通索引用得较多，但二者有一定的差别。

当前设置的是普通索引，此时在查询窗口写一条插入语句，插入一条与原来表中 username 值相同的一条记录。即 insert into user2(username,userpwd) into values('user234', '123')，此处 user234 在表中已经存在这样一条记录。该语句能够正常运行，同时记录插入成功。

现在把 user2 表的索引改成唯一索引，同时删掉刚才插入的那条记录，然后执行相同的插入语句代码，发现报错，记录无法插入。

从这个操作中看到：对于设置为唯一索引的字段来说，它的值是唯一的，是不能重复的；而对于普通索引来说，则不存在这个要求。这是普通索引和唯一索引的唯一差别，在其他方面二者基本没有差别。

推广：在系统设计中此字段值不能重复，因此可以不用代码判断，直接设置唯一索引即可解决此问题。比如说邮箱不能有重复的邮箱注册，就可以这样来操作。

思考：

（1）表的存储引擎常用的有哪些？两种常用引擎在增、删、改、查方面的效率有何差别？

（2）对于 InnoDB 引擎的表来说，提高效率有哪些方法？

# 案例2　用户登录

知识点：

（1）把不相关的表联结起来。

（2）Limit 的使用方法。

（3）会话变量的使用。

（4）冗余字段。

知识介绍：

前面通过存储过程创建了一张拥有 10 万用户的用户表，下面就来讲一下如何在数据库中实现对用户登录的判断。操作的用户表均以 user2 为操作对象。在网站上进行用户登录时需要输入用户名和密码，让其与数据库中的已有数据进行匹配，匹配成功则登录成功，否则登录失败。对于数据库操作来说本质是一样的，也需要进行用户名和密码的匹配，同时对于数据库来说，它还需要记录每一次用户登录的数据，即我们所说的日志，以备后台查看网站的安全状态。经过以上分析，明确用户登录时需要做两件事：

（1）判断用户名和密码是否匹配，如果匹配则返回该行数据，如果不匹配则返回一个错误行。

（2）不管成功与否都要记录一次日志。

先来完成第一个功能。

我们希望通过用户登录功能来实现，不管登录成功与否，都返回一行数据，这行数据类似图 11-7 所示。从图中可看到需要返回 3 个字段，一个是执行的结果集状态，一个是用户 id，一个是用户名。

图 11-7　用户实现登录后的界面

操作：

上述功能的实现仍然采用存储过程完成的。创建存储过程的步骤与前面相似不再重复。

对用户登录的判断是通过查询语句完成，查询输入的用户名和密码是否与表中存有的用户名和密码一致。输入的用户名和密码用参数表示，参数表示的方法建议在原有字段名的前面加一条下画线，这样做有一定的区别又比较好理解。语句为：

```
select id,username from user2 where username=_username and userpwd=_userpwd;
```

对于上述查询语句中查到的 id 和 username 来说，我们要把它们放在后面作为判断登录成功与否的条件，而 id 和 username 是与表相关的字段，所以需要把它们变为变量，实现这两个字段离开特定的表仍保存有原来的意义。字段名变为变量的方法是在字段后面加上 into 变量名即可。所以上面的查询语句就变为：

```
select id,username into @gid,@username from user2  where username=
_username and userpwd=_userpwd;
```

然后判断能否查到满足条件的 id 值，有则返回 log_state 值为 log_success；否则返回 log_state 的值为 log_fail。

最后把 id、username、log_state 三个不相关的字段整合在一起输出。这里又涉及另外一个知识点，即如何把不相关的字段整合在一起？实现的语句为 "select * from (需要整合的字段)a, (另外不相关的需要整合的字段)b"。通过以上分析，用户登录功能实现的存储过程 sp_user_login 如图 11-8 所示。

```
 1  BEGIN
 2    #Routine body goes here...
 3    set @gid=0;
 4    set @username="";
 5    set @log_state="log_success";
 6    select id,username into @gid,@username from user2
 7  where username=_username and userpwd=_userpwd;
 8    if @gid=0 THEN
 9    set @log_state="log_fail";
10    end if;
11
12    select * from (select @log_state as result)a,(select @gid,@username)b;
13  END
```

| 参数: | in _username varchar(30),in _userpwd varchar(30) |
| 返回类型: | |
| 类型: | PROCEDURE |

图 11-8  用户登录存储过程

验证存储过程：

新建查询窗口，输入 call sp_user_login("user234","123")，可看到图 11-9 所示的结果。

若输入的用户名或密码不在原来的表中，则看到图 11-10 所示的结果。

| result | @gid | @username |
|--------|------|-----------|
| log_succes | 222 | user222 |

图 11-9  登录成功结果

| result | @gid | @username |
|--------|------|-----------|
| log_fail | 0 | |

图 11-10  登录失败结果

在上面的存储过程中还有一个很重要的知识点是 MySQL 存储过程中关于变量的定义及使用。

MySQL 存储过程中的变量分为两大类，一类是用户变量，一类是局部变量。用户变量即用户定义的变量，又分为全局变量和会话变量。全局变量对所有客户端生效，而会话变量仅对当前客户有效。

局部变量：作用范围在 begin 到 end 语句块之间，在该语句块中设置的变量。declare 语句专门用于定义声明局部变量。

在实际使用中经常会遇到局部变量和会话变量的混乱，其实从下面 3 个方面即可区分明白：

（1）会话变量是以 "@" 开头的。局部变量没有这个符号。

（2）定义变量方式不同。会话变量使用 set 语句，局部变量使用 declare 语句定义。

（3）作用范围不同。局部变量只在 begin-end 语句块之间有效。在 begin-end 语句块运行完之后，局部变量就消失了。而会话变量是对当前连接（会话）有效，在整个连接过程中，只要不关闭该连接，则这个会话变量会一直存在，所以会话变量一定要初始化。

总结：

（1）字段如何变成变量，实现字段本身脱离表仍能有意义？

（2）如何把不相关的一些字段整合在一起，使之看上去好像一张表的字段？

## 📚 案例 3 日志的操作

知识点：

日志表的创建。

知识介绍：

对于上述的用户登录操作，不管登录成功与否都要记录一次日志，以备系统出现异常时有据可查。

首先需要建立一张日志表 user_log，日志表应反映出哪些用户在什么时间做了什么操作，所以表的字段如图 11-11 所示。

| id | int | 11 | 0 | ☑ | 🔍1 |
| user_id | int | 11 | 0 | ☑ | |
| log_type | varchar | 20 | 0 | ☑ | |
| log_date | timestamp | 0 | 0 | ☐ | |

图 11-11 user_log 表

注意：

（1）日志表因为不参与事务，所以日志表的存储引擎为 MyISAM 引擎。

（2）要勾选"id"字段的"自动递增"复选框。

（3）log_date 字段设置为 timestamp 类型，且同时默认为 CURRENT_TIMESTAMP。

操作：

实现用户每次登录的情况均记录进日志的方法为在案例 2 的存储过程中加入此行语句即可：Insert into user_log(user_id,log_type) values(@gid,@result)。完整代码如图 11-12 所示。

```
1  BEGIN
2    #Routine body goes here...
3    set @gid=0;
4    set @username="";
5    set @log_state="log_success";
6    select id,username into @gid,@username from user2
7  where username=_username and userpwd=_userpwd;
8    if @gid=0 THEN
9      set @log_state="log_fail";
10   end if;
11
12   insert into user_log(user_id,log_type) values(@gid,@log_state);
13   select * from (select @log_state as result)a,(select @gid,@username)b;
14
15 END
```

参数: in _username varchar(30),in _userpwd varchar(30)

返回类型:

类型: PROCEDURE

图 11-12 带有日志的用户登录存储过程的完整代码

## 📚 案例 4 冗余字段的使用

知识点：

（1）冗余字段。

（2）第三范式。

知识介绍：

对于数据库设计来说，通常设计表时表中字段要满足第三范式的要求，即各表之间的字段不能有传递依赖。但是实际情况却不全是这样。

需求：我们想要查看当前系统的用户操作日志，要求显示用户 id、用户名及用户的登录时间。

操作：

通过分析，发现用户 id 和用户名在用户表 user2 中，而用户的登录时间在日志表 user_log 中。所以很自然地想到用多表连接查询实现。SQL 语句如下：

```
Select a.id,a.username,b.log_date from user2 a,user_log b where a.id=b.user_id
```

运行上述查询语句，可以看到需要的信息已显示出来。此时查看一下运行时间，因为日志表中几乎没有什么记录，时间为 0.005 s。如果日志表中的数据非常多，这样查询语句的时间消耗会是多少？

我们在日志表中通过存储过程插入 10 万条数据，再次运行相同的查询语句，看一下此时的查询时间。

说明：插入 10 万条数据的存储过程可依照案例 1 中数据的初始化来实现。代码如下所示：

```
set @num=1;
while @num<100000 DO
  insert into user_log(user_id,log_type) values(@num,'log_success');
set @num=@num+1;
end while;
```

用时 5.704 s 即插入十万条数据。此时再来运行上述连接查询的语句，耗时 0.842 s。可看到当数据量达到一定程度时效率将大受影响，如果访问人数过多，则必将带来服务器卡顿，从而影响系统的使用。在这种情况下针对此题的需求可采取增加冗余字段解决，即在日志表中再增加一个用户名字段。表设计如图 11-13 所示。

| id | int | 11 | 0 | ☑ | 🔑1 |
| user_id | int | 11 | 0 | ☐ | |
| user_name | varchar | 30 | 0 | ☐ | |
| log_type | varchar | 20 | 0 | ☐ | |
| log_date | timestamp | 0 | 0 | ☐ | |

图 11-13　带有冗余的 user_log 表设计

此时，为了完成上述功能，只需要在单表中查询即可，SQL 语句为：

```
Select user_id,user_name,log_date from user_log
```

此时消耗时间为 0.107 s，比原来提高了 8 倍。

结论：

在数据量较大的情况下，冗余字段能有效提高查询效率。

## 案例 5　日点击量的统计

知识点：

（1）点击量日志表的设计。

（2）Found_rows()。

（3）日点击量如何记录。

知识介绍：

| prod_id | int |
| prod_name | varchar |
| prod_classid | int |
| prod_intr | text |
| prod_adddate | timestamp |
| prod_lasteddate | timestamp |
| prod_click_all | int |
| prod_click_month | int |
| prod_sale_all | int |
| prod_sale_month | int |
| prod_rate_all | int |
| prod_rate_month | int |

图 11-14　商品主表

对于一个电商系统来说，除了有用户表外还应该有商品表。

对于商品表来说通常的设计都有一个商品主表，另外有一个分类表。根据实际情况模拟设计商品主表（prod_main）（见图 11-14）和商品分类表（prod_class）（见图 11-15）。

现在完成第一个功能，即统计商品的日点击量。通过分析，日点击量字段因为涉及频繁改变，所以不能放在商品主表中，需要再设计一个点击量日志表（prod_clicklog）。假设这张表的字段如图 11-16 所示，包含哪一个用户在什么时间点击了哪个商品。

| prod_classid | int |
| prod_classname | varchar |
| prod_pclassid | int |

图 11-15　商品分类表

| id | int | 11 | 0 | ☑ | 🔑1 |
| prod_id | int | 11 | 0 | ☑ | |
| user_ip | varchar | 15 | 0 | ☑ | |
| user_id | int | 11 | 0 | ☑ | |
| clickdate | timestamp | 0 | 0 | ☑ | |

图 11-16　点击量日志表

要想实现统计每个商品的日点击量这个功能，需要根据传入的商品 ID 从商品主表中读取是否存在这个商品的相关信息，如果读取到了，则在点击量日志表中记录一条记录。

操作：

（1）创建商品主表，字段设计如图 11-14 所示；创建商品分类表，字段设计如图 11-15 所示；创建点击量日志表，字段设计如图 11-16 所示。

（2）创建存储过程，通过传入的商品 ID 到商品主表中查找是否有该商品，若有，则在日志表中增加一条记录。

查找商品主表的语句如下：

```
select * from prod_main where prod_id=_prod_id limit 1;
```

Found_rows()可返回 select 查询时最近一条 SQL 的结果集条数，如果有大于 0 的数据返回，则证明在商品主表中查到该商品的相关信息。完整的存储过程 sp_prod_load 代码如图 11-17 所示。

调用存储过程的代码如下：

```
call sp_prod_load(1,2,'192.168.0.4')
```

可看到在商品主表中有"1"这个商品，所以日志表中记录了一条记录。

思考：在当前的存储过程执行中，只要运行一下存储过程，即相当于刷新一下页面，就会产生一条点击量的记录于表中，导致日志表会非常大，如果一天中同一个人来这个网站多次，则这个用户一天的点击量记录数会非常多。显然这样不够合理，可否有办法去改善？

```
 1  BEGIN
 2      #Routine body goes here...
 3      set @num=0;
 4      set @c=0;
 5      select * from prod_main where
 6  prod_id=_prod_id limit 1;
 7      set @num=FOUND_ROWS();
 8      if @num>0 then
 9      insert into prod_clicklog(prod_id,
10  user_id,user_ip) VALUES(_prod_id,
11  _user_id,_user_ip);
12      end if;
13
14  END
```

参数: in _prod_id int,in _user_id int,in _user_ip varchar(15)

图 11-17　统计商品点击量存储过程
sp_prod_load 代码

# 案例6　改进后的点击量日志表存储过程

知识点：

修改表的设计达到目的。

知识介绍：

通过运行案例 5 完成的存储过程，可发现日志表过于庞大。通过分析发现根本原因在于设计的这张表中的日期字段是 timestamp 类型，而这个类型包括年月日时分秒，导致每一条数据都不会重复，因此每一次都会在表中生成一条新的记录。解决思路是把日期字段设为 date 类型，只记录到日即可，这样每一天的记录只需记一次。若这一天有多次出现的记录，累加即可，因而需要再添加一个记录次数的字段，作用是用来记录同一日期有相同用户点击商品时，只对这一个字段进行累加操作。

操作：

（1）修改点击量日志表 prod_clicklog 的设计，添加 clicknum 这一字段，并设置默认值为 1；修改日期字段 clickdate 为 date 类型，默认值为 null，并删除原有的记录。

（2）修改存储过程。思路为仍然先根据传进来的商品 ID 判断在商品主表中有没有这件商品，如果是商品主表中的商品被点击了，那么再去日志表中查找同一个商品在同一天有没有被同一个用户用同一个 IP 访问过，如果曾经访问过，则日志表中就把 clicknum 字段加 1，否则在日志表中新增一条访问记录。

（3）完整的存储过程代码如图 11-18

```
 1  BEGIN
 2      #Routine body goes here...
 3      set @num=0;
 4      set @c=0;
 5      select * from prod_main where
 6  prod_id=_prod_id limit 1;
 7      set @num=FOUND_ROWS();
 8      if @num=1 THEN
 9      select count(*) into @c from prod_clicklog
10  where prod_id=_prod_id and user_id=_user_id
11  and user_ip=_user_ip and clickdate=CURRENT_DATE;
12      if @c>0 THEN
13      update prod_clicklog set clicknum=clicknum+1
14  where prod_id=_prod_id and user_id=_user_id
15  and user_ip=_user_ip and clickdate=CURRENT_DATE;
16      ELSE
17      insert into prod_clicklog(prod_id,
18  user_id,user_ip,clickdate) VALUES(_prod_id,
19  _user_id,_user_ip,CURRENT_DATE);
20      end if;
21      end if;
22  END
```

参数: in _prod_id int,in _user_id int,in _user_ip varchar(15)

图 11-18　改进后的点击量日志存储过程

所示。

（4）在上述日志表中，当数据达到一定量时可加索引提高查询速度。

# 案例 7　商品主表中总点击量字段 prod_click_all 的更新

知识点：

（1）游标。

（2）事件。

知识介绍：

前面通过点击量日志表记录了每个商品每天被点击的情况，最终每个商品的总点击次数需要记录回商品主表中的 prod_click_all 这个字段中。如何实现？

很显然，这个字段的值就是从点击量日志表中进行统计，实现统计的 SQL 语句为 select prod_id,sum(clicknum) from prod_clicklog GROUP BY prod_id；如何把每个商品对应算出的总点击次数放入主表中对应的记录处？这里引出另一个新的知识点——游标。

游标的概念：

游标是存储 select 的查询结果，并用来遍历。也有如下关于游标的定义：游标是一个数据集合的指针，指向一条特定的数据行。

通过分析概念可知，游标是指向 select 查询的结果集，并有一个指针指向某一条特定记录。

对于游标的使用共有 4 步，分别是定义游标、打开游标、使用游标、关闭游标。在 MySQL 中固定的语法格式如下：

```
1.DECLARE cur CURSOR FOR  xxxx(sql 语句)        //定义游标
2.DECLARE CONTINUE HANDLER FOR NOT FOUND SET isend=1; //游标结束时令
isend=1
3.open cur;//打开游标
4.fetch cur into xx,xx,xx; //预先定义好的变量，使用游标
5.while isend!=1 do
6.end while;
7.close cur;      //关闭游标
```

若想把某个商品的所有点击量全部统计，然后记录到商品主表中对应字段。SQL 语句为：

```
select prod_id,sum(clicknum) from prod_clicklog GROUP BY prod_id
```

这样运行后就能取出一堆商品 ID 和对应的总点击次数，如图 11-19 表示。

此时游标 cur 就是指向上述图中的这样一个通过 select 查询返回的结果集。在这个结果集中有两个字段分别是 prod_id 和 sum(clicknum)。按照游标的使用格式，针对上述具体情况做相应说明：

第 1 行处的 SQL 语句即为生成游标的查询语句。

第 4 行语句即为游标所指向的变量，SQL 语句返回的有两个，一个是 prod_id，

一个是 sum(clicknum)，所以游标指向的变量也有两个。

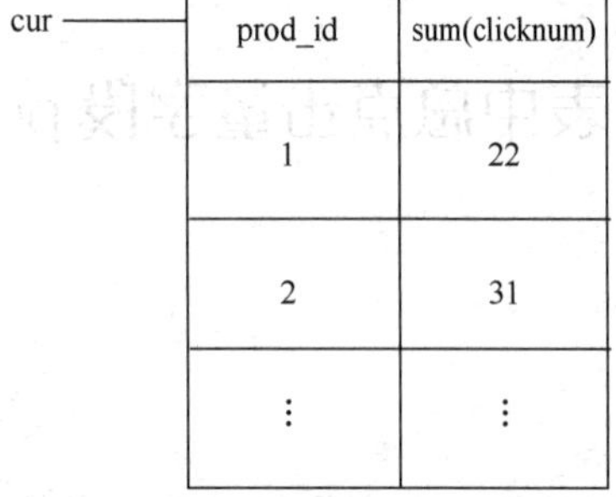

图 11-19　取出商品 ID 和对应的点击数

第 5 行到第 6 行中间需要填入代码，指明游标 cur 往下取值，一直到取完所有记录。需要注意的是 select 查询返回的结果集不是一条，所以游标要不停地往下取值，因而第 5 行到第 6 行中间还需要有代码让游标往下移才能取完所有记录，否则只取一条记录。

操作：

按照上述分析，完整实现总点击量填入商品主表的存储过程 sp_prod_clickall 如图 11-20 所示。

```
1  BEGIN
2      #Routine body goes here...
3      DECLARE isend int default 0;
4      declare pid int default 0;
5      declare cnum int default 0;
6      DECLARE cur CURSOR FOR  select prod_id,sum(clicknum)
7  from prod_clicklog group by prod_id;
8      DECLARE CONTINUE HANDLER FOR NOT FOUND SET isend = 1;
9      open cur;
10     fetch cur into pid,cnum;
11     while isend!=1 do
12       update prod_main set prod_click_all=cnum where prod_id=pid;
13       fetch cur into pid,cnum;
14     end while;
15     close cur;
16
17  END
```

图 11-20　商品主表总点击量更新存储过程 sp_prod_clickall

运行上述存储过程，实现了把日点击量表中的每种商品通过计算后的总点击量填入商品主表的对应字段中。

同时发现一个问题：即如果不手动运行上述 sp_prod_clickall 存储过程，当日点击量表中的点击次数发生改变时，主表中的总点击量是不会发生变化的。但不能每时每刻手动运行这个存储过程，因为涉及主表的更新，也不能不运行 sp_prod_clickall 存储过程。

解决办法：采用事件实现。

事件调度器是可以将数据库按自定义的时间周期触发某种操作，可以理解为时间触发器。通过概念可知：事件是可以自动定时的在某个时间完成某种操作。

要想让 MySQL 实现事件的效果，MySQL 当前需支持事件才可以。输入 Show variables like '%event_%';查看运行结果，若看到图 11-21 所示的结果，代表不支持事件，需要手动开启。

开启事件的代码为 Set global event_scheduler=ON。

操作：

（1）单击"事件"→"新建事件"按钮，出现图 11-22 所示的界面。

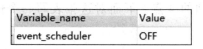

图 11-21 SQL 语句运行结果

图 11-22 事件界面

（2）需要在"定义"项告之要自动运行的代码，在"计划"项设置何时自动运行。

（3）针对此题，在"定义"项输入 call sp_prod_clickall() 存储过程。

（4）若假设在"计划"项每日的凌晨自动更新主表数据，则设置如图 11-23 所示。

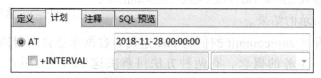

图 11-23 事件中"计划"项的设置

在图 11-23 中还有一个 every 单选按钮，指的是每隔多长时间自动运行"定义"处的代码。

## 案例 8 事务的操作

知识点：

（1）事务的概念。

（2）事务的开启。

知识介绍：

电商系统除了与用户和商品有关系，还与经济有关系。

第一个引入的概念是事务。百度百科上关于事务的概念如下：数据库事务（Database Transaction），是指作为单个逻辑工作单元执行的一系列操作，要么完全执行，要么完全不执行。可分成 4 点来通俗地理解这个概念：

（1）不止执行一个步骤。

（2）这些步骤每一步都要按照用户的想法去执行，若错一步，那么整个过程都要撤销。

（3）某一用户在做事务时，不受其他事务的影响。

（4）只有提交了事务才算操作成功。

前面提过只有 InnoDB 存储引擎才支持事务，所以创建一个用户余额表 user_mon，设置存储引擎为 InnoDB。其中勾选 id 字段的"自动递增"复选框。表设计如图 11-24 所示。

| id | int | 11 | 0 | ☑ | 🔑1 |
|---|---|---|---|---|---|
| user_id | int | 11 | 0 | ☑ | |
| user_money | decimal | 10 | 2 | ☑ | |

图 11-24    用户余额表 user_mon

说明：对于 InnoDB 引擎来说，具有此引擎的表在执行增、删、改操作时均为一个事务。即 InnoDB 引擎的表满足上面事务提到的 4 点。下面对这张表写一个插入语句：

```
insert into user_mon(user_id,user_money) values(2,20);
```

运行后，查看 user_mon 表的数据，发现这条记录已插入 user_mon 表。这是因为在 MySQL 中有一个重要的属性——"自动提交"，即 autocommit。在 MySQL 的查询分析器中输入 Show variables like '%commit%'，可看到图 11-25 所示的结果。

| Variable_name | Value |
|---|---|
| autocommit | ON |

图 11-25    查询分析器执行结果

从图中可以看到 autocommit 的值为 on，这代表数据库会自动帮助用户提交事务。

显然这违背了事务的概念，有两种方法可解决这个问题。其一，可以使用 set autocommit=0 语句来对当前会话产生影响，让它不能自动提交。其二，也是我们推荐使用的方法，即把需要处理的事务的操作放在 start transaction 和 commit 之间。

操作：

方法一：

利用 set autocommit=0 实现在当前会话关闭时自动提交，利用 commit 语句实现数据提交。

打开查询分析器，输入 set autocommit=0。然后在此查询窗口输入插入语句，如 insert into user_mon(user_id,user_money) values(2,22);，然后到 user_mon 表中看是否有新增进这条数据，发现表中没有这条新写的 SQL 语句的记录，说明在这个查询窗口中事务型表的数据是不能自动提交的。那么这个设置会对其他查询窗口有影响吗？新开另一个查询分析器，输入另外一条插入语句，如 insert into user_mon(user_id,user_money) values(7,99);，运行后到 user_mon 表中查看，发现有数据新增进来，这说明 set autocommit=0 这个设置只对当前会话有效。对于第一次打开的查询窗口，当写入 commit 语句并执行后，发现新增的记录"2,22"已插入表中，说明在这个窗口中只有手动写入提交才会提交数据。

总结：

（1）可以通过 set autocommit=0 实现关闭事务型表的自动提交功能。

（2）这个设置只对当前会话有效，对其他会话无效。

（3）在设置了不自动提交的会话窗口中，数据的提交需要通过 commit 语句实现手动提交。

方法二：

利用 start transaction 开启事务，利用 commit 或 rollback 提交或撤销数据。

打开新的查询分析器，输入删除语句 truncate table user_mon，实现清空原有表 user_mon 中的所有数据，然后输入图 11-26 所示的两行代码。

```
Start transaction;#显示的开启事务
Insert into user_mon(user_id,user_money)
values(4,11);
```

图 11-26　开启事务代码

运行代码，发现数据没有插入表 user_mon 中，在此查询窗口中输入 Select max(user_id) from user_mon;，运行结果如图 11-27 所示。

说明数据已插入表 user_mon 中，只是没有实际更新到表 user_mon 中。需要通过 commit 语句提交才会存储进表中。

此时新开另一个查询窗口，同样输入 Select max(user_id) from user_mon;语句，运行结果如图 11-28 所示。

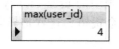

图 11-27　运行结果 1

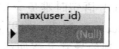

图 11-28　运行结果 2

再次证明数据在未写 commit 语句之前是没有真正存储进表中的。

此时，在第一次打开的查询窗口中写入 commit 语句并运行，然后在两个查询窗口中都分别运行 Select max(user_id) from user_mon;发现返回结果一样，全部为 4。这说明通过执行 commit 语句后数据最终存储进表中。

下面再次通过一个操作验证上面的结论。

先把表 user_mon 中的所有记录删除，然后新开两个查询窗口，一个为查询窗口 a，一个为查询窗口 b。

在查询窗口 a 中输入图 11-29 所示的代码。

```
1  Insert into user_mon(user_id,user_money) values(3,10);
2  Start transaction;
3  Insert into user_mon(user_id,user_money) values(4,11);
4  select sleep(4);
5  commit;
```

图 11-29　查询窗口 a 中的代码

在查询窗口 b 中输入图 11-30 所示的代码。

```
1  Select  max(user_id)  from  user_mon;
```

图 11-30　查询窗口 b 中的代码

先执行查询窗口 a 中的代码，然后再执行查询窗口 b 中的代码，同时不停刷新并查看查询窗口 b 中的运行结果，发现刚开始是图 11-31 所示的结果，稍后又是图 11-32 所示的结果。

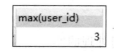

图 11-31　运行结果 1

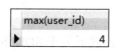

图 11-32　运行结果 2

上述操作再次证明了如下结论：

对于 InnoDB 引擎数据来说，可以通过 start transaction 开启事务，而开启事务之后，数据需要通过 commit 才能最终存储进表中。

## 案例 9 异常的处理

知识点：

（1）什么是异常。

（2）事务异常的处理办法。

知识介绍：

在写 SQL 语句时难免会出错，比如对于 user_mon 表中的 user_money 字段来说，此字段是 decimal 类型，如果插入的数据类型不对，就会报错，这就是异常了。对于不可避免出现的异常又该如何处理？

操作：

新开一个查询窗口，输入 insert into user_mon (user_id,user_money)values(5,'kk');语句，运行，发现此查询窗口的"信息"项显示执行时间及受影响的行，这证明该 SQL 语句执行成功，然后打开 user_mon 表，发现表中插入的数据与 SQL 语句不一致，如图 11-33 所示。

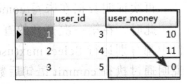

图 11-33　user_mon 表插入结果

原因是 user_money 表的字段类型为 decimal，而此时插入的是一个字符串类型的值，在不严格的数据模式下它自动转为 0 插入进来。这显然不合要求，我们要的应该是正确的数据才能插入，不正确的数据是不可以插入的，也不能插入一条错误的数据。所以，首先把数据的模式改为严格模式，做法是进入 MySQL 的配置文件 my-default.ini 中，找到这行代码 sql_mode=NO_ENGINE_SUBSTITUTION, STRICT_TRANS_TABLES，把它改为 sql-mode="STRICT_TRANS_TABLES,NO_AUTO_ CREATE_USER,NO_ENGINE_ SUBSTITUTION,strict_all_tables"即可。

改完配置文件后，要重新启动 MySQL 服务。可以到服务列表中重新启动，也可以在黑屏终端通过 net stop mysql 服务名停止服务，然后 net start mysql 服务名重新启动服务。

然后在 navicat 中重新执行刚才的插入语句，发现此时运行结果的"信息"项显示错误提示信息，如图 11-34 所示。

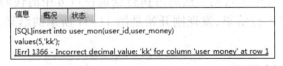

图 11-34　错误提示代码

在严格模式下关于 SQL 语句的异常，计算机是如何处理的？

首先把表 user_mon 中的所有记录删除，然后新开一个查询窗口，在其中输入图 11-35 所示的代码。

```
insert into user_mon (user_id,user_money) values(5,20);
insert into user_mon(user_id,user_money) values(6,'tt');
```

图 11-35 插入数据代码

运行后，发现"信息"项给出图 11-36 所示的结果。

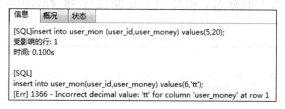

图 11-36 运行结果界面

结合 SQL 语句，我们知道第一条是合法的数据，成功插入进去；而第二条是非法数据，报错且无法插入进去。打开 user_mon 表，看到只有正确的那条数据插入进去。表中数据如图 11-37 所示。

| id | user_id | user_money |
|----|---------|------------|
| 4  | 5       | 20         |

图 11-37 user_mon 表中的数据

此时把表 user_mon 中刚才添加进来的记录删除，然后在查询窗口中输入图 11-38 所示的代码。

```
insert into user_mon (user_id,user_money) values(5,'tt')
insert into user_mon(user_id,user_money) values(6,20);
```

图 11-38 插入数据代码

发现代码跟刚才类似，只是换了一下顺序。此时再来看一下运行结果是否一致。运行后，"信息"项显示图 11-39 所示的结果。

信息　概况　状态

[SQL]insert into user_mon (user_id,user_money) values(5,'tt');
[Err] 1366 - Incorrect decimal value: 'tt' for column 'user_money' at row 1

图 11-39 运行结果界面

此处只有一个错误提示的语句，即程序只运行了第一条插入语句，发现不存在错误，没有再往下执行。再去表中看一下数据，发现没有任何数据插入进来。

由此，我们发现：同样的 SQL 语句因为顺序的不同导致不同的运行结果，这与现实需求有出入，我们需要的是 SQL 语句的执行结果与写入代码的顺序无关。

此时就提出了对于异常的处理方法。在存储过程中对于异常的处理采用如下方法：

```
declare 参数1 handler for 参数2 执行sql;
```

说明：

（1）"参数 1"可以取 continue 和 exit 两个值，前者代表遇到错误继续执行，后者代表遇到错误就退出。

（2）"参数2"可以取SQLSTATE、SQLWARNING、NOT FOUND、SQLEXCEPTION。其中NOT FOUND在前面的游标部分已经用过。

下面来看一下"参数1"的两种执行结果有什么不同。

清空user_mon表中的数据，新建一个存储过程sp_exception。代码如图11-40所示。

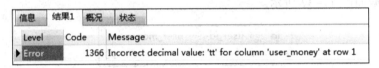

```
1 BEGIN
2    #Routine body goes here...
3    DECLARE continue HANDLER for SQLEXCEPTION show errors;
4    insert into user_mon (user_id,user_money) values(5,'tt');
5    insert into user_mon(user_id,user_money) values(6,20);
6
7 END
```

图11-40　测试异常的存储过程

调用存储过程，运行后"结果"项的内容如图11-41所示。

| 信息 | 结果1 | 概况 | 状态 | |
|------|------|------|------|---|
| Level | Code | Message | | |
| ▶ Error | | 1366 | Incorrect decimal value: 'tt' for column 'user_money' at row 1 | |

图11-41　运行结果

查看表中数据发现此存储过程按照continue执行，即遇到错误也仍然继续往下执行。查看表user_mon，发现表中数据如图11-42所示。证明continue的作用是遇到错误也会一直执行下去。把存储过程中第4行和第5行代码互换位置后再运行，发现表中数据结果是一样的。

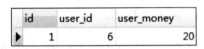

| id | user_id | user_money |
|----|---------|------------|
| ▶ 1 | 6 | 20 |

图11-42　user_mon表中的数据

如果没有添加第3句"参数1"为"continue"的自定义异常处理，应该是直接报错，数据无法插入表中。这个结论由图11-38和图11-39可知。而加了这句"参数1"为"continue"的自定义异常语句，可以看到不论插入语句的顺序如何变，程序都继续往下执行，正确的数据最终插入表中。在实际项目中一般也是把"参数1"设为continue。

接着清空user_mon表中的数据，新建一个存储过程sp_exception2。代码如图11-43所示：这个存储过程的代码与上一个存储过程的代码基本类似，只是把"参数1"的continue改成exit，看一下exit的运行结果。

运行后发现表user_mon中无数据插入，证明exit的作用是当遇到错误时退出。

把上述存储过程代码的第4行和第5行换一下顺序。再次运行，发现表user_mon中插入了一条数据，这证明exit参数是SQL语句没有问题时才会插入，但遇到异常就退出。

```
1 ⊟BEGIN
2     #Routine body goes here...
3     DECLARE exit HANDLER for SQLEXCEPTION show errors;
4     insert into user_mon (user_id,user_money) values(5,'tt');
5     insert into user_mon(user_id,user_money) values(6,20);
6
7 └END
```

图 11-43 测试异常的存储过程代码 2

到此为止，我们已经知道关于异常的处理方法，实际项目中经常需要把事务与异常结合起来完成相应功能。那么二者如何结合？首先开启事务，如果在事务执行过程中遇到异常则撤销数据；如果事务执行过程中一切正常则提交数据，代码如图 11-44 所示。

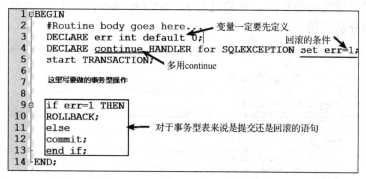

图 11-44 事务与异常结合的存储过程

# 案例 10　用户充值功能的实现

知识点：
（1）事务。
（2）事务的异常。
（3）Row_count()。

知识分析：

结合前面所讲的知识，实现对事务和异常的处理。功能是实现对用户的充值。因为需要充值，所以需要有用户余额表，另外还需要有一张记录充值的日志表。

对于用户充值来说，步骤是只要有成功的充值操作，则需要在日志表中插入一条记录，用来记录这次充值操作；然后在日志表插入成功后，更新余额表中的数值。如果在余额表中有这个用户的曾经记录，则只需更新现有表记录；否则就是这个用户第一次来这个网站充值，把这个用户的充值记录插入余额表中。

操作：

先创建一张日志表 user_mon_log，表的结构如图 11-45 所示。

说明：log_type 为日志类型：1 充值，2 消费，3 转账；log_des 为日志备注；log_value 为金额发生值。

（1）首先往日志表中插入记录。

（2）日志表插入成功后，更新余额表的值。余额表中需要判断当前用户 ID 是否存在，如果存在则更新记录，否则插入一条新用户余额记录。

| id | int | 11 | 0 | ☑ | 🔑1 |
|---|---|---|---|---|---|
| user_id | int | 11 | 0 | ☐ | |
| log_type | tinyint | 4 | 0 | ☐ | |
| log_des | varchar | 200 | 0 | ☐ | |
| log_value | decimal | 10 | 2 | ☐ | |
| log_time | timestamp | 0 | 0 | ☐ | |

图 11-45　余额日志表 user_mon_log

此处对于日志表是否插入成功的判断需要用一个新的函数，即 row_count()，它返回增加、删除、修改所受影响的条数。

在上述用户充值的分析下，存储过程 sp_set_usermoney 的代码如图 11-46 所示，图中有详细的分析说明。

```
1 BEGIN
2   #Routine body goes here...
3   DECLARE err int default 0;        这里为变量的定义
4   declare c int default 0;
5   DECLARE continue HANDLER for SQLEXCEPTION set err=1;   此处为自定义异常的处理，如果出现异常则设置err为1.
6   start TRANSACTION;   先把充值操作存入日志表中
7   insert into user_mon_log(user_id,log_type,log_des,log_value) values( user_id, log_type, log_des, log_value);
8   if ROW_COUNT()>0 then     日志表插入成功的判断条件
9     select count(*) into c from user_mon where user_id=_user_id;   判断余额表中是否有这个用户的充值记录
10      if c>0 THEN   有这个用户的记录则更新原来的钱数
11        update user_mon set user_money=user_money+_log_value where user_id=_user_id;
12      else     没有这个用户的记录则插入一条新记录
13        insert into user_mon(user_id,user_money) values(_user_id,_log_value);
14      end if;
15    end if;
16
17    if isstop=true THEN     此处模拟服务器卡顿效果
18      select SLEEP(7),'over';
19    end if;
20
21    if err=1 THEN    此处与前面的start transaction相呼应。
22      ROLLBACK;     当出现异常则回滚数据，正常才提交。
23    ELSE
24      commit;
```

参数：　in_user_id int,in_log_type tinyint,in_log_des varchar(255),in_log_value decimal(10,2),in isstop bit

图 11-46　用户充值存储过程代码

需要输入的参数有 5 个，分别是用户 id、日志类型、日志备注、金额发生值、是否卡顿。

运行上述存储过程：

```
sp_set_usermoney(1,1,'充值',20,false)
```

回到表 user_mon 和 user_mon_log，可看到在这两个表中插入了相应记录。

思考：

此时删除掉表 user_mon 和 user_mon_log 中的所有数据，新开两个查询窗口，一个为查询窗口 a，一个为查询窗口 b。在窗口 a 中写入 call sp_set_usermoney(1,1,'充值',20,true)，在窗口 b 中写入 call sp_set_usermoney(1,1,'充值',20,false)，然后先运行 a 窗口代码，紧接着运行 b 窗口代码。执行完毕后去余额表和日志表中分别查看数据，发现日志表中添加进两条记录，这是正常的，如图 11-47 所示。然后去看余额表 user_mon，发现这里面同一个用户居然添加进两条金额记录，如图 11-48 所示，显然不正常，应该是一个用户只能有一条金额记录。所以在服务器卡顿的情况下出现了数据冲突，该怎么办？

| id | user_id | log_type | log_des | log_value | log_time |
|----|---------|----------|---------|-----------|----------|
| 5 | 1 | 1 | 充值 | 20 | 2018-12-03 17:19:44 |
| 6 | 1 | 1 | 充值 | 20 | 2018-12-03 17:19:46 |

图 11-47　user_mon_log 表中的数据

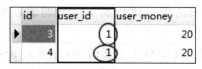

| id | user_id | user_money |
|----|---------|------------|
| 3 | 1 | 20 |
| 4 | 1 | 20 |

图 11-48　user_mon 表中的数据

## 案例 11　解决用户充值的数据冲突方法一

知识点：

（1）读锁。

（2）写锁。

知识介绍：

MySQL 中常用的锁有表级锁和行级锁。表级锁，顾名思义，就是锁住整张表，其他事务进不来。而行级锁就是只锁住那一行记录，对表中其他记录没有影响。本案例先分析表级锁，表级锁又分为读锁和写锁。

读锁的语法为：

```
lock table user_mon read;
```

解锁语法为：

```
unlock tables
```

下面通过操作演示学习读锁情况下自身会话和另一个会话中对数据的增、删、改、查操作权限。

写锁的语法为：

```
lock table user_mon write;
```

解锁语法为：

```
unlock tables
```

也通过操作演示写锁情况下自身会话和另一个会话中对数据的增、删、改、查操作权限。

在学习完上述知识后对案例 10 的数据冲突问题想一想用什么锁可以解决。

读锁操作：

（1）保证 user_mon 表中至少有两条记录。

（2）新开两个查询窗口，分别为查询窗口 a 和查询窗口 b，在 a 中写入：

```
lock table user_mon read;
select * from user_mon;
```

此时表 user_mon 加上了读锁，在此窗口中运行上述语句，看一下加上读锁后在自身会话中能否对它进行查询操作。运行完毕看到此查询窗口下方的结果中显示出查询结果，说明加了读锁的表在自身会话中是可以进行读操作的。

不解锁，在另外的查询窗口 b 中写入 select * from user_mon;后运行，看到此查询窗口下面的结果显示出查询结果，说明加了读锁的表在另外的会话中是可以读操作的。

仍然不解锁，在查询窗口 a 中写入更新语句：update user_mon set user_money=50 where user_id=1；单独在 a 窗口中运行此条语句，看到下面的"信息"项出现错误提示，如图 11-49 所示。

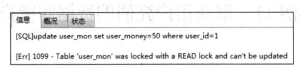

图 11-49    窗口 a 错误提示信息

说明：读锁情况下，自身会话是不能进行增、删、改操作的。

仍然不解锁，查询在窗口 b 中写入更新语句：update user_mon set user_money=50 where user_id=1；在 b 窗口中运行此条语句，可看到一直在处理中，"信息"项出现图 11-50 所示的提示。

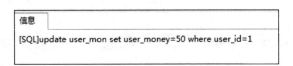

图 11-50    窗口 b 错误提示信息

说明：在读锁情况下，另外的会话是不能进行增、删、改操作的。

综合以上演示结果，得到如下结论：读锁，不论自身会话还是另外会话，解锁前都不可更新、修改数据，只能读数据。

写锁操作：

① 保证 user_mon 表中至少有两条记录。

② 新开两个查询窗口，分别为查询窗口 a 和查询窗口 b，在 a 中写入

```
lock table user_mon write;
select * from user_mon;
```

两条语句，此时表 user_mon 加上了写锁，在此窗口中运行上述语句，看一下加上写锁后在自身会话中能否对它进行查询操作。运行完毕看到此查询窗口下方的结果中显示出查询结果，说明加了写锁的表在自身会话中是可以进行读操作的。

不解锁，在另外的查询窗口 b 中写入 select * from user_mon;后运行，看到此查询窗口一直在处理中，说明加了写锁的表在另外的会话中是不可以读操作的。

仍然不解锁，在查询窗口 a 中写入更新语句：update user_mon set user_money=50 where user_id=1；单独在 a 窗口中运行此条语句，看到查询窗口下面显示出运行时间，说明更新成功。

说明：写锁情况下，自身会话是可以进行增、删、改操作的。

仍然不解锁，在查询窗口 b 中写入更新语句：update user_mon set user_money=30 where user_id=1；在 b 窗口中运行此条语句，可看到一直在处理中，"信息"项出现图 11-51 所示的提示。

```
信息
[SQL]update user_mon set user_money=30 where user_id=1
```

图 11-51　窗口 b 信息提示

说明：在写锁情况下，另外的会话是不能进行增、删、改操作的。

综合以上演示结果，得到如下结论：

写锁，自身会话可读，可改；但另一个会话不能读也不能改。

思考：

通过以上学习，对于用户充值的数据冲突问题用什么锁可以解决？

操作：读锁和写锁不能在存储过程中写数据，只能在另外的会话窗口中加锁。

先清空表 user_mon 中的所有数据，方便查看运行结果。

先来尝试读锁：新开两个查询窗口，在其中一个窗口输入图 11-52 所示的代码。

```
1  lock table user_mon read;
2  call sp_set_usermoney(1,1,"充值",33,true)
3
```

图 11-52　测试读锁代码 a

另一个窗口输入图 11-53 所示的代码。

```
1  call sp_set_usermoney(1,1,"充值",33,false)
```

图 11-53　测试读锁代码 b

先运行图 11-52 中的代码，再运行图 11-53 中的代码，运行完毕后去表 user_mon 中查看，看是否解决前面出现的数据冲突问题。发现表中的数据如图 11-54 所示。

| id | user_id | user_money |
|----|---------|------------|
| 5  | 1       | 33         |
| 6  | 1       | 33         |

图 11-54　表 user_mon 数据

说明：读锁没有解决数据冲突问题。

重复上述同样的操作，只是把图 11-52 中的 read 改为 write。在表 user_mon 中查看，发现用户 1 只充值进来一条记录，而且是经过累加的。这就解决了冲突问题。

结论：只有写锁可以解决问题，但是会带来并发时间过长的问题。

回过头来分析一下存储过程，当加了写锁后，a 窗口能读到图 11-46 所示的存储过程中的第 9 行数据，而 b 窗口在写锁情况下读不到第 9 行数据，只有等数据提交后才能读第 9 行数据，从而避免了数据冲突，但因为需要锁住整张表，时间代价比较大。

## 案例 12　解决用户充值的数据冲突方法二

知识点：

（1）共享锁。

（2）排他锁。

知识介绍：

前面讲了表级锁的读锁和写锁及解决数据冲突时的具体方法。本案例讲解行级锁。

表级锁会锁住整张表，分为读锁和写锁。表级锁在存储过程中不支持写锁，要在外部写锁。

行级锁只有在 InnoDB 数据库引擎中才被支持，它是 MySQL 中的最小粒度锁，也是真正的事务锁。可以存放在存储过程和事务中执行。行级锁分为共享锁和排他锁。下面先在存储引擎为 InnoDB 的用户余额表 user_mon 中插入两条记录。记录如图 11-55 所示。

重点说明：

（1）行级锁是索引级别的，并不是记录级别的。

（2）行级锁必须写在 start transaction 和 commit 中，否则加的锁无效。

对于行级锁来说，顾名思义就是锁住指定的那一行记录，而其他记录行不受影响。所以行级锁一定是加在通过 select 语句查找出来的某一条记录上的。

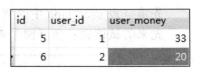

| id | user_id | user_money |
|----|---------|------------|
| 5  | 1       | 33         |
| 6  | 2       | 20         |

图 11-55　表 user_mon 中的记录

共享锁的语法：

```
Select  xxxx LOCK IN SHARE MODE
```

这样做就打开了共享锁，凡是 select 取出来的行数据只有该会话中可以修改，直至当前会话 commit 过后其他会话才能修改，但是过程当中其他会话可以读。

操作：

（1）新建两个查询窗口，分别为查询窗口 a 和查询窗口 b。在 a 中对用户 user_id 为 1 的用户设置行级锁，不解锁，代码如图 11-56 所示。在另一个会话中对该用户更新，代码如图 11-57 所示。

```
1  start TRANSACTION;
2  select * from user_mon
3  where user_id=1 lock in share mode;
```

图 11-56　查询窗口 a 中的代码

```
1  update user_mon
2  set user_money=100
3  where user id=1|
```

图 11-57　查询窗口 b 中的代码

先运行图 11-56 代码，然后运行图 11-57 所示的代码，结果图 11-56 所示的代码一直处于处理状态，"信息"项也显示等待中，直到超时自动结束运行。

仍然是刚才 a 窗口的代码，不改动，也不运行，现在数据库仍然处于锁定状态，在原代码的基础上把图 11-57 所示代码中的 user_id 改为 2。再来运行 b 窗口，发现标签栏仍旧处于"处理中"这个状态，与刚才对 user_id=1 操作的状态相同，直到超时退出运行状态。从行级锁的概念理解，应该是对 user_id=2 的表才可以操作，因为锁的不是这一行记录，为什么这一行记录也处于锁定状态？

原来，行级锁是索引级别的，而不是记录级别的。主键也称主键索引，在 user_mon 这张表中除主键外没有其他字段是索引字段。所以当用 user_id 作为选择条件时，user_id 不是索引字段，不符合行级锁条件，所以窗口 a 的锁表操作实际上是把整张表都锁住，而不是只锁选中的那一行记录。所以窗口 b 对 a 中没有锁住的其他记录操作时，发现也处于锁定状态。要想实现真正的行级锁，必须通过索引进行选择到那一行记录。

（2）现在在窗口 a 中写入正确的行级锁，即用主键索引进行过滤，代码如图 11-58 所示，但是在窗口 b 中仍然不用索引进行过滤，而是用普通字段 user_id 进行过滤，在 b 中对 a 中锁住的记录进行更新操作，代码如图 11-59 所示，看一下锁表情况。

```
1  start TRANSACTION;
2  select * from user_mon
3  where id=5 lock in share mode;
```

```
1  update user_mon
2  set user_money=100
3  where user_id=1
```

图 11-58　查询窗口 a 中的代码　　　　图 11-59　查询窗口 b 中的代码

先运行窗口 a 中的代码，进行正确的行级锁，再运行窗口 b 中的代码，发现窗口 b 出现"处理中"状态，说明当对同一条记录锁住后，其他用户是无法对这条记录进行操作的，直到解锁。

仍然是刚才窗口 a 的代码，不改动，也不运行，现在数据库仍然处于锁定状态，在刚才代码的基础上把图 11-59 所示代码中的 user_id 改为 2，再来运行窗口 b，发现标签栏仍旧处于"处理中"状态，与刚才对 user_id=1 操作的状态相同，直到超时退出运行状态。从行级锁的概念理解，应该可对 user_id=2 的表进行操作，因为锁的不是这一行记录，为什么这一行记录也处于锁定状态？窗口 a 也进行了正确的行级锁操作，那么现在这种情况又是为什么？

原来行级锁不仅要求在一个会话中进行正确的设置，在另一个会话中去修改没有被锁住的行时也要使用索引键在 where 中对它进行过滤，不能使用非索引键。否则就是表级锁，导致全表被锁住，而不是选定的那一条记录被锁住。

正确地理解行级锁是索引级别的将是实现行级锁有效的关键所在。

行级锁中的共享锁和排他锁对表中记录的影响基本是一样的，即凡是 select 取出来的行数据只有该会话可以修改，直至会话 commit 过后其他的会话才能修改，但是在锁的过程当中其他会话可以读。两个锁的唯一差别是加了排他锁的表，若另一个会话也想加锁则会产生冲突，直到前面的锁解除后才能再加新的锁。

操作：

排他锁语法：

```
Select xxx for update;
```

（1）在一个会话中正确地使用排他锁，代码如图 11-60 所示；在另一会话中对同一对象进行行级锁的读操作，代码如图 11-61 所示。

```
1  start TRANSACTION;
2  select * from user_mon
3  where id=5 for update;
```

图 11-60　对 id 为 5 的用户加排他锁

```
select * from user_mon where id=5
```

图 11-61　对同一对象读操作

可以看到，加了行级锁的记录，在另一个会话中是可以读到的。

（2）在一个会话中正确使用排他锁，代码如图 11-60 所示；在另一个会话中对另一对象进行行级锁的读操作，代码如图 11-62 所示。

```
select * from user_mon where id=6
```

图 11-62　对其他对象进行读操作

运行后发现图 11-62 的代码可以正常执行，说明在其他会话中可以对其他用户进行读操作。

综合以上（1）、（2）可得出：在行级锁表过程中，不影响原表中任何记录的读操作。

（3）在一个会话中正确使用排他锁，代码如图 11-60 所示；在另一会话中对同一对象进行行级锁的更新操作，代码如图 11-63 所示。

运行后发现标签栏处显示“处理中”状态，表明前一会话中对 id 为 5 的对象已锁住，其他会话不能对这个对象进行操作

（4）在一个会话中正确使用排他锁，代码如图 11-60 所示；在另一个会话中对另一对象进行行级锁的更新操作，代码如图 11-64 所示。

```
1  update user_mon
2  set user_money=100
3  where id=5
```

图 11-63　对同一对象的更新操作

```
1  update user_mon
2  set user_money=100
3  where id=6
```

图 11-64　对另一对象的更新操作

运行后发现代码正常执行，id 为 6 的这条记录的数据得到更新。说明前一会话的行级锁只实现对 id 为 5 的对象锁住，在其他会话中可以对表中未被锁住的其他对象进行操作。

（5）在一个会话中正确使用排他锁，代码如图 11-60 所示；在另一会话中对同一对象进行锁表（任何锁都可以）操作，代码如图 11-65 所示。

```
select * from user_mon where id=5 lock in share mode
```

图 11-65　对同一对象的锁表操作

运行后发现标签栏处显示“处理中”状态，表明需要解锁才能执行。而若前一个会话中加的不是排他锁而是共享锁，结果就不一样了。将刚才图 11-60 中的排他锁改为共享锁，代码如图 11-66 所示；然后在另一会话中仍然执行图 11-65 所示的锁表操作，发现程序正常执行，没有出现“处理中”的状态提示。

```
1  start TRANSACTION;
2  select * from user_mon
3  where id=5 lock in share mode;
```

图 11-66　将排他锁改为共享锁

说明，对同一条记录在一个会话中加了共享锁，在另外的会话中如果还对它加锁，不会出现等待解锁的状况。

思考：如何在存储过程中加入行级锁来解决数据冲突问题？

# 小 结

（1）名词解释：索引、游标、事件、事务、异常、表级锁、行级锁。

（2）常用的两种存储引擎为 InnoDB 和 MyISAM。InnoDB 适用于支持外键和事务的表；而 MyISAM 不支持外键和事务，其适用于频繁读取操作，MyISAM 的时间耗费比 InnoDB 小。

（3）对于 InnoDB 引擎的表，其效率比 MyISAM 低，那么可通过索引来提高效率。

（4）存储过程中可将字段变成变量并将不相关的字段整合起来。

（5）游标是指向 select 查询的结果集，并有一指针指向某一条特定记录。游标的使用共有四步，分别是定义游标、打开游标、使用游标、关闭游标。

（6）事件是可以自动定时的在某个时间完成某种操作。要让 MySQL 实现事件的效果，需要查看 MySQL 当前是否支持事件，若不支持则需手动开启。

（7）数据库事务是指作为单个逻辑工作单元执行的一系列操作，要么完全地执行，要么完全地不执行。

（8）在写 SQL 语句时难免会出现一些错误，这属于异常。事务和异常处理通常结合使用，当事务执行出现异常时，便对事务进行撤销操作。

（9）MySQL 中的常用锁有表级锁和行级锁。表级锁又分为读锁和写锁，存储过程不支持表级锁，要在外部写锁；而行级锁分为共享锁和排他锁，行级锁是索引级别的，不是记录级别的。

# 习 题

1. 试述存储引擎 InnoDB 和 MyISAM 在增删改查效率的差别。

2. 什么是索引，索引有什么作用？

3. 如何在存储过程中将字段变成变量并将不相关的字段整合起来？

4. 如何区分存储过程中的会话变量和局部变量？

5. 简述游标与事件的概念和操作步骤。

6. 取消事务自动提交的方法有哪些？

7. 对于不可避免出现的异常如何处理？

8. 如何在存储过程中加入行级锁来解决数据冲突问题？

第 12 章

# 实　验 ⋘

## 实验 1　数据库的创建和管理

### 1．实验目的

（1）掌握在 Windows 平台下安装与配置 MySQL 的方法。

（2）掌握启动服务并登录 MySQL 数据库的方法和步骤。

（3）了解手工配置 MySQL 的方法。

（4）掌握 MySQL 数据库的相关概念。

（5）掌握使用 SQL/MySQL Workbench/Navicat 等工具创建、修改、删除数据库的方法。

### 2．实验内容

（1）启动和关闭 MySQL 服务（在服务对话框中或使用 Net 命令）。

（2）连接 MySQL 数据库（以 root 用户为例）。

（3）创建数据库，查看（单个数据库或多个数据库）和修改数据库的编码，删除数据库等操作。

### 3．实验过程

对于 MySQL 的安装，请进入 MySQL 的官方下载页面：http://www.mysql.com/downloads/进行相应选择。

（1）启动服务和关闭服务。

解：

```
启动服务　　net start mysql;
关闭服务　　net stop mysql;
```

（2）连接 MySQL。

解：

```
首先进入 MySQL 所在的 bin 目录下，然后输入如下命令：
mysql -u用户名　-p密码[ -P端口号]
```

（3）创建数据库。

解：

```
mysql> create database jxgl;
```

（4）查看数据库。

解：

```
mysql> show databases;
```

或：

```
mysql> show databases like 'my%';
```

可查看到此连接下的所有数据库或满足条件的数据库。

（5）选择数据库。

解：

```
mysql> USE jxgl;
```

（6）删除数据库。

解：

```
mysql> drop database demo;
```

删除数据库之后，再查看数据库就会发现此数据库已不存在。

```
mysql> show databases;
```

若没有连接数据库，则在命令行环境中创建和删除数据库 jxgl 的方法如下：

创建数据库：

```
mysql 所在的 bin 目录> mysqladmin -h localhost -u root -p create jxgl
```

删除数据库：

```
mysql 所在的 bin 目录> mysqladmin -h localhost -u root -p drop jxgl
```

## 实验2  表、索引与视图的基础操作

### 1．实验目的

（1）掌握 MySQL 中表的创建方法。

（2）掌握 MySQL 中索引的创建方法。

（3）掌握 MySQL 中视图的创建和使用方法。

### 2．实验内容

（1）创建表。

（2）创建索引。

（3）创建视图。

### 3．实验过程

（1）使用 SQL 创建示例数据库（jxgl）中的学生表（student）。

要求：学生表要求学号为主键，性别默认为男，取值必须为男或女，年龄取值在 15 到 45 之间。

课程表( course )要求主键为课程编号,外键为先修课号,参照课程表的主键( cno )。

选修表（sc）要求主键为(学号,课程编号)，学号为外键（参照学生表中的学号），课程编号为外键，参照课程表中的课程编号；成绩不为空时必须在 0 ~ 100 之间。

解：首先连接 MySQL 数据库。

```
mysql> use jxgl;

Create table student
(   Sno CHAR(7) NOT NULL,
    Sname VARCHAR(16),
    Ssex CHAR(2) DEFAULT '男' CHECK (Ssex='男' OR Ssex='女'),
    Sage SMALLINT CHECK(Sage>=15 AND Sage<=45),
    Sdept CHAR(2),
    PRIMARY KEY(Sno)
) ENGINE=InnoDB;

Create table course
(   Cno CHAR(2) NOT NULL,
    Cname VARCHAR(20),
    Cpno CHAR(2),
    Credit SMALLINT,
    PRIMARY KEY(Cno),
    foreign key(cpno) references course(cno)
) ENGINE=InnoDB;

Create table sc
(   sno char(7) not null,
    cno char(2) not null,
    grade smallint null check(grade is null or (grade between 0 and 100)),
    Primary key(sno,cno),
    Foreign key(sno) references student(sno),
    Foreign key(cno) references course(cno)
) ENGINE=InnoDB;
```

（2）列出 jxgl 数据库中的所有表。

解：

```
mysql> use jxgl;
mysql> show tables;
```

（3）列出 jxgl 数据库中表 student 的列。

解：

```
mysql> use jxgl;
mysql> show columns from student;
```

或：

```
mysql> show columns from jxgl.student;
```

（4）列出 jxgl 数据库中所有表的详细信息。

解：

```
mysql> use jxgl;
mysql> show table status;
```

（5）列出 jxgl 数据库中表 sc 的索引。

解：

```
mysql> use jxgl;
mysql> show index from sc;//show keys from sc;
```

或：

```
mysql> show index from jxgl.sc;
```

（6）在表 student 中增加属性生日（birthday）。

解：

```
ALTER TABLE student ADD birthday datetime;
```

（7）删除（6）中增加的属性生日（birthday）。

解：

```
ALTER TABLE student DROP birthday;
```

（8）在表 student 的属性 sname 上建立索引（sn）。

解：

```
alter table student add unique sn(sname);
```

（9）删除表 sc。

解：

```
DROP TABLE sc;
```

（10）在数据库 jxgl 中创建视图 v，查询学生姓名、课程名及其所学课程的成绩。

解：

```
mysql> use jxgl  --先选择 jxgl 数据库为当前数据库
    Database changed
mysql>create view v
   ->as
   ->select sname,cname,grade
   ->from student,course,sc
   ->where student.sno=sc.sno
   ->and sc.cno=course.cno;
```

（11）显示数据库 jxgl 中视图 v 的创建信息

解：

```
mysql> SHOW CREATE VIEW v;
```

## 实验 3　SQL——select 查询操作

### 1. 实验目的

（1）掌握 MySQL 中 select 语句对数据库表进行插入、修改和删除数据操作。

（2）学会在界面管理工具中对数据库表进行插入、修改和删除数据操作。

（3）了解数据更新操作时要注意数据完整性。

（4）了解 MySQL 语句对表数据操作的灵活控制功能。

### 2. 实验内容

（1）基本查询。

（2）子查询。

（3）连接查询。

（4）嵌套查询。

### 3. 实验过程

（1）查询考试成绩大于等于 90 的学生学号。

解：

```
SELECT DISTINCT SNO
FROM SC
WHERE GRADE>=90;
```

（2）查年龄大于 18，并且不是信息系（IS）与数学系（MA）的学生姓名和性别。

解：

```
SELECT SNAME, SSEX
FROM STUDENT
WHERE SAGE>18
AND SDEPT NOT IN ('IS', 'MA');
```

（3）查以"MIS_"开头，且倒数第二个汉字为"导"字的课程的详细信息。

解：

```
SELECT *
FROM COURSE
WHERE CNAME LIKE 'MIS#_%导_' ESCAPE '#';
```

（4）查询选修计算机系（CS）选修了 2 门及以上课程的学生学号。

解：

```
SELECT student.SNO
FROM STUDENT,SC
WHERE SDEPT='计算机系'
AND STUDENT.SNO=SC.SNO
GROUP BY STUDENT.SNO
HAVING COUNT(*)>=2;
```

（5）查询 student 表与 SC 表的广义笛卡儿积。

解：

```
SELECT STUDENT.*,SC.*
FROM STUDENT CROSS JOIN SC;
```

（6）查询 student 表与 SC 表基于学号 Sno 的等值连接。

解：

```
SELECT * FROM STUDENT, SC WHERE STUDENT.SNO=SC.SNO;
```

（7）查询 student 表与 SC 表基于学号 Sno 的自然连接。

解：

```
SELECT STUDENT.*,SC.CNO, SC.GRADE
FROM STUDENT,SC
WHERE STUDENT.SNO=SC.SNO;
```

（8）查询课程号的间接先修课程号。

解：

```
SELECT FIRST.CNO,SECOND.CNO
FROM COURSE FIRST,COURSE SECOND
WHERE FIRST.CPNO=SECOND.CNO;
```

（9）查询学生及其课程、成绩等情况（不管是否选课，均需列出学生信息）。

解：

```
SELECT STUDENT.SNO,SNAME,SSEX,SAGE,SDEPT,CNO,GRADE
FROM STUDENT LEFT OUTER JOIN SC ON STUDENT.SNO=SC.SNO;
```

（10）查询学生及其课程成绩与课程及其学生选修成绩的明细情况（要求学生与课程均全部列出）。

解：

```
SELECT STUDENT.SNO,SNAME,SSEX,SAGE,SDEPT,
COURSE.CNO,GRADE,CNAME,CPNO,CCREDIT
FROM STUDENT LEFT OUTER JOIN SC
ON STUDENT.SNO=SC.SNO FULL OUTER JOIN COURSE ON SC.CNO=COURSE.CNO;
```

因 MySQL 不支持 "FULL OUTER JOIN"，为此上述命令运行会出错。可以把 "FULL OUTER JOIN" 改为 "…LEFT OUTER JOIN … UNION … RIGHT OUTER JOIN…" 来变通实现。为此，查询命令可改为：

```
SELECT a.SNO, a.SNAME, a.SSEX, a.SAGE, a.SDEPT, C.CNO, b.GRADE, c.CNAME,
c.CPNO, c.CREDIT FROM STUDENT a LEFT OUTER JOIN SC b ON a.SNO=b.SNO LEFT
OUTER JOIN COURSE c ON b.CNO=C.CNO
   UNION
   SELECT a2.SNO,a2.SNAME,a2.SSEX,a2.SAGE,a2.SDEPT,c2.CNO,b2.GRADE,c2.
CNAME,c2.CPNO,c2.CREDIT
   FROM STUDENT a2 LEFT OUTER JOIN SC b2 ON a2.SNO=b2.SNO RIGHT OUTER JOIN
COURSE c2 ON b2.CNO=C2.CNO;
```

（11）查询性别为男、课程成绩及格的学生信息及课程号、成绩。

解：

```
SELECT STUDENT.* ,CNO,GRADE
FROM STUDENT INNER JOIN SC ON STUDENT.SNO=SC.SNO
WHERE SSEX='男' AND GRADE>=60;
```

（12）查询与"钱横"在同一系学习的学生信息。

解：

```
SELECT * FROM STUDENT
WHERE SDEPT IN (SELECT SDEPT FROM STUDENT WHERE SNAME='钱横');
```

（13）找出同系、同年龄、同性别的学生。

解：

```
SELECT T.* FROM STUDENT AS T
WHERE (T.sdept,T.SAGE,T.SSEX) IN
      ( SELECT SDEPT,SAGE, SSEX
        FROM STUDENT AS S
        WHERE S.SNO<>T.SNO);
```

（14）查询选修了课程名为"数据库系统"的学生学号、姓名和所在系。

解：

```
SELECT SNO,SNAME,SDEPT FROM STUDENT
WHERE SNO IN
(  SELECT SNO FROM SC
WHERE CNO IN (SELECT CNO FROM COURSE WHERE CNAME='数据库系统'));
```

或

```
SELECT STUDENT.SNO,SNAME,SDEPT
FROM STUDENT INNER JOIN SC ON STUDENT.SNO=SC.SNO
INNER JOIN COURSE ON SC.CNO=COURSE.CNO;
```

（15）检索至少不学 2 和 4 课程的学生学号和姓名。

解：

```
SELECT SNO,SNAME FROM STUDENT
WHERE SNO NOT IN(SELECT SNO FROM SC WHERE CNO IN ('2','4'));
```

（16）查询其他系中比信息系 IS 所有学生年龄均大的学生名单，并排序输出。

解：

```
SELECT SNAME FROM STUDENT
WHERE SAGE>ALL(SELECT SAGE FROM STUDENT WHERE SDEPT='IS') AND SDEPT<>
'IS'
ORDER BY SNAME;
```

（17）查询选修了全部课程的学生姓名（为了有查询结果，可调整表的内容）。

解：

```
SELECT SNAME FROM STUDENT
WHERE NOT EXISTS
    ( SELECT * FROM COURSE
        WHERE NOT EXISTS
            ( SELECT * FROM SC WHERE SNO=SC.SNO AND CNO=COURSE.CNO));
```

（18）查询至少选修了学生"2005001"选修的全部课程的学生号码。

解：

```
SELECT SNO FROM STUDENT SX
WHERE NOT EXISTS
( SELECT * FROM SC SCY
   WHERE SCY.SNO='2005001' AND NOT EXISTS
       ( SELECT * FROM SC SCZ
         WHERE SCZ.SNO=SX.SNO AND SCZ.CNO=SCY.CNO));
```

（19）查询平均成绩大于85分的学号、姓名和平均成绩。

解：

```
SELECT STUDENT.SNO,SNAME,AVG(GRADE)
FROM STUDENT,SC
WHERE STUDENT.SNO=SC.SNO
GROUP BY STUDENT.SNO,SNAME HAVING AVG(GRADE)>85;
```

# 实验 4  SQL 数据更新操作

## 1. 实验目的

（1）掌握 MySQL 中添加数据的方法。

（2）掌握 MySQL 中删除数据的方法。

（3）掌握 MySQL 中更新数据的方法。

## 2. 实验内容

（1）SQL 语句添加一条数据、批量添加数据。

（2）SQL 语句删除数据。

（3）SQL 语句修改数据。

## 3. 实验过程

（1）向 jxgl 数据库中的表 student 添加数据 ('2005007','李涛','男',19,'IS')。

解：

```
mysql> use jxgl;
mysql> insert into student values('2005007','李涛','男',19,'IS');
```

或：

```
mysql> insert into student (sno,sname,ssex,sage,sdept)
Values('2005007'),'李倩','男',19,'IS'
```

（2）向 jxgl 数据库中的表 student 添加数据('2005008','陈高','女',21,'AT'),('2005009','张杰','男',17,'AT')。

解：

```
Mysql> insert into student values ('2005008','陈高','女',21,'AT'),
('2005009','张杰','男',17,'AT');
```

（3）在数据库中先创建表 tbl_name1（sn,sex,dept），并从表 student 中把数据转入 tbl_name1。

解：

```
mysql> create table tbl_name1(sn,sex,dept) select sname sn,ssex sex,
sdept dept from where 1=2;   --先创建表 tbl_name1;
    mysql>insert into tbl_name1(sn,sex,dept) select sname,ssex,sdept from
student;
```

（4）向 jxgl 数据库中的表 sc 添加数据('2005001','5',80)。

解：

```
mysql> replace sc values('2005001','5',80);
```

注意这些规则意味着一个像 "./myfile.txt" 给出的文件是从服务器的数据目录读取，而作为 "myfile.txt" 给出的一个文件是从当前数据库的数据库目录下读取。也要注意，对于下列那些语句，是从数据库目录读取 db1 文件，而不是读取 db2 文件：

```
mysql> USE db1;
mysql> LOAD DATA INFILE "./data.txt" INTO TABLE db2.my_table;
```

（5）在表 student 中，发现陈高的性别没有指定，因此可以修改这个记录。

解：

```
mysql> update student set ssex='女' where sname='陈高';
```

（6）在表 sc 中，删除陈高选的修课程信息。

解：

```
mysql> delete from sc where sno=(select sno from student where sname='
陈高');
```

（7）删除所有学生的选课记录。

解：

```
mysql> delete from sc;
```

# 实验 5　数据库存储和优化

## 1．实验目的

（1）掌握存储过程创建和调用的方法。

（2）掌握触发器的使用方法。

（3）理解代数优化与物理优化的区别。

**2．实验内容**

（1）创建带输入/输出参数的存储过程。

（2）查看并删除存储过程。

（3）调用存储过程。

（4）创建触发器并调用触发器。

（5）代数优化与物理优化比较。

**3．实验过程**

（1）创建带输出参数的存储过程，求学生人数。

解：

```
mysql> delimiter //
mysql> CREATE PROCEDURE simpleproc(OUT param1 INT)
    -> BEGIN
    -> SELECT COUNT(*) INTO param1 FROM student;
    -> END//
Query OK,0 rows affected(0.00 sec)
```

（2）创建带输入参数的存储过程，根据学生学号（Sno）查询该学生所学课程的课程编号（Cno）和成绩（Grade）。

解：

```
mysql> delimiter //
mysql>CREATE PROCEDURE proc_sc_findById(in n int)
    ->BEGIN
    ->   SELECT sno,cno,grade FROM sc where sno=n;
    ->END//
```

（3）删除第（2）小题创建的存储过程。

解：

```
mysql>drop PROCEDURE IF EXISTS proc_sc_findById;
```

（4）查看第（1）小题创建的存储过程。

解：

```
mysql>show create PROCEDURE simpleproc;
```

（5）查看在 jxgl 中创建的所有存储过程。

解：

```
mysql>show PROCEDURE status;
```

（6）调用在第（1）小题中创建的 simpleproc 存储过程（带输出参数）。

解：

```
mysql>call simpleproc(@count);
```

（7）在表 SC 上定义 1 个 UPDATE 触发程序，用于检查更新每一行时，grade 位于 0～100 的范围内，否则回退。

解：

```
mysql> delimiter//
mysql> CREATE TRIGGER upd_check BEFORE UPDATE ON sc
    -> FOR EACH ROW
    -> BEGIN
    ->    IF NEW.grade<0 or NEW.grade >100  THEN
    ->     Set NEW.grade=OLD.grade;
    ->    END IF;
    -> END;//
mysql> delimiter ;
```

（8）调用触发器。

解：

```
Mysql> update sc set grade=110 where sno='2005001' and cno='1'
```

（9）多表连接查询分析，及其改进。

解：

```
mysql> EXPLAIN SELECT student.sname, course.cname ,grade From student,
course,sc WHERE student.sno=sc.sno and sc.cno=course.cno and sdept='cs';
```

在教学管理系统（jxgl）中，创建表 test，并插入 8 万条记录。在 mysql 命令行提示符下录入如下程序并运行：

```
/*创建表*/
Create table test(id int unique AUTO_INCREMENT,rg datetime null,srq
varchar(20) null,hh smallint null,mm smallint null,ss smallint null,num
numeric(12,3),primary key(id)) AUTO_INCREMENT=1 engine=MyISAM;
/*创建存储过程生成表中数据*/
    DELIMITER //
    CREATE PROCEDURE 'p1'()
    begin
    set @i=1;
    WHILE @i<=80000 do
       INSERT INTO TEST(RG,SRQ,HH,MM,SS,NUM)
          VALUES(NOW(),NOW(),HOUR(NOW()),
          MINUTE(NOW()),SECOND(NOW()),RAND(@i)*100);
       set @i=@i+1;
    END WHILE;
       End//
/*调用存储过程*/
call p1//
DELIMITER ;
```

（10）单记录插入（约 30 ms，给出的毫秒数在特定环境下得出的，只做参考）。

解：

```
DELIMITER//
Select @i:=max(id) from test;
```

```
INSERT INTO TEST(RG,SRQ,HH,MM,SS,NUM)
        VALUES(NOW(),NOW(),HOUR(NOW()),
MINUTE(NOW()),SECOND(NOW()),RAND(@i)*100);//
```

（11）查询所有记录，按 id 排序（约 157 ms）。

解：

```
Select * from test order by id;
```

（12）查询所有记录，按 mm 排序（约 140 ms）。

解：

```
Select * from test order by mm;
```

（13）单记录查询（约 0 ms）。

解：

```
Select id from test where id=51;
```

（14）对 test 表 id 字段建立非聚集索引。

① 建立索引耗时（约 980 ms）。

```
Create index indexname1 on test(id);
```

② 单记录插入（约 0 ms），插入命令同"单记录插入"。

③ 查询所有记录，按 id 排序（约 157 ms），查询命令同"查询按 id 排序"。

④ 查询所有记录，按 mm 排序（约 150 ms），查询命令同"查询按 mm 排序"。

⑤ 单记录查询（约 0 ms），查询命令同"单记录查询"。

⑥ 删除索引（约 870 ms）。

```
Drop index indexname1 on test;
```

（15）对 test 表 id 字段建立唯一索引。

① 建立索引耗时（约 1125 ms）。

```
Create UNIQUE index indexname1 on test(id);
```

② 单记录插入（约 10 ms），插入命令同"单记录插入"。

③ 查询所有记录，按 id 排序（约 156 ms），查询命令同"查询按 id 排序"。

④ 查询所有记录，按 mm 排序（约 156 ms），查询命令同"查询按 mm 排序"。

⑤ 单记录查询（约 0 ms），查询命令同"单记录查询"。

⑥ 删除索引（约 968 ms）。

```
Drop index indexname1 on test;
```

# 实验 6　数据库安全性

## 1. 实验目的

（1）掌握数据库用户账号的建立与删除方法。

（2）掌握数据库用户权限的授予方法。

## 2. 实验内容

（1）新建用户并设置密码。

（2）用户权限的授予与回收。

（3）查看用户的权限。

### 3．实验过程

（1）在 MySQL 数据库中新建用户'dba'，密码为'sqlstudy'。

解：

```
mysql> CREATE USER dba IDENTIFIED BY 'sqlstudy';
```

（2）把用户 dba 改名为 hello。

解：

```
mysql> rename user dba to hello;
```

（3）把用户 hello 的密码改为 1234。

解：

```
mysql> set password for hello=password('1234');
```

（4）删除 MySQL 数据库用户 hello，也最好显式指定 hostname。

解：

```
mysql> drop user hello;
```

等价于：

```
drop user hello@'%'
```

（5）显示一个用户 admin 的权限。

解：

```
mysql> SHOW GRANTS FOR admin@localhost;
```

其显示结果为当时创建该用户的 GRANT 授权语句：

```
GRANT RELOAD,SHUTDOWN,PROCESS ON *.* TO 'admin'@'localhost' IDENTIFIED
BY PASSWORD '28e89ebc62d6e19a'
```

上面命令中的密码是加密后的形式。

（6）先把数据库 jxgl 的所有权限授予给用户 kite@localhost，接着再把权限从用户 kite@localhost 处收回。

解：

授权：

```
mysql> GRANT ALL ON jxgl.* TO kite@localhost IDENTIFIED BY "ruby";
```

删除数据库授权：

```
mysql> REVOKE ALL ON jxgl.* FROM kite@localhost;
```

但是，kite@localhost 用户仍旧留在 user 表中，可以查看：

```
mysql> SELECT * FROM mysql.user;
```

（7）将 jxgl 数据库的变更权限赋给 def 用户，并显示所授权限。

解：

```
mysql> GRANT ALTER ON jxgl.* TO 'def'@'localhost';
进入 test 数据库，显示授权信息：
Mysql> SHOW GRANTS FOR def@localhost;
```

（8）将 jxgl 数据库的删除表结构权限赋给 def 用户，并显示所授权限。

解：

```
mysql> USE jxgl;
Database changed
mysql> GRANT DROP ON * TO 'def'@'localhost';
mysql> SHOW GRANTS FOR def@localhost;
```

（9）将 jxgl 数据库的创建表权限赋给 def 和 abc 用户，并显示所授权限。

解：

```
mysql> grant create on jxgl.* to 'abc'@'localhost','def'@'localhost';
mysql> SHOW GRANTS FOR def@localhost;
mysql> SHOW GRANTS FOR abc@localhost;
```

（10）把在 jxgl 数据库的表 sc 上建立的索引权限授权给 abc 用户。

解：

```
mysql> GRANT INDEX ON jxgl.sc TO 'abc'@'localhost';
```

（11）把表 student 的 sno 和 sname 的选择权限赋给 abc 用户。

解：

```
mysql> GRANT SELECT(sno,sname) ON jxgl.student TO 'abc'@'localhost' ;
mysql> SHOW GRANTS FOR 'abc'@'localhost';
```

（12）把在 jxgl 数据库执行存储过程的权限赋给 abc 用户。

解：

```
mysql> GRANT EXECUTE ON jxgl.* to 'abc'@'localhost';
mysql> grant all on test.t2 to 'abc';
Query OK, 0 rows affected (0.00 sec)
mysql> grant all on perf.* to 'abc';
Query OK, 0 rows affected (0.00 sec)
mysql> show grants for 'abc';
```

## 📚 实验 7　数据库完整性

**1. 实验目的**

掌握数据完整性的实现方法。

**2. 实验内容**

（1）主键约束。

（2）Check 约束。

（3）存储过程完整性约束。

**3. 实验过程**

（1）多列 CHECK 约束用来约束性别与年龄的关系。

```
Create Table Student
(  Sno CHAR(7) NOT NULL ,
   Sname VARCHAR(16),
   Ssex CHAR(2) DEFAULT '男' CHECK (Ssex='男' OR Ssex='女'),
   Sage SMALLINT CHECK(Sage>=15 AND Sage<=45),
   Sdept CHAR(2),
   PRIMARY KEY(Sno),
   CONSTRAINT CHK_SEX_AGE CHECK(SSEX='男' AND SAGE<=50 OR (SSEX='女'
AND SAGE<=45))) ENGINE=InnoDB;
```

（2）在教学管理系统（jxgl）中建立一个存储过程，该存储过程先对参数做正确性判定（要求成绩大等于 0，成绩小等于 100，并且学号和课程号都为数字编号）才实现对表 sc 的插入操作。

```
DELIMITER $$
DROP FUNCTION IF EXISTS 'IsNum' $$
CREATE FUNCTION 'IsNum' (str VARCHAR(25))
    RETURNS INT              --先创建一个判断数字的函数 IsNum
BEGIN
    DECLARE iResult INT DEFAULT 0;
    IF ISNULL(str) THEN return 0; END IF;    --NULL 字符串
    IF str='' THEN return 0; END IF;          --空字符串
    SELECT str REGEXP '^[0-9]*$' INTO iResult;
    IF iResult=1 THEN
    RETURN 1;
    ELSE
        RETURN 0;
    END IF;
END $$
DELIMITER//
Create procedure insert_to_sc(isno char(7),icno char(1),igrade int)
Begin
    If (igrade>=0 or igrade<=100 ) and (IsNum(isno)=1) and (IsNum(icno)=1)
then
        Insert into sc(sno,cno,grade) values(isno,icno,igrade);
    end if;
End;//
```

（3）测试类似如下调用 insert_to_sc 来实现不同记录值的插入，看是否能实现插入操作。

```
Call insert_to_sc('2011001','1',78);
Call insert_to_sc('20110o1','1',85);
Call insert_to_sc('2011001','a',90);
Call insert_to_sc('2011001','2',120);
…
```

## 实验 8 数据库并发控制

### 1. 实验目的

（1）掌握事务机制，学会创建事务。

（2）理解事务并发操作可能导致的数据不一致性问题，用实验展现 4 种数据不一致性问题：丢失修改、读脏数据、不可重复读以及幻读现象。

（3）理解锁机制，学会采用锁与事务隔离级别解决数据不一致的问题。

（4）了解数据库的事务日志。

### 2. 实验内容

（1）MySQL/InnoDB 的并发控制和加锁技术。

（2）多版本并发控制（MVCC），"脏"读，幻读，4 种隔离级别。

（3）MySQL 在不同场景下的加锁分析。

### 3. 实验过程

（1）新建一个表 testTx，测试 Transaction，并插入一行数据。

```
CREATE TABLE testTx (
    id int(8) primary key auto_increment,
    version int(8)
    );
    insert into testTx values (1,1);
mysql> SELECT @@GLOBAL.tx_isolation, @@tx_isolation;
```

（2）查看 MySQL 默认的隔离级别是 REPEATABLE-READ。

| $T_1$ | $T_2$ |
|---|---|
| set autocommit=0;<br>begin;//开始事务 | set autocommit=0;<br>begin;//开始事务 |
| mysql> select * from testTx; | |
| | mysql> update testTX set version =2 where id =1;<br>mysql> select * from testisolatio; |
| mysql> select * from testTx;<br>【说明】<br>$T_2$ 未提交，看到数据不变，无"脏"读。 | |
| | commit; |
| mysql> select * from testTx;<br>【说明】<br>$T_2$ 提交，看到数据依旧变，说明可以重复读 | |
| Commit; | |
| mysql> select * from testTx;<br>事务提交之后，看到数据改变 | |

（3）来看在 REPEATABLE-READ 模式下的幻读问题。

| Session1 | Session2 |
|---|---|
| begin; | begin; |
| mysql> select * from testTx; | |

续表

| Session1 | Session2 |
|---|---|
| | INSERT INTO teseTX VALUES (2, 1); |
| mysql> select * from testTx;<br>Session2 未提交，依然是可重复读 | |
| | Commit; |
| mysql> select * from testTx;<br>Session2 已提交，数据依然和之前读出来一样，但是<br>幻读问题依然有 | |
| INSERT INTO teseTX VALUES (2, 1);<br>ERROR 1062 (23000):<br>Duplicate entry '1' for key 1<br>这里出现了幻读 | |
| Commit; | |
| mysql> select * from testTx; | |

（4）MySQL 提供了在 REPEATABLE–READ 模式下解决幻读的问题。

| Session1 | Session2 |
|---|---|
| begin; | begin; |
| mysql> select * from testTX where id<2 for update; | |
| | INSERT INTO teseTX VALUES (3, 1);<br>Query OK, 1 row affected |
| mysql> select * from testTX where id<2 for update; | |
| | mysql> select * from testTX where id<=1 for update; |
| | Commit; |
| Commit; | |
| mysql> select * from testTX; | |

可以看到，用 id<2 加的锁，只锁住了 id<2 的范围，可以成功添加 id 为 3 的记录，但一旦获得 select id<=1，就会阻塞，需要等待。

MySQL InnoDB 的可重复读并不保证避免幻读，需要应用使用加锁读来保证。而这个加锁度使用到的机制就是 next–key locks。

## 实验 9　数据库备份与恢复

**1. 实验目的**

（1）掌握使用 SQL 语句进行数据库完全备份的方法。

（2）掌握使用客户端程序进行完全备份的方法。

（3）理解日志是数据库恢复的重要机制。

**2. 实验内容**

（1）SQL 语句数据库备份与恢复。

（2）客户端工具备份和恢复表。

（3）使用界面工具对数据库完全备份和恢复。

### 3．实验过程

（1）使用以下命令查看是否启用了日志。

```
mysql> show variables like 'log_%';
```

使用 SQL 语句也可查看 MySQL 创建的二进制的文件目录：

```
mysql> show master logs;
```

查看当前二进制文件状态：

```
mysql> show master status;
```

（2）假定表 student 具有一个 PRIMARY KEY 或 UNIQUE 索引，备份一个数据表的过程。

① 锁定数据表，避免在备份过程中，表被更新。

```
mysql> LOCK TABLES student READ;
```

② 导出数据。

```
mysql> SELECT * INTO OUTFILE 'student.bak ' FROM student;
```

③ 解锁表。

```
mysql> UNLOCK TABLES;
```

（3）恢复备份的数据的过程。

① 为表增加一个写锁定。

```
mysql> LOCK TABLES student WRITE;
```

② 恢复数据。

```
mysql> LOAD DATA INFILE 'student.bak'
    ->REPLACE INTO TABLE student;
```

如果指定一个 LOW_PRIORITY 关键字，就不必对表锁定，因为数据的导入将被推迟到没有客户读表为止。

```
mysql> LOAD DATA  LOW_PRIORITY INFILE 'student.bak'
    -> REPLACE INTO TABLE student;
```

操作中若因汉字问题出现恢复异常现象，可以执行把表默认的字符集和所有字符列（CHAR, VARCHAR, TEXT）改为新的字符集的语句。

```
ALTER TABLE tbl_name CONVERT TO CHARACTER SET charset_name;
```

例如：

```
ALTER TABLE student CONVERT TO CHARACTER SET gbk;
```

③ 解锁表。

```
mysql> UNLOCK TABLES;
```

（4）备份和恢复。选择在系统空闲时，比如在夜间，使用 mysqldump 备份数据库。

① 完整备份教学管理系统（jxgl）。

```
C:\>mysqldump -u root -p*** jxgl > jxgl.sql
```

② 恢复。停掉应用，执行 MySQL 导入备份文件。

**例 1** 恢复教学管理系统（jxgl）。

C:\>mysql -u root -p*** jxgl <jxgl.sql

**例 2** 对教学管理系统（jxgl）进行差异备份。

选择在系统空闲时，使用 mysqldump -F(flush-logs)备份数据库。

C:\>mysqldump -u root -p*** jxgl -F > jxglf.sql

③ 备份 mysqldump 开始以后生成的 binlog。

**例 3** 从差异备份中恢复教学管理系统（jxgl）。

a. 停掉应用，执行 MySQL 导入备份文件。

C:\>mysql -u root -p*** jxgl < jxglf.sql

b. 使用 mysqlbinlog 恢复自 mysqldump 备份以来的 binlog。

C:\Documents and Settings\All Users\Application Data\MySQL\MySQL Server 5.5\data> mysqlbinlog jxgl.000001 | mysql -u root -h localhost -p***

**例 4** 如果上午 10 点发生了误操作，用备份和 binglog 将数据恢复到故障前。

a. C:\Documents and Settings\All Users\Application Data\MySQL\MySQL Server 5.5\data>mysqlbinlog --stop-date="2011-07-19 9:59:59" jxgl.000001 |

mysql -u root -hlocalhost -p****

b. 跳过故障时的时间点，继续执行后面的 binlog，完成恢复。

C:\Documents and Settings\All Users\Application Data\MySQL\MySQL Server 5.5\data> mysqlbinlog --stop-date="2011-07-19 10:00:01" jxgl.000001 |

mysql -u root -hlocalhost -p***

**例 5** 进行位置恢复。

与时间点恢复类似，但是更精确，步骤如下：

```
C:\Documents and Settings\All Users\Application Data\MySQL\MySQL
Server 5.5\data>mysqlbinlog jxgl.000001 >jxgl_temp.sql
```

该命令将在 data 目录创建小的文本文件，编辑此文件，找到出错语句前后的位置号，例如前后位置号分别是 368312 和 368315。恢复了以前的备份文件后，应从命令行输入下面内容：

```
C:\Documents and Settings\All Users\Application Data\MySQL\MySQL
Server 5.5\data>mysqlbinlog --stop-position="368312" jxgl.000001| mysql
-u root -hlocalhost -p****
C:\Documents and Settings\All Users\Application Data\MySQL\MySQL
Server 5.5\data>mysqlbinlog --start-position="368315" jxgl.000001| mysql
-u root -hlocalhost -p****
```

## 实验 10　数据库应用系统设计与开发

综合运用数据库设计原理、方法和技术，为某个部门或单位开发一个数据库应用系统。能够针对某个部门或单位的应用需求，通过系统分析，从数据库数据和应用系统功能两方面进行综合设计，实现一个完整的数据库应用系统。同时培养团队合作精神。要求 4～5 位同学组成一个开发小组，每位同学承担不同的角色（如项目管理员、数据库管理员、系统分析员、系统设计员、系统开发员、系统测试员）。撰写完整的系统设计和开发文档；提交系统文档、数据库应用系统源代码和数据库。每个小组进行 15～20min 的报告和答辩，讲解设计方案，演示系统运行，汇报分工与合作情况。

# 参 考 文 献

[1] 科思，苏达香. 数据库系统概念（第 6 版）[M]. 杨冬青，李红燕，唐世渭，译. 北京：机械工业出版社，2012.

[2] 康诺利，贝格. 数据库系统：设计、实现与管理（基础篇）（第 6 版）[M]. 宁洪，译. 北京：机械工业出版社，2016.

[3] 王珊，萨师煊. 数据库系统概论[M]. 5 版. 北京：高等教育出版社，2014.

[4] 王珊，萨师煊. 数据库系统概论习题解析与实验指导[M]. 5 版. 北京：高等教育出版社，2015.

[5] 苗雪兰，刘瑞新. 数据库系统原理及应用教程[M]. 4 版. 北京：机械工业出版社，2014.

[6] 万常选，廖国琼. 数据库系统原理与设计[M]. 3 版. 北京：清华大学出版社，2017.

[7] 崔洋，贺亚茹. MySQL 数据库应用从入门到精通[M]. 北京：中国铁道出版社，2016.

[8] 刘增杰. MySQL 5.7 从入门到精通[M]. 北京：清华大学出版社，2016.

[9] 何玉洁. 数据库系统教程[M]. 2 版. 北京：人民邮电出版社，2015.

[10] 冯天亮. MySQL 数据库项目化教程[M]. 北京：电子工业出版社，2018.

[11] 乌尔曼. 数据库系统实现（第 2 版）[M]. 杨冬青，吴愈青，等译. 北京：机械工业出版社，2010.

[12] 汤娜，汤庸，叶小平，等. 数据库系统实验指导教程[M]. 北京：清华大学出版社，2014.

[13] 郭胜，王志，丁忠俊. 数据库系统原理及应用[M]. 2 版. 北京：清华大学出版社，2015.

[14] 王英英，李小威. MySQL 5.7 从零开始学[M]. 北京：清华大学出版社，2018.

[15] 黑马程序员. MySQL 数据库原理、设计与应用[M]. 北京：清华大学出版社，2019.

[16] 徐洁磐. 数据库技术实用教程[M]. 北京：中国铁道出版社，2016.

[17] 钱雪忠，王燕玲，林挺. 数据库原理及技术[M]. 北京：清华大学出版社，2011.

[18] 钱雪忠，王燕玲，张平. MySQL 数据库技术及实验指导[M]. 北京：清华大学出版社，2012.

[19] 明日科技. MySQL 从入门到精通[M]. 北京：清华大学出版社，2017.

[20] 施瓦茨，扎伊采夫，特卡琴科. 高性能 MySQL（第 3 版）[M]. 宁海元，周振兴，彭立勋，等译. 北京：电子工业出版社，2013.

[21] 张甦. MySQL 王者晋级之路[M]. 北京：电子工业出版社，2018.

[22] 郑阿奇. MySQL 数据库教程[M]. 北京：人民邮电出版社，2017.